人工智能前沿理论与技术应用丛书

跨数据中心机器学习

赋能多云智能数算融合

虞红芳　李宗航　孙　罡　罗　龙　编著

U0281490

电子工业出版社

Publishing House of Electronics Industry

北京·BEIJING

内 容 简 介

本书基于作者多年的研究成果，详细介绍了跨数据中心机器学习的训练系统设计和通信优化技术。本书面向多数据中心间的分布式机器学习系统，针对多数据中心间有限的传输带宽、动态异构资源，以及异构数据分布三重挑战，自底向上讨论梯度传输协议、流量传送调度、高效通信架构、压缩传输机制、同步优化算法、异构数据优化算法六个层次的优化技术，旨在提升分布式机器学习系统的训练效率和模型性能，突破跨数据中心机器学习的通信瓶颈和数据壁垒，实现多数据中心算力和数据资源的高效整合。

本书可作为跨数据中心机器学习的参考资料，供人工智能及分布式计算领域的科研和工程人员阅读。

图书在版编目（CIP）数据

跨数据中心机器学习：赋能多云智能数算融合 / 虞红芳等编著. —北京：电子工业出版社，2023.1

（人工智能前沿理论与技术应用丛书）

ISBN 978-7-121-44825-6

Ⅰ. ①跨… Ⅱ. ①虞… Ⅲ. ①机器学习—研究 Ⅳ. ①TP181

中国国家版本馆 CIP 数据核字（2023）第 002191 号

责任编辑：李树林 文字编辑：底 波
印 刷：涿州市般润文化传播有限公司
装 订：涿州市般润文化传播有限公司
出版发行：电子工业出版社
　　　　　北京市海淀区万寿路 173 信箱　　邮编：100036
开 本：720×1000 1/16 印张：16.5 字数：314 千字
版 次：2023 年 1 月第 1 版
印 次：2024 年 4 月第 4 次印刷
定 价：88.00 元

凡所购买电子工业出版社图书有缺损问题，请向购买书店调换。若书店售缺，请与本社发行部联系，联系及邮购电话：（010）88254888，88258888。

质量投诉请发邮件至 zlts@phei.com.cn，盗版侵权举报请发邮件至 dbqq@phei.com.cn。

本书咨询和投稿联系方式：（010）88254463，lisl@phei.com.cn。

前　言

　　随着硬件算力的持续提升，以及云计算、边缘计算、物联网、大数据、人工智能等一系列技术的发展成熟，人类正在加速迈入万物互联的泛在智慧社会，甚至是元宇宙的全新智能时代，这将引发生产生活方式、社会组织形态、产业发展模式、国家治理体系、全球竞争格局等方面的全方位变革。基于机器学习的人工智能能够从海量数据中凝练有用信息，并在实际生产生活中实现智能识别、检测、控制、生成和预测等能力，在计算机视觉、自然语言处理、自动化控制众多领域占据举足轻重的地位，是推动变革的主要动力之一。

　　从本质来看，第二代人工智能的成功离不开大模型、大数据和大算力。其中，大模型赋予人工智能更大的知识容量，大数据是人工智能的知识源泉，大算力使能人工智能更快速地学习。数据中心作为企业业务数据的大型存储库，以及容纳核心计算服务的高可靠集群，积累了体量庞大的数字资源和大规模的硬件算力，为训练人工智能模型提供丰富的算力和数字资源池。分布式机器学习起源于业界充分利用数据中心资源加速人工智能训练的迫切需求，已成为各个主流机器学习系统必备的核心能力，并受到谷歌、腾讯、阿里巴巴等国内外巨头企业的追捧。

　　2022 年，"东数西算"工程全面启动实施，在京津冀、长三角、粤港澳大湾区、成渝、内蒙古、贵州、甘肃、宁夏等八地启动建设国家算力枢纽节点，并规划了十个国家数据中心集群。在产业界，随着机构和业务规模的持续扩大，中大型企业和研究院在多地扩建新型数据中心。例如，谷歌在全球各地建设有 23 个大型数据中心，涵盖北美、南美、欧洲、亚洲；腾讯在 27 个地理区域运营有 71 个可用区。又如，大型研究院鹏城实验室于 2019 年的湾区网项目正式开通六个算力云节点。这些广泛分布的新型数据中心不仅满足了企业自身和行业用户对大数据存储、智能云边计算、高速网络互联等服务的需要，也为附近地区的用户提供了数据就近存储、服务就近访问的优质服务。

尽管新型数据中心的算力算效已经得到空前提升，但是业界仍不满足于单数据中心的局限算力，还需要推动异地数据中心之间的组网互联，促进国家枢纽节点、企业算力节点等之间跨网、跨地区、跨企业的数据交互。2021 年，国家发展改革委、中央网信办、工业和信息化部、国家能源局联合印发了《全国一体化大数据中心协同创新体系算力枢纽实施方案》，要求"支持政府部门和企事业单位整合内部算力资源，对集群和城区内部的数据中心进行一体化调度"，实现"进一步打通跨行业、跨地区、跨层级的算力资源，构建算力服务资源池"。这一系列举措将有效整合多数据中心的算力和数字资源，有力推动构建数据中心、云计算、大数据一体化的新型算力网络体系。

为整合异地数据中心分散的数据资源和算力，跨数据中心分布式机器学习应运而生。这是一种面向多个异地分散计算机集群的分布式机器学习技术，在不迁移用户数据的前提下，联合多个数据中心的本地训练数据和本地算力集群协同进行数据挖掘，数据中心之间交换模型参数信息实现知识共享。跨数据中心分布式机器学习旨在为政企研用户提供高性能的分布式联合数据挖掘平台，通过攻克跨数据中心训练加速等核心关键技术，突破数据中心之间的数据屏障和通信壁垒，是当今以及未来基于机器学习的多云智能计算的关键技术。

本书向读者介绍跨数据中心分布式机器学习的发展背景与技术价值，展示适合该场景的系统架构和优化技术，并针对其面临的三大挑战给出解决方案，实现逼近甚至超越高速局域网互联下的分布式机器学习系统的训练效率。本书共 8 章，第 1 章概述分布式机器学习及其在跨数据中心场景下的基本概念及架构。第 2 章介绍适用于数据中心内外差异网络环境的高效通信架构。第 3 章介绍受限域间传输带宽和动态异构资源下的四种同步优化算法。第 4 章介绍数据压缩传输机制，给出两种相互兼容的稀疏和量化方案。第 5 章针对跨域数据传输的长尾流延迟，介绍一种新型差异化传输协议。第 6 章面向通用广域网互联和光广域网互联两种场景，分别介绍适用的流量传送调度机制。第 7 章针对来自不同数据中心的数据的统计异构性问题，介绍一种有效的异构数据优化方法。第 8 章总结全文内容，展望应用前景。本书既可以作为相关研究方向研究生的参考书籍，也可以作为从事人工智能及其分布式系统设计相关人员的学习资料。

回顾写作历程，从排期到书成，博士生周华漫、刘玲、曹行健、蔡青青，以及硕士生张兆丰、何易虹、计开来、冯博泉、张弛、李晴参与了全书资料整理、图表绘制和文字校对等工作。李乐民院士对课题的研究工作给予了很多指导与帮助，徐增林、邵俊明教授以及罗寿西讲师在本书的编写过程中提出了很多宝贵的意见和建议。李树林编辑在本书手稿的润色方面提供了很多专业建议和帮助。且夫水之积也不厚，则其负大舟也无力，饮水当思源。没有他们焚膏继晷，就没有今天著为成书。"物换星移几度秋"，本书集结了众人的智慧与心血，但从写作到成书略显仓促，稍显缺憾。文中如有疏漏或言不达意之处，望读者海涵，不吝指正，以裨补阙漏，不胜感激。

最后，还要特别感谢国家重点研发计划"支持 5G/B5G 巨连接、大流量、低延迟快速演进的新型网络技术研究与实验"（2019YFB1802800）、国家自然科学基金项目"跨广域网分布式机器学习参数交换的自适应传输技术研究"（62102066）、之江实验室开放课题"面向地理分布机器学习的数据传输加速技术研究"（2022QA0AB02）、中兴通讯股份有限公司"算力网络与新型通信原语项目"（201075）、鹏城实验室大湾区未来网络试验与应用环境项目"跨域多方协同学习平台的通信优化技术"（LZC0019）的大力资助。在他们的支持下，本书所描述的系统及技术得以顺利进行并圆满完成。

编著者

目　录

第 1 章
跨数据中心机器学习概述

　　随着互联网技术的发展和智能终端的普及，人们的生活愈加离不开在线应用、网上购物、社交平台、网络游戏、在线办公、影视娱乐等应用时刻都在产生大量的数据，互联网已进入前所未有的大数据时代。根据国际机构 Statista 的统计和预测参考文献，截至 2020 年，全球大数据从 2005 年的 0.13ZB（ZettaByte）增长至 47ZB，增长近 370 倍，而下一个 15 年预计达到 2142ZB，数据增长速度远超算力增长的摩尔定律和带宽增长的尼尔森定律。据不完全统计，META（原 Facebook）需要 PB（PetaByte）级别的存储空间来存储用户的数百亿张图片，每天需要处理 45 亿条语言翻译请求；阿里巴巴的线上购物平台日均访问量可达 10 亿次，早在 2014 年，阿里巴巴数据平台事业部的服务器上就有了超过 100PB 的业务数据。如此庞大的数据量在十几年前是无法想象的，也正是它们给人工智能的发展奠定了坚实的数字基础。另外，虽然数据量庞大，但是信息密度低，企业需要使用统计分析、机器学习等工具从海量的非结构化数据中挖掘出有价值的信息，以快速准确地对市场的走向和用户的行为做出预测，同时优化自身的产品与服务，提供更好的用户体验，开拓新的业务模式，创造新的发展机会。如今，以机器学习为核心、以大数据驱动的人工智能技术已广泛应用于新生代应用的方方面面，包括计算机视觉、自然语言处理、多媒体处理以及未来通信网络等，这些应用正在悄无声息地渗透进人们的日常生活。

　　除了企业内部闭源的机密商业数据，研究者能够使用许多有标签的公开大数据集，作为模型训练和性能评估的基准。ImageNet 是机器学习早期研究中典型的图像分类大数据集[1]，包含 1400 多万张图像，涵盖 2 万多个典型类别，并提供了 100 多万张图像的目标边框。在 ImageNet 数据集上，包含 24.4 亿参数的 CoAtNet 模型[2]取得了 90.88%的最佳精度表现。在百度的 Deep Speech 2 系统[3]中，训练英文语音模型使用了 11940h 的音频数据和 200 多万句英文语料。Common Crawl 数据集更是包含了超过 7 年的网络爬虫数据，约 30 亿个网页，仅存储就需要占用 320TB（TeraByte）空间，可用于文本挖掘、自然语言理解等领域。这些大数据集的出现为训练大模型提供了数字基础，因此近年来涌现出了很多超大规模的机器学习模型，这些模型动辄拥有几亿甚至几万亿个参数。近十年机器学习模型参数量和计算量增长趋势如图 1-1 所示，图中的 1M（Million）为 10^6 个，1B（Billion）为 10^9 个，1T（Trillion）为 10^{12} 个，1Q（Quadrillion）为 10^{15} 个。1MFLOPs（Floating Point of Operations，浮点运算）表示 10^6 次浮点运算，1 GFLOPs 为 10^9 次，1 TFLOPs 为 10^{12} 次，1 QFLOPs 为 10^{15} 次，1 EFLOPs 为 10^{18} 次，1 ZFLOPs 为 10^{21} 次。从图 1-1 中可知，自 2018 年以来，在自然语言处理领域，从 1.1 亿的 GPT[4]、3.3 亿的 BERT[5]，到 2019 年 110 亿的 T5[6]，模型参数量以惊人的速度实现了百倍增长。2021 年，北京智源人工智能研究院（BAAI）推出全球最大预训练模型悟道 2.0，包含 1.75 万亿个可训练参数，该参数量十倍于 2020 年 OpenAI 推出的 GPT-3[7]。然而，仅一个月后，BAAI 又推出 174 万亿参数的 BaGuaLu[8]，模型规模再次激增百倍。一方面，这些大模型具备超强的表达能力和泛化能力，只需稍加微调就能很好地适用于其他任务，帮助人们解决很多高难度的现实问题。另一方面，为避免大模型学习到过拟合的特征，研究者又转而寻求更全面的训练数据，这倒逼了训练数据规模的继续增长，最终无可避免地导致大数据和大模型的双重挑战，对计算机的计算和存储能力都提出了极高的要求。

然而，单台机器的存储和计算能力都非常有限，存储如此庞大的数据集和机器学习模型所需的存储空间远远超过了单台机器的存储能力，即便解决了存储问题，在单台机器上用大数据训练大模型所需的时间仍然非常长。首先，对于单机存储能力，内存和硬盘的性能特征截然不同，需要根据具体需求在读写延迟、容量和成本之间进行权衡。数据集由于体积庞大、读写频率低，常归档存储于大容量的固态硬盘和传统硬盘，其中固态硬盘读写速率快、功耗低，而传统硬盘存储容量大、价格低廉。常见的硬盘容量一般在 1~2TB 之间，尽管采用 NVMe（NVM express）技术的固态硬盘最大容量可达 32TB[9]，也仍然无法存下 PB 级的企业大数据。因此，企业常用分布式文件系统在多台机器上分散存储大数据[10-12]。不同于数据集存储在硬盘，机器学习模型计算需要快速访问存储数据，要求低读写延迟，以支持预处理数据、模型参数以及中间计算结果（如模型梯度）等临时数据的高频读写，所以模型计算过程依赖和产生的数据临时存储在计算机内存。目前主流的内存技术仍然是第四代双倍数据速率（Double Data Rate 4，DDR4）内存技术，包括 UDIMM、RDIMM、LRDIMM 三种内存条，其中 LRDIMM 内存条的容量最大，通常在 16～64GB（GigaByte）之间，最大允许容量可达 128GB。理论上，考虑八路 E7-8800 服务器，最大支持 192 个内存插槽，内存容量可达 24TB，能够容纳多数大模型。尽管单机内存容量可以很大，但业界更倾向于使用图形处理器（Graphics Processing Unit，GPU）来加速深度学习的张量计算，而 GPU 显存容量非常有限。以 NVIDIA 系列为例，常见的显存容量仅有 8～24GB，无法承载大模型计算，即便使用显存容量为 80GB 的 H100、A100 系列 GPU，在面对大模型时也需要借助内存空间谨慎进行计算调度和显存优化。需要注意的是，上述理想化的单机高配置服务器的硬件价格不菲，在现实中难以广泛应用。因此，单机的存储能力往往难以满足大数据和大模型的存储需求，这也是困扰着多数研究者的问题。

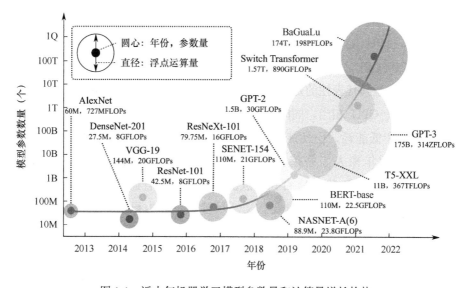

图 1-1 近十年机器学习模型参数量和计算量增长趋势

对于单机计算能力，从硬件设计上看，传统的中央处理器（Central Processing Unit，CPU）仅有几个核心，内部结构复杂，需要很强的通用性来处理各种复杂运算，适合顺序串行处理和复杂的逻辑运算。而 GPU 拥有成千上万个并行核心，在 2022 年，NVIDIA 发布的 GeForce RTX 3090Ti 的 CUDA 核心数已经达到 10 752 个。这些核心面对的是类型统一且相互无依赖的张量数据，所以只需要简单的控制逻辑来发送相同的指令流到众核，就能实现高效的并行张量计算。通过加速张量计算，GPU 可以提供数十倍于 CPU 的计算速度[13]，深度学习训练任务可以大幅加速。在图像处理、游戏渲染以及日益广泛的人工智能需求的催生下，GPU 产业进入发展的黄金期，也使得以 NVIDIA 为代表的 GPU 供应商成为市场的宠儿。除了最成熟、使用也最广泛的通用型 GPU，可定制的现场可编程门阵列（Field Programmable Gate Array，FPGA）和专用集成电路（Application Specific Integrated Circuit，ASIC）在近年来也得到了快速发展[14-15]。总的来说，GPU 和 ASIC 在性能方面都比较先进，二者适用于数据中心的人工智能训练和推理。GPU 是通用型处理器，成本和能耗较高；ASIC 由于有针对性的设计具备较低的能耗，但非常不灵活，实现量产的产品较少。在 ASIC 系列的人工智能芯片中，专为神经网络计算加速而设计的张量处理单元（Tensor Processing Unit，TPU）以及用电路模拟人类神经元和突触结构的神经网络处理单元（Neural Network Processing Unit，NPU）是两个典型代表。TPU 的核心包括 65 536 个矩阵乘法单元，平均计算速率比 NVIDIA K80 GPU 快 15～30 倍[16]。NPU 则采用的是数据驱动并行计算的新型架构，其中最具代表性的是寒武纪公司的 DianNao 系列神经网络处理器，平均性能与主流 GPU 相当，同时具备尺寸小、功耗低等特点[17]。FPGA 虽然兼具高灵活性和低能耗，但性能较差，仅适用于边缘设备的人工智能推理[18]。综上所述，近年来人工智能计算芯片整体呈现出以 GPU 为主导，ASIC（TPU、NPU 等）和 FPGA 百花齐放的境况，这些有益的尝试和探索对下一代人工智能的硬件支撑具有重要意义。尽管芯片算力得到了大幅提升，但在面对大数据、大模型时，单机有限的芯片算力仍会捉襟见肘。以 ImageNet-1k 数据集为例，使用一个 NVIDIA M40 GPU 将 ResNet-50[19]模型在数据集上反复遍历 90 个轮次需要 14 天[20]。若是训练图 1-1 中的大模型，计算复杂度往往更高，训练时间更久。过长的训练时间使得人工智能应用面临迭代更新周期长的困境，在快速变化的社会环境中，人工智能模型面对突发情况不能及时更新，导致业务延迟较大，甚至过时，不仅影响用户体验，企业竞争力也会受到重创。更有甚者，在 2TB 数据集上使用一个 Tesla V100 GPU 训练 GPT-3 模型预计需要 355 年[21]，大数据和大模型的双重挑战无疑对大算力提出了更高的要求。

总的来说，近二十年来人工智能发展势头不减，产业规模持续壮大，机器学习的作用愈发凸显且关键。然而，当人工智能走出实验室，真正和实际应用相结合时，不可避免地会遇到海量训练数据、现实级复杂模型等诸多挑战。大数据、大模型对大存储、大算力提出了巨大的需求，但受限于单机有限的存储和计算能力，单机难以满足大数据平台以及缓存大模型的需求，也难以在短时间内完成大模型的训练。上述需求与限制之间的矛盾使得很多新的软硬件技术相继涌现，其中最为典型的就是分布式系统，旨在利用大规模计算机集群实现大数据的分布式存储与大模型的并行计算。分布式机器学习解决的正是如何有效利用计算机集群实现大规模机器学习训练的问题。目前，分布式机器学习已成为支撑和加速大规模机器学习的主要方法，在学术和工业界得到了广泛应用。

1.1　分布式机器学习

本节将概述分布式机器学习的基本概念和架构，介绍常用的并行模式、通信范式以及通信优化技术。在 1.2 节中，我们将集群范围继续扩大到多数据中心场景，介绍跨数据中心分布式机器学习及其面临的关键挑战。

1.1.1　基本概念

分布式机器学习是指部署在多个计算机节点，根据特定的通信范式和同步协议，通过通信网络交换机器学习模型数据，实现多机数据协同和分布式并行计算的一类大规模机器学习训练方法。

分布式机器学习系统整体架构概览如图 1-2 所示。分布式机器学习系统包含三个核心部件：数据资源池、计算节点群和通信网络。数据资源池将大数据分散存储在多台计算机的文件系统以实现大存储，可为计算节点群提供单机可承载的数据切片以供训练。计算节点群利用分布式技术汇聚多台计算机的计算资源，并行加速大规模计算任务，为大数据计算提供大算力支持。另外，计算节点群也可以将大模型切片，使得单台计算机有能力处理这些模型切片。最后，多台计算机之间借由通信网络交换计算结果，实现模型参数的同步或流水线式的大模型计算。

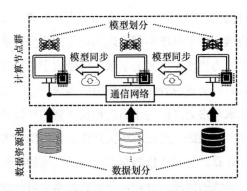

图 1-2　分布式机器学习系统整体架构概览

在早期尝试中，分布式机器学习主要用在一台计算机上实现多卡协作，这里的卡通常指 GPU 计算卡，如图 1-3（a）所示。一方面，为了整合多卡显存承载大模型，大模型将被切成多个较小的分片，分别缓存在多卡的显存中，并借助 CPU 调度处理顺序以及传递计算结果。另一方面，多卡并行处理不同批次的数据，再由 CPU 同步计算结果，可以整合多卡算力实现训练加速。由于 CPU 和 GPU 位于同一台物理机上，二者通过高速串行计算机扩展总线（Peripheral Component Interconnect express，PCIe）交换数据，内存与显存之间传输带宽可达 64GB/s。在使用 NVLink 桥接器后，GPU 之间、GPU 与 CPU 之间的传输带宽更是可以达到 50～200GB/s[22]。众多智能云平台都提供了配备多卡的 GPU 云服务器，如 Azure 和腾讯云都提供了 1～8 卡的配置选项，个体研究者可以租用云算力来满足训练需求。然而，受到机箱容量、主板可用 PCIe 插槽数量以及电源供电功率等制约，单台机器可以容纳的 GPU 数量非常有限，通常仅有 1～8 卡。即便使用 8 个 Tesla V100 GPU，训练 GPT-3 模型仍需要 36 年[23]。因此，单机多卡模式可扩展性差，加速性能有限，无法解决数据量大的问题。

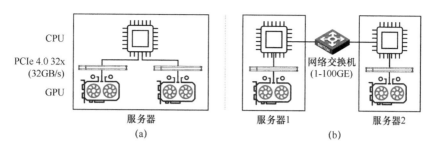

图 1-3　单机多卡与多机多卡的配置概览

随着人工智能的飞速发展，训练数据量日益庞大，训练大模型的时间也越来越长，单机多卡协作已经无法满足业界的训练需求，这迫使业界探索多机协作模式，使用总计成百上千个 GPU 的大规模计算集群进一步加速机器学习训练。为简化说明，图 1-3（b）所示为仅在服务器内画出一个 GPU，但实际也可以像图 1-3（a）所示配置 1～8 卡。在多机协作模式下，为实现 GPU 之间通信，CPU 需要先将 GPU 显存中的模型数据通过 PCIe 复制到内存，再经由数据中心网络发送给另一台计算机，另一台计算机将接收到的模型数据复制到 GPU 显存。上述模型传输过程涉及两个延迟：基于 PCIe 的 GPU 显存到 CPU 内存的数据搬移延迟，以及基于数据中心网络的主机间数据传输延迟。为了消除 GPU 和 CPU 之间的数据搬移延迟，可以借助 GPU 远程直接内存访问（GPUDirect Remote Direct Memory Access，GPUDirect RDMA）[24]技术，该技术将 GPU 显存数据读写完全交由 GPUDirect RDMA 硬件执行，数据交换无须经过 CPU 内存，主机 A 的 GPU1 可以直接访问主机 B 的 GPU2 显存，从而实现高带宽、低延迟的 GPU 通信。但是，在高性能计算应用中使用 GPUDirect RDMA 技术依赖于 InfiniBand 网络，所需的专用硬件设备成本高昂，一般数据中心难以承受。多数情况下，网络交换机的传输带宽远低于 PCIe 带宽，使得多机通信成为分布式机器学习的主要性能瓶颈。本书也将围绕多机通信瓶颈进行展开，并介绍一系列通信优化技术。

1.1.2　国内外发展现状

1. 学术界的模型训练速度竞赛

截至目前，越来越多的企业在其数据中心内搭建起了大规模的计算机集群，通过分布式机器学习解决大规模机器学习训练问题。国内外大规模分布式机器学习集群发展现状如图 1-4 所示。2017 年，META 和 IBM 使用 256 个 Tesla P100 GPU 的计算集群，分别实现了 1h 和 50min 的 ResNet-50 模型训练[25-26]，相比单卡 NVIDIA M40 GPU 需要的 14 天[20]，训练加速 336～403 倍。同年 11 月，荷兰国家超级计算和电子科技研究所（SURFsara）与日本首选网络公司（Preferred Networks）将集群规模扩展至 1024 个 GPU 节点，进一步将训练时间缩短到 42min 和 15min[27-28]。如此加速效果也可以借助 CPU 计算集群实现，如 UC Berkeley 的研究团队使用 2048 个 Intel Xeon 系列 CPU，在 ResNet-50 和 AlexNet[29]模型上分别取得了 20min 和 11min 的突出表现[20]。

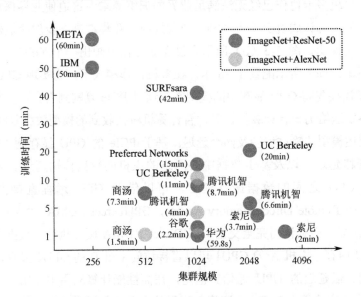

图 1-4　国内外大规模分布式机器学习集群发展现状

2018 年，腾讯机智再次取得突破，使用 1024 个 Tesla P40 GPU，训练 ResNet-50 模型只需 8.7min，训练 AlexNet 模型只需 4min。在进一步将集群规模扩展到 2048 个 GPU 节点后，训练 ResNet-50 模型的时间再次缩短到 6.6min，扩展性可保持在 97%～99%[30]。同年 11 月，索尼宣布刷新 ImageNet 数据集训练 ResNet-50 模型的新纪录，在 2176 个 Tesla V100 GPU 的计算集群上实现 3.7min 完成训练[31]，随后又在 3456 个 GPU 节点的更大规模集群上实现 2min 完成训练[32]，创下人工智能训练速度的世界纪录。一个月后，谷歌推出 1024 个 TPU（每秒万亿次浮点运算）的大规模专用计算集群，训练图像吞吐率可达每秒百万张，完成 ResNet-50 模型训练仅需 2.2min[33]，非常接近索尼 2min 的记录。

2019 年，商汤科技发布最新成果，通过一系列分布式优化技术在 512 个 Volta GPU 的计算集群上获得 410～434 的加速比，ResNet-50 模型的训练时间 7.3min 接近腾讯机智 2048 卡并行的 6.6min，同时 AlexNet 模型的训练时间 1.5min 刷新索尼 3456 卡并行的 2min 的世界纪录[34]。人工智能训练速度的世界纪录屡屡被刷新，分布式机器学习功不可没，其加速性能可见一斑。

与此同时，国内很多学术机构都开始建立属于自己的人工智能算力集群。鹏城实验室湾区网项目首期开通深圳市大学城节点、前海核心节点、鹏城实验室节点、国家超算深圳中心节点、福田节点、龙华节点六个数据中心节点，旨在为网络体系结构、网络协议、5G 核心网、工业互联网等试验与应用示范提供科学装置与基础设施[35]。之江实验室南湖总部的数据中心是目前国内科研机构中规模最大的算力中心之一，将整合智能超算、智算集群、类脑计算、图计算等算力资源，算力可达 10 EFLOPs[36]。这些大规模的计算资源支撑起了如今很多前沿的学术研究和高端智能产品，更加凸显出分布式机器学习技术的巨大价值。

2. 产业界的商业实践

分布式机器学习并不是为了刷新 ImageNet 的训练时间记录而存在的，而是旨在为业界实现 PB 级数据量训练奠定算力基石。在该领域，国外经过近 20 年的发展，已经建立起较为成熟的理论体系和系统架构，在学术界、工业界都得到了成功的应用。例如，在军事应用上，分布式通用地面站系统是美军接收、处理和分发传感器信息的情报、侦察与监视系统，能提高系统性能并确保与其他系统的互操作性，能有效处理任务规划、情报信息发布、多源情报融合和情报应用分发等任务。

分布式机器学习在国内起步相对较晚，但在国家"十三五"规划等政策的支持下，该领域在已有的比较完备的技术和理论的基础上迅速发展，正在追赶国际先进水平。例如，仅在 2016 年的"双十一"当天就产生了 10.5 亿条交易，蚂蚁金服的交易峰值达到每秒 12 万笔。针对 PB 级训练数据的挑战，阿里集团和蚂蚁金服推出超大规模分布式机器学习系统"鲲鹏"，在"双十一"和交易风险评估等现实应用中展现出了巨大的应用价值[37]。百度飞桨的分布式训练技术支持千亿级稠密参数模型的训练[38]，是百度搜索引擎、百度翻译、百度地图、文心语义理解平台等产品的核心驱动力之一。这些成果的相继出现标志着分布式机器学习正受到国内外互联网巨头的高度重视。

虽然分布式机器学习对计算集群的性能要求很高，但它离个体研究者并不遥远。如今，人工智能计算越来越多地成为云计算上的典型任务。如表 1-1 所示，国内四大云计算巨头相继推出 GPU 云服务器和超级计算集群的租赁服务，满足个体研究者租赁临时算力，并行加速机器学习模型训练的需求。然而，对于个体研究者而言，租赁 GPU 集群的费用仍然相当高昂。在 2019 年，华为推出 Atlas 900 人工智能计算集群，包含 1024 个昇腾（Ascend）910 处理器，ResNet-50 训练时间仅 59.8s[39]，再破索尼 3456 Tesla V100 GPU 集群的 2min 记录，登顶全球第一。可见，定制的人工智能处理器性能不一定亚于通用型高性能 GPU，使用昇腾芯片集群代替 GPU 集群是一个可行的解决方案，能够帮助个体研究者节省大笔的租赁费用。

表 1-1　四大智能算力云平台可租用计算集群的规模、配置与费用一览

智能云	实例规格	可租规模（台）	计算配置	租赁费用（元/台/月）
阿里云	ecs.sccgn7ex.32xlarge	25	A100×8	173 444
	ecs.sccgn6e.24xlarge		V100×8	71 642
百度云	bcc.gn3.c80m320.4t4	3	T4×4	15 980
	bcc.lgn2.c64m256.8v100-16g	2	V100×8	73 494
腾讯云	GN10Xp.20XLARGE320	500	V100×8	46 000
	GT4.41XLARGE948		A100×8	114 016
	GN8.14XLARGE448		P40×8	36 000
华为云	p2s.16xlarge.8	200	V100×8	63 118
	pi2.8xlarge.4		T4×4	14 059
	ai1s.8xlarge.4		Ascend 310×16	8 435

注：表中费用数据源于 2022 年 5 月的各平台官网，因年份和具体硬件配置而不同，仅作参考，不具有比较意义。

1.1.3　并行模式

分布式机器学习的并行模式描述了计算节点之间应以何种方式进行协作，

即计算节点各自分担什么子任务，以及应当交互什么内容。根据用户不同的需求，常用的并行模式包括模型并行、流水线并行、数据并行和混合并行四种。模型并行适用于大模型训练任务；流水线并行则优化了模型并行的算力利用率，进一步提高了并行训练效率；数据并行适用于大数据训练任务。但是在现实应用中，大模型和大数据往往共存，上述三种并行模式通常需要结合使用，它们的结合被称为混合并行。在本节中，我们将分别介绍这四种并行模式。

1.1.3.1 模型并行

模型并行常用于模型参数量巨大的情况。例如，T5-XXL 模型拥有 11B 个可训练参数，需要占用 44GB 的显存空间，而 RTX 3080TI GPU 仅有 12GB 的显存容量，单卡无法容纳规模较大的模型。因此，模型并行将大模型进行切片，将各个较小的模型切片分配给多张计算卡共同存储，并交换切片的输出以打通多卡计算过程。在模型并行的框架下，计算节点之间有较为复杂的依赖关系，某个计算节点的输出是另一个计算节点的输入，于是两个节点之间可建立一条有向边表示中间结果的传输数据流，从而构成分布式计算图。

总的来说，给定一个深度网络模型，可以对其按层切片、按神经元切片以及更为精细的混合切片，如图 1-5 所示。首先，由于深度网络模型常由多个神经网络层构成，所以最直观的方式就是按层切片，如图 1-5（b）所示，前两层网络的切片分配给 GPU0，后两层网络的切片分配给 GPU1。这种切片方式虽然直观，但 GPU1 的计算依赖于 GPU0 的输出，两卡不能并行，算力利用率低，仅能支撑大模型训练且不高效。

第二种方式是按神经元切片，即将各个网络层的神经元及其参数分割给不同的计算卡，如图 1-5（c）所示。在此种切片方式下，GPU0 和 GPU1 各拥有一半的相同切片，数据样本同时输入两个切片，并在切片中的各层频繁交换中间结果。与按层切片相比，按神经元切片的计算卡之间可以完全并行。然而，中间结果（如激活图）的尺寸可能很大，频繁的中间结果交换会引入高传输延迟，也容易导致低算力利用率。

第三种混合切片方式结合前两种切片方式的优势，根据深度网络模型各层的参数量、输出激活图的尺寸以及计算卡之间的数据吞吐率，结合使用按层切片和按神经元切片，可对深度网络进行更精细的切片。如图 1-5（d）所示，第一、四层网络的切片分配给 GPU0，第二、三层网络按神经元进行切片，分别分配给 GPU1 和 GPU2。于是，数据样本首先输入 GPU0，其输出作为 GPU1 和 GPU2 的输入，GPU1 和 GPU2 在计算过程中交换中间结果，它们的输出又传回 GPU0 进行最后的计算。通常来说，模型切片越精细，跨 GPU 通信越复杂，通信代价也就越高。通过谨慎设定切片策略，在通信代价和并行度之间折中，可以有效提升整体训练效率[40-42]。

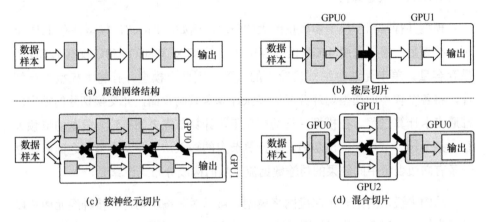

图 1-5　模型并行中的三种切片方式

下面我们以一个真实深度网络 AlexNet 为例，对模型并行的实现细节做详细阐述。AlexNet 包含五个卷积层和三个全连接层，总计参数量 $61×10^6$ 个，需占用 244MB 显存空间。在 2012 年，Alex 等人使用的 GTX 580 GPU 仅有 3GB 显存容量，在排除训练数据、中间结果（如模型梯度）以及外接显示器等占用的显存后，可用显存空间相当紧张。于是他们设计了图 1-6 所示的基于双卡模型并行的 AlexNet 网络架构，图 1-6 中的 K 代表 10^3，表示"个"参数；M 代表 10^6，即 $1M=10^6$。该架构采用类似于图 1-5（c）的按神经元切片方式，在双卡的分担下，GPU0 仅需存储和训练 $3.2×10^7$ 个参数，GPU1 为 $2.8×10^7$ 个，单卡存储压力得以缓解。不同的是，仅第二、五、六、七层的输出激活图会在计算卡之间交换。当批数据量为 128 个训练样本时，GPU 之间每次迭代只需要交换 28.5MB 数据，相比原本需要交换的 126MB 数据减少了约 77%，大幅降低了计算卡之间的传输开销。

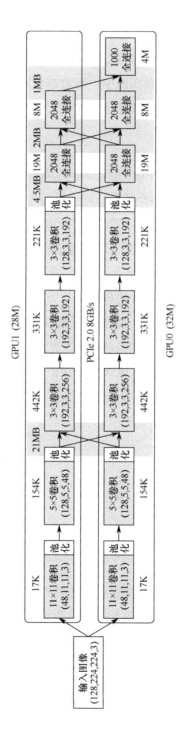

图 1-6　AlexNet 网络模型按神经元划分

模型并行解决了大模型训练的问题，但其扩展能力是有限的，一方面取决于模型结构是否可切片以及最大切片数量；另一方面，一味地增大模型并行度并不一定能取得训练加速[42]。在实践中，若数据量不大且多卡传输具有高带宽，可首先考虑用模型并行来训练大模型。

1.1.3.2 流水线并行

虽然模型并行能够训练大模型，但 GPU 算力资源利用严重不足。其一，按层切片的方式需要串行处理各个切片，同一时间只有一个 GPU 在处理模型切片，其余 GPU 则被闲置。其二，若按神经元切片，则各个切片在处理过程中需要频繁交换中间结果，长时间的 GPU 通信也会使 GPU 算力闲置。为提高 GPU 算力利用率，流水线并行结合了模型并行和数据并行。首先，对于模型并行，流水线并行沿用按层切片的模型并行方法，将大模型的不同网络层分配给多个 GPU 共同承载。其次，数据并行将原本的批量训练数据再次细分为多个小批次，当一个 GPU 处理完当前小批次并递交下一个 GPU 后，就立即处理下一个小批次，如此形成流水线式的持续忙碌的工作模式。图 1-7（a）和图 1-7（b）形象地显示出模型并行和传统任务（或模型推断阶段）的流水线并行工作模式。

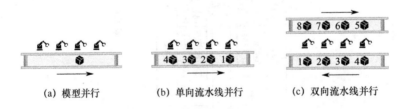

（a）模型并行   （b）单向流水线并行   （c）双向流水线并行

图 1-7　传统模型并行与单向、双向流水线并行示意图

首先回顾一个小批次任务的训练过程，考虑图 1-8 所示简单的模型并行切片示例，全连接神经网络的四个层有相同的参数量，且四个层分别分配给四个 GPU。在前向传播过程中，数据样本输入 GPU0，经过 GPU0 至 GPU3 依次处理后，GPU3 计算损失值和末层网络参数的梯度，并依次反向传播给 GPU2 至 GPU0 以计算前层网络参数的梯度。由此可知，深度学习模型训练阶段的流水线并行并非图 1-7（b）所示简单的单向流水线，而是后序批次的前向传播和

前序批次的反向传播同时存在，使之成为图 1-7（c）所示的更为复杂的双向流水线，需要特别设计多批次训练任务的调度方案。

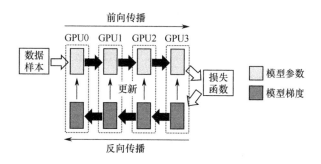

图 1-8　简单的模型并行切片示例

本节介绍三种典型的流水线并行方案，分别是 PipeDream[43-44]、GPipe[45] 和 DAPPLE[46]。假设有四个 GPU，每个 GPU 负责一个模型切片，每个模型切片的计算时间是一个单位，以下举例说明三种流水线并行方案。请注意，当某个 GPU 处理完一个小批次后，传输计算结果的通信过程与处理下一个小批次的计算过程相互无依赖，两个过程可以重叠执行。为了更清晰地展示流水线并行的突出优势，本例中忽略了 GPU 通信延迟。原始模型并行的调度时间线如图 1-9（a）所示，在同一时刻，仅有一个 GPU 处于工作状态，其余 GPU 被闲置，GPU 算力的平均利用率仅有 25%。

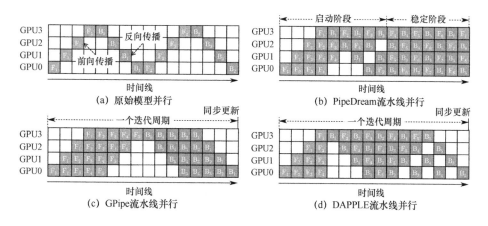

图 1-9　模型并行及其三种流水线并行方案

第一种方案是 PipeDream 流水线并行，如图 1-9（b）所示。在启动阶段，PipeDream 连续启动四个小批次的前向计算，一旦某个 GPU 开始执行反向计算，后续就切换到前向和反向交替计算的模式。当某个 GPU 需要处理多个小批次时，如 GPU3 在第 5 个单位时间面临第 1 个小批次的反向计算（B_1）和第 2 个小批次的前向计算（F_2），PipeDream 优先调度最早的小批次（即批次编号最小）。在第 10 个单位时间时，PipeDream 进入稳定阶段，所有 GPU 持续忙碌，达到 100%的算力利用率。但需注意的是，由于小批次完成前向传播和反向传播需要一定的时间，其间模型参数会被多次更新。例如，GPU0 在第 9 个单位时间时启动批次 F_5，但直至第 16 个单位时间才开始计算梯度 B_5，而期间模型参数已经被批次 2～4 更新了三次。这意味着 B_5 将用更新版本的模型参数计算梯度，这破坏了梯度的计算法则，也会阻碍训练收敛。因此，PipeDream 需要存储近期批次的模型参数，确保梯度计算时模型参数的一致性。另外，如何在异构且变化的 GPU 网络中实现负载均衡的动态模型切片与任务放置[47-48]，以及如何缓解异步流水线中过期参数的影响[49-50]，也是值得关注的问题。

第二种方案是谷歌提出的 GPipe 流水线并行，如图 1-9（c）所示。在前向传播阶段，GPipe 连续启动五个小批次的前向计算与传播。在所有小批次的前向传播完成后，进入反向传播阶段，连续启动所有小批次的反向计算与传播。当所有小批次的反向传播完成后，累计求和五个小批次的梯度，并同步更新各个 GPU 的模型参数。不同于 PipeDream 的异步更新，GPipe 有明确的同步屏障，属于同步流水线模式，模型参数在抵达同步屏障之前不会被更新，保证了同一设备上的前向计算和反向计算都是基于相同的模型参数，所以 GPipe 可以正确计算并简单累计求和模型梯度。上述前向传播阶段、反向传播阶段和同步更新阶段合称为一个迭代周期。理论上，GPipe 的算力利用率可维持在 62.5%。虽然 GPipe 不像 PipeDream 那样需要存储多个小批次的模型参数，但它在完成反向计算之前不能丢弃前向传播阶段的中间结果，仍需要消耗大量显存来缓存这些中间结果。尽管一些中间结果可以在反向计算时复现，但重新计算这些中间结果又会引入额外 20%的计算开销，需要谨慎权衡。

因为反向计算依赖前向计算的输出激活图，GPU 需要缓存这些中间结果直至反向计算完成，所以 DAPPLE 通过提前启动反向计算来减少显存消耗。如图 1-9（d）所示，不同于 GPipe 一次性启动全部小批次任务，DAPPLE 先启动少数小批次任务，并严格调度反向计算紧随前向传播的完成而启动，使得缓存的中间结果尽早释放，减少显存消耗。与 GPipe 类似，在到达同步屏障前，DAPPLE 不更新模型参数，而是简单累计求和各个小批次的梯度，所以不会像异步流水线那样需要缓存多个版本的历史模型参数，也不会面临过期参数的问题。DAPPLE 的算力利用率理论上与 GPipe 的相同，但峰值显存消耗平均可节省 12%。

1.1.3.3　数据并行

在大数据时代，大规模的训练数据是机器学习训练缓慢的主要矛盾，所以目前在学术界和工业界，主要采用的并行模式是数据并行。在图 1-10 所示的数据并行框架下，训练数据被切分和存储在多个计算节点，每个计算节点都拥有一份完整的模型副本。计算节点使用本地数据并行训练本地模型，并周期性交换模型数据以实现模型同步。对于不同类型的机器学习算法，模型同步交换的数据内容可能有所区别。例如，对于深度学习等梯度优化类算法，最常见的通信内容是模型参数和梯度；而对于支持向量机和最近邻算法，通信内容则可以是支持向量和关键样本。本书主要讨论基于梯度优化类算法的数据并行方案。

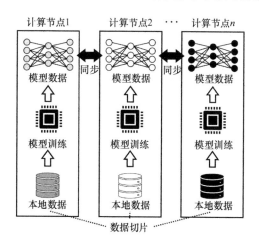

图 1-10　数据并行框架

数据并行使用多个计算节点同时处理不同批次的数据，这种并行计算方式能大幅提升分布式机器学习系统的数据吞吐率，有效缩短训练时间。图 1-11 对比了单机串行和数据并行的训练时间效率。给定三个数据批次，假设每个数据批次都需要四个单位的计算时间（包含前向传播、反向传播和参数更新）。在原始的单机串行模式下，单个 GPU 独自顺序完成三个数据批次的训练，总计耗费 12 个单位时间。数据并行模式则将每个数据批次均匀切分给四个 GPU，由于计算过程相互无依赖，四个 GPU 可以并行计算，完成一个数据批次的计算只需要 1 个单位时间。理想情况下，四卡并行应取得四倍的训练加速，系统可扩展度为 1.0。但每次计算完成后，GPU 之间需要同步模型参数，假设同步通信延迟为 1 个单位时间，计算与通信总计需要 2 个单位时间，加速效果仅达到 2 倍，此时系统可扩展度为 0.5。显而易见，要充分利用 GPU 的计算资源，必须尽可能提高系统可扩展度。不幸的是，随着集群规模的增大，高网络负载会导致高同步通信延迟，系统可扩展性也会变差。因此，本书将重点介绍分布式机器学习中的通信优化技术，以期取得更优的系统可扩展性。

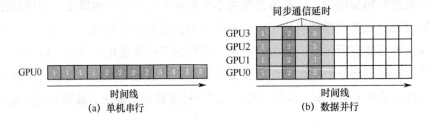

图 1-11　单机串行与数据并行的训练时间效率对比

不同于模型并行和流水线并行需要精心划分模型和放置任务，数据并行可简单适用于任意结构的深度模型。需要注意的是，数据并行更适用于计算密集但参数量小的模型（如卷积神经网络），因为当模型参数量过大时，数据并行的大部分时间都在传输模型参数，高通信代价会引发系统性能瓶颈。尽管如此，我们仍可以通过降低同步频率[51]、压缩传输[52-53]、流量调度[54-55]等手段优化通信效率。

1.1.3.4　混合并行

大规模机器学习训练往往同时面临大数据和大模型的双重挑战。模型并行和流水线并行解决了大模型训练的问题，但面对大数据仍然训练低效。数据并行解决了大数据训练的问题，但当模型过大时，计算节点无法容纳完整的大模型，也限制了数据并行的实用性。因此，在现实的大规模机器学习训练系统中，模型并行、流水线并行、数据并行可能同时存在，这种多并行模式混合的方式称为混合并行。

混合并行的具体实现多种多样，但大致遵循以下规律。（1）参数量大的网络层按神经元切片，如全连接层。（2）具有相似结构的网络块按层切片，如 ResNet 模型可由不同数量的残差网络块堆叠而成。（3）由于网络块的结构相似，有相近的参数量和计算量，可以结合流水线并行提高算力利用率。（4）当输入不同批次数据时，流水线之间计算与通信相互无依赖，可以数据并行，最后同步模型即可。

图 1-12 所示为一种混合并行方案。考虑由 N 个（卷积层，全连接层）基本块堆叠而成的深度网络模型，分布式计算集群总计 NM 台计算机，每台计算机配备有 3 个 GPU 计算卡。首先，依照规律（1）将基本块内的全连接层按神经元切片，由于这种切片方式通信密集，我们将子模型放置单机多卡，如两个全连接层切片放置 GPU1 和 GPU2，卷积层放置 GPU0，通过大带宽 PCIe 通信实现高速多卡模型并行。其次，依照规律（2），我们以基本块为单位切分整个大模型，不同的基本块放置到不同的计算机，并依照规律（3）使用流水线并行串联这些计算机，计算机之间通过数据中心网络通信。最后，以流水线上的 N 台计算机为一个计算组，整个计算集群可分为 M 个计算组，这些计算组之间相互无依赖，可以依照规律（4）进行数据并行，进一步提高整体训练效率。

华为和百度飞桨都实现了与图 1-12 类似的混合并行方案。特别地，由于混合了模型并行、分组参数切片、流水线并行、数据并行四种并行模式，百度飞桨将这种混合方案称为 4D 混合并行[56]，其对应的分布式训练系统是千亿级语言模型 ERNIE 的计算基石。其他一些混合方案可参考 Mesh-TensorFlow[57]、GNMT[58]、OptCNN[59]、FlexFlow[60]。

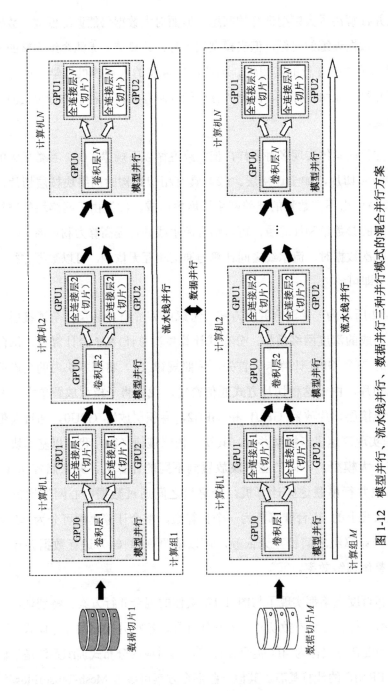

图 1-12 模型并行、流水线并行、数据并行三种并行模式的混合并行方案

1.1.4 通信范式

分布式机器学习的通信范式规定了数据并行模式下计算节点应以何种通信拓扑及协议同步模型参数（或梯度）。基于消息传输接口（Message Passing Interface，MPI）的 AllReduce 通信和参数服务器（Parameter Server，PS）通信是两种主流通信范式，此外，流言（Gossip）异步去中心化通信范式也有一些成功案例。本节将对上述三种通信范式的典型实现做简要介绍。

1.1.4.1 基于 MPI 的 AllReduce 通信范式

1. MPI 集群通信原语概览

MPI[61]是一个性能优异的分布式通信库，支持各种网络设备和网络拓扑结构，在多种分布式通信技术中得到广泛使用，典型通信原语包括点对点（P2P）、广播（Broadcast）、汇集（Gather）、全汇集（AllGather）、聚合（Reduce）、全聚合（AllReduce）、分发（Scatter），如图 1-13 所示。

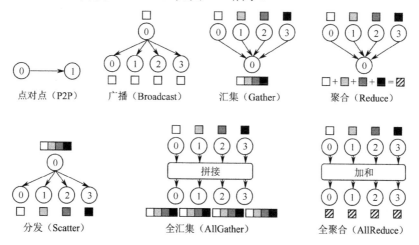

图 1-13 MPI 的七种常见通信原语示意图

集合通信（Collective Communication）[62]，顾名思义，即一个集合内多个进程间的通信。这些原语使我们能在多进程之间更简便地交换数据。图 1-13 中除点对点（P2P）通信外，其他原语都属于集合通信。不同的通信原语功能不同，适用于不同的通信任务。首先是多对一和一对多原语：广播（Broadcast）原语可以从一个进程向所有进程发送数据；汇集（Gather）原语可以将所有进程的数据收集到一个进程；聚合（Reduce）原语与汇集原语相似，但会将收集的数据通过求和、最大等方式聚合；分发（Scatter）原语可以将一个进程的不同数据切片分发给不同的进程。全汇集（AllGather）和全聚合（AllReduce）是两个多对多原语，即所有进程都能获得 Gather 或 Reduce 的结果。

2. AllReduce 原语及其典型实现

分布式机器学习的模型同步操作需要聚合所有计算节点的模型数据，并同步给所有计算节点，这个过程可以通过调用 AllReduce 原语实现。AllReduce 原语的实现是多种多样的，最简单直接的一类方案是 Reduce+Broadcast，如二叉树型同步（Binary Tree）[63]，Reduce 原语先将计算节点的数据沿二叉树聚合到根节点，Broadcast 原语再将聚合结果原路广播回计算节点。另一类方案是 ReduceScatter+AllGather，ReduceScatter 原语在聚合所有进程数据的同时，不同进程只获得聚合结果的一个切片，随后利用 AllGather 原语交换切片得到完整的聚合数据。这类方案的典型算法包括蝶式同步（Recursive Halving and Doubling，或称 Butterfly）、二进制块同步（Binary Blocks）和环形同步（Ring）[63]。研究表明，在上述算法中，仅 Binary Blocks 和 Ring 适用于较大数据量，其中 Ring 适用于小规模集群（少于 32 节点），Binary Blocks 适用于较大规模集群（32～256 节点）[63]。由于 AllReduce 原语的具体实现算法繁多，下面仅简要介绍近年来在工业实践中表现卓越的 Ring AllReduce、Three-Phase Ring AllReduce、2D-Torus Ring AllReduce 三种算法，其他算法实现请参阅文献 [25]、[26]、[33]、[63]～[66]、[68]。

三种算法示意图如图 1-14 所示。百度首先将 Ring AllReduce 算法[67]引入分布式机器学习。在这种算法中，所有节点首尾相连形成通信环，每个节点有且仅有一个前继节点和一个后继节点，且只能从前继节点接收数据，向后继节点发送数据。Ring AllReduce 算法整体分为 ReduceScatter 和 AllGather 两个阶段。以图 1-15 所示 $K=3$ 个计算节点为例，每个节点的数据被平均分割为 K 个数据切片。在 ReduceScatter 阶段，第 r 次通信时，每个节点 k 向其后继节点 $(k+1) \bmod K$ 发送第 $(k-r+1) \bmod K$ 个数据切片，同时从前继节

点 $(k-1) \bmod K$ 接收数据切片，并与本地第 $(k-r) \bmod K$ 个数据切片聚合。重复上述过程 $K-1$ 次，此时每个节点 k 都拥有一个全局聚合的数据切片 $(k+1) \bmod K$，ReduceScatter 阶段完成。随后，AllGather 阶段交换各节点的全局聚合数据切片，以获得完整的全局聚合数据。AllGather 的过程与 ReduceScatter 相似，只是 AllGather 不执行聚合操作，而是简单的覆盖。再经过 $K-1$ 次通信后，所有节点都获得完整的全局聚合数据，至此 AllReduce 阶段完成。在上述算法中，每个节点总计发送 $2(K-1) \cdot (S/K) \leqslant 2S$ 个数据，S 为模型参数量，可见算法的通信开销恒定，与集群规模 K 无关。在实际部署中，将大带宽互联的两个 GPU 作为邻居，可以最大限度地发挥 Ring AllReduce 算法的性能。然而，在较大规模集群中，模型数据会被过度切片并导致低带宽利用率，所以 Ring AllReduce 算法只适用于小规模集群。

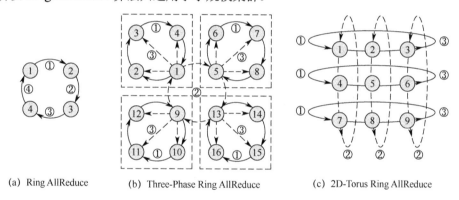

(a) Ring AllReduce　　(b) Three-Phase Ring AllReduce　　(c) 2D-Torus Ring AllReduce

图 1-14　三种算法示意图

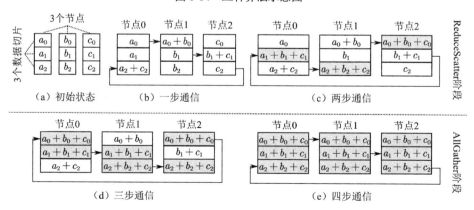

（a）初始状态　　（b）一步通信　　（c）两步通信

（d）三步通信　　（e）四步通信

图 1-15　Ring 算法工作流程

Three-Phase Ring AllReduce 算法由腾讯机智提出[30]，如图 1-14（b）所示。该算法从本质上讲就是分层的 Ring AllReduce 算法，由内环同步、外环同步和内环广播三个阶段组成。算法将所有节点分为多个组，组内节点通过 PCIe/NVLink 形成内部通信环，组内代表节点与其他组的代表节点通过 GPUDirect RDMA 形成外部通信环。在第一阶段，组内节点调用 Ring AllReduce（或其他 Reduce 算法）算法将组内数据聚合到代表节点。在第二阶段，代表节点之间再次调用 Ring AllReduce 算法完成全局数据聚合，每个代表节点都获得完整聚合数据。在第三阶段，代表节点广播全局聚合数据给组内其他节点。该算法执行步骤少，适用于小模型、大集群的训练任务，其在 1024 个节点的大集群上表现优越，并取得 2018 年度 4 min 训练 ImageNet+AlexNet 的世界纪录。但是，在传输数据量大时，Ring AllReduce 算法表现更佳。

2D-Torus Ring AllReduce 算法[32]由索尼提出，如图 1-14（c）所示，集群节点可视为二维网格排列。该算法由三步组成：第一步，横向节点执行 ReduceScatter；第二步，纵向节点执行 AllReduce；第三步，横向节点执行 AllGather。该算法具有较小的通信开销，可用于更大规模的机器学习集群。索尼将该算法应用于更大规模的（如 3456 个节点）集群，在 ImageNet+ResNet-50 训练任务上取得 2min 的世界纪录，证明了该算法的优越性能。类似的层次化环形算法还有谷歌的 2D-Mesh[33]和 IBM 的 BlueConnect[68]，它们均可以有效提高 Ring AllReduce 算法在大规模集群中的训练性能。

3. MPI 实现库及其支持的 AllReduce 算法

目前业界广泛使用的 MPI 实现库主要为 OpenMPI 和 MPICH，它们都采用 MPI 标准，提供了一系列集合通信原语的高性能实现。OpenMPI[69]的适用面广泛，可在多种互联模式的大规模集群中运行，如 InfiniBand、Myrinet、Quadrics、TCP/IP 等，其支持的 AllReduce 算法也最多，适用于生产系统。MPICH[64]实现了每一版的 MPI 标准，内置调试器，适用于开发系统，MPICH 及其衍生产品 MVAPICH 和 Intel MPI 都提供了广泛的网络支持。另外，Gloo、NCCL、Horovod 也提供了 MPI 集合通信算法支持。Gloo[70]是 META 开发的机器学习集合通信库，现已被深度学习开源框架 PyTorch 应用于集合通信后端，支持 CPU、GPU 以及 GPUDirect RDMA 通信。NVIDIA 集合通信库（NCCL）[71]针对 NVIDIA 系列 GPU 通信进行了特别优化，在 PCIe、NVLink 和 InfiniBand 互联集群中传输带宽得到明显提升。目前，NCCL 已被多数深度学习开源框架支持，包括 PyTorch、TensorFlow、MXNET、Caffe 等。Horovod[72]原是 Uber 为 TensorFlow 开发的分布式通信库，现也支持 PyTorch 和 MXNET。Horovod 对 MPI、Gloo、NCCL 进行了封装，用户可以灵活使用不同的底层通信库，实现多样化的分布式通信能力。五种 MPI 通信库支持的 AllReduce 算法见表 1-2，深度学习框架支持的 MPI 通信库见表 1-3。

表 1-2　五种 MPI 通信库支持的 AllReduce 算法

算　法	OpenMPI	MPICH	NCCL	Gloo	Horovod
Recursive Doubling	√	√			√
Butterfly	√	√		√	√
Ring	√	√	√		√
Ring (Segmented)	√			√	√
Binary Tree		√			√
Bcube				√	√
适用场景	小张量 CPU 通信		GPU 通信	半精度 CPU 通信	所有

注：表中数据源于 2022 年 5 月各通信库的文档和代码，支持的算法后续仍可能更新。

表 1-3　深度学习框架支持的 MPI 通信库

通信库	TensorFlow	PyTorch	MXNET	Caffe	PaddlePaddle
MPI	√	√	√	√	
NCCL	√	√	√	√	√
Gloo		√			
Horovod	√	√	√		

注：表中数据源于 2022 年 5 月各深度学习框架的文档和代码，支持的通信库后续仍可能更新。

这些 MPI 通信库针对不同的用例而特别设计，所以各有优劣。除了支持的算法有所不同，OpenMPI 在 CPU 通信和小张量上性能表现最佳。Gloo 适用于 CPU 上的半精度（Float16）张量通信。OpenMPI 和 Gloo 都支持 CPU 和 GPU 通信，而 NCCL 仅支持 GPU 通信。尽管如此，NCCL 在 NVIDIA 系列

GPU 上拥有绝对性能优势[73]。

总的来说，MPI 的优势和劣势都比较明显。优势在于提供了高性能的集合通信支持，能够有效加速分布式机器学习的数据并行。另外，MPI 的几种高效实现（如 Butterfly、Binary Blocks 和 Ring 系列）采取去中心化的通信拓扑，能够缓解有中心通信拓扑的通信瓶颈，实现负载均衡。劣势在于只支持同步并行，不支持容灾恢复与动态扩展，这意味着运行时不仅不能动态增删节点，而且任意节点故障或响应变慢都将阻塞整个集群，甚至导致任务失败。因此，MPI 主要用于具有同构计算与通信资源和高可靠保证的理想集群。

1.1.4.2 参数服务器通信范式

参数服务器的最早抽象来源于分布式键值存储，采用了分布式内存对象缓存系统 Memcached 存放共享参数，实现在分布式系统的不同计算节点之间同步采样器状态[74]。但是，第一代参数服务器缺少灵活性且性能不佳。后来，谷歌大脑提出第二代参数服务器 DistBelief[75]，这是一种有中心的分片参数服务器，使用多个参数服务器节点分别存储大模型的不同分片，模型分片之间相互独立且异步运行。计算机内部以多卡模型并行模式训练本地模型副本，再经由对应的参数服务器分片异步更新全局参数。DistBelief 针对大规模深度模型做出了许多改进，如异步运行的 Downpour SGD 能够容忍不同计算节点运行速度的差异，以及在 Sandblaster L-BFGS 中引入调度器，协调计算节点的工作量以平衡处理时间。目前使用最多的是第三代参数服务器，由卡内基梅隆大学（CMU）的李沐等人提出[76-77]。第三代参数服务器的整体结构与第二代的类似，但提供了更为通用的设计，具有高效通信、灵活的一致性模型、弹性可扩展性、系统容错和耐用性、易于使用五大优势。

1. 架构与节点功能概述

后文默认参数服务器为第三代参数服务器，其架构简图如图 1-16 所示。请注意，图 1-16 抽象于 PS-LITE 的工程实现[78]，这是参数服务器架构的一个高效且轻量的实现库，提供了灵活且高性能的通信接口（PUSH/PULL）和服务器端用户可编程能力。参数服务器架构有三类功能节点：参数服务器、计算节点和调度器。参数服务器是核心的功能节点，用于存储和共享全局模型参数，且总是维护着最新版本的参数。由于单个参数服务器节点无法存储大模型的完整参数，所以实践中往往部署多个参数服务器节点构成参数服务器组，每个参数服务器节点分担不同的模型分片。为保障系统可靠性，应对参数服务器节点掉线的问题，参数服务器节点之间可以复制和迁移参数以实现冗余备份。

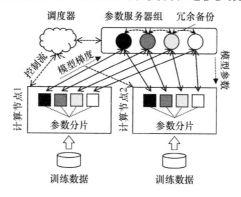

图1-16　参数服务器架构

计算节点负责利用本地训练数据计算模型参数的更新量（典型如模型梯度），并上报参数服务器以更新全局参数，所以计算节点可以仅与参数服务器通信，计算节点之间相互不建立连接。计算节点的训练数据可以全局打乱并均匀分配，也可以从分布式文件系统或分布式数据库中读取得到。对于大模型在计算节点上的存储问题，计算节点不一定需要存储完整的参数。例如，在广告点击预测等逻辑回归或线性回归应用中，输入数据特征可能是稀疏的，于是计算节点只需要从参数服务器下载与输入数据的关键特征相关的参数。另一方面，我们可以将大模型切片放置到多机或多卡上，通过模型并行解决大模型存储和计算的问题，这些模型切片可以再次被细分，由不同的参数服务器节点管理，进而实现参数服务器节点之间通信负载的均衡。

调度器主要用于协调计算节点和参数服务器节点之间通信框架的建立、销毁以及运行时的节点状态管理。在集群启动时，调度器优先启动，其他节点与调度器建立通信连接。调度器注册新节点，告知新节点其他节点的网络地址，引导参数服务器节点和计算节点之间建立通信连接，从而初始化参数服务器通信框架。在目前的 PS-LITE 实现中，调度器在运行时只需负责节点的活性检测和掉线恢复。每隔一定时间间隔，其他节点就会向调度器发送心跳消息报告自己的存活状态。另外，当掉线节点重连时，调度器帮助掉线节点恢复掉线前的状态以继续参与训练。在后续版本中，PS-LITE 可能会支持更丰富的运行时功能。当集群训练完成时，调度器要协调各节点销毁通信套接字，随后停止各节点的进程。

2. 同步、异步工作流程与流量模型

计算节点与参数服务器之间依靠 PUSH 和 PULL 两个基本操作原语实现数据通信。计算节点首先调用 PULL 原语从参数服务器拉取最新模型参数，随后调用 PUSH 原语将本地计算的模型梯度推送给参数服务器。这两个原语的实现采用经典的请求/响应协议，计算节点主动发起 PUSH/PULL 请求，参数服务器被动响应。注意，模型梯度和参数由多个张量构成，从用户视角来看，每个网络层的可训练参数都是一个张量，如卷积层的卷积核是一个张量，全连接层的参数矩阵也是一个张量。这些张量有各自的唯一索引值 KEY，计算节点在调用 PUSH/PULL 时，需要指定待传输张量的 KEY 值，这意味着一次模型同步过程需要多次连续调用 PUSH(KEY)或 PULL(KEY)，且相应的请求/响应相互独立、互不影响。另外，由于不同张量大小不一，在底层实际传输时，大张量还会被继续切分并均匀分发给多个参数服务器节点，以实现存储和流量的负载均衡，该问题将在后面讨论。

参数服务器架构相比 MPI AllReduce 的明显优势是支持同步、异步两种步调。图 1-17（a）所示为整体同步并行（Bulk Synchronous Parallel，BSP）下参数服务器的流量模型。①在一次同步通信开始时，计算节点发起 PULL(KEY)请求，请求从参数服务器节点下载索引值为 KEY 的最新参数张量。②参数服务器节点从本地键值数据库 KVStore 读取对应参数张量，将其附加在PULL(KEY)响应消息中发回计算节点。③计算节点用本地训练数据和下载的模型副本计算模型梯度。④计算节点发起 PUSH(KEY)请求，将索引值为 KEY 的梯度张量发送给参数服务器节点。⑤在 BSP 下，参数服务器节点等待收齐所有计算节点的索引值为 KEY 的梯度张量，然后用聚合梯度更新全局参数。⑥参数服务器节点返回 PUSH(KEY)响应消息给计算节点，表示上传的梯度张量已收到，可启动下一轮次的参数拉取。重复上述步骤直至达到指定轮数。上述步骤中多个张量的 PUSH/PULL 流同时存在，它们在步骤①②④⑤⑥中互不依赖，可以同时执行。

完全异步并行（Total Asynchronous Parallel，TAP）的流量模型如图 1-17（b）所示，其与 BSP 的主要区别在步骤⑤。不同于 BSP 需要等待所有计算节点到位，TAP 下参数服务器节点在收到某一计算节点上传的梯度张量后，即刻用于更新全局参数，而不等待其他计算节点。在此种模式下，计算节点之间完全独立并行，解决了 BSP 中的掉队者问题，可以有效提高计算吞吐率，加速训练进程。但是，TAP 不能保证计算节点间模型参数的一致性，理论上破坏了梯度优化准则，引发延迟梯度问题，劣化算法的收敛表现。本书将在 3.3 节详细讨论异步更新中的延迟梯度问题及其解决方案。

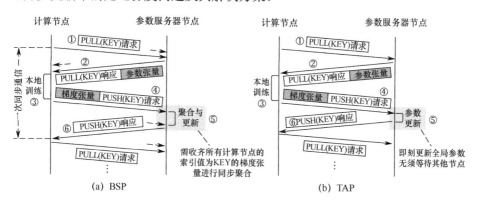

图 1-17　整体同步并行和完全异步并行模式下的流量模型示意图

BSP 和 TAP 两种模式的时间线如图 1-18（a）和图 1-18（b）所示。BSP 存在明确的同步屏障，优点是所有计算节点的步调保持一致，分布式算法的收敛性能得以保障；缺点是快节点容易被阻塞以等待慢节点（掉队者问题），会加剧资源空闲，降低系统吞吐率，最终拉低训练效率。TAP 与 BSP 完全相反，TAP 没有同步过程，计算节点即刻更新全局参数且相互不等待，因而具有不同的步调。在 TAP 下，模型计算和传输紧密排列，没有阻塞延迟，全局参数更新更加频繁，但代价是延迟梯度引发的算法收敛性损伤。延迟同步并行（Stale Synchronous Parallel，SSP）[79]是 BSP 和 TAP 的折中，如图 1-18（c）所示，SSP 允许计算节点以异步方式运行，但最快和最慢的节点之间的差距不能超过 τ 步，否则快节点将被阻塞。由于深度学习训练过程中的小偏差不一定会损害模型的准确性，有界步差可以控制较小偏差，能够对收敛性进行数学分析和证明，同时也在一定程度上缓解了掉队者问题，提高系统吞吐率和训练效率。但是，SSP 仅适用于动态异构性的集群环境，即快节点后续可能成为慢节点，慢节点后续也可能变快。否则，若快节点总是最快，它最终将被持续阻塞，使 SSP 退化为带 TAP 过时梯度的 BSP，取二者之劣而无所增益，得不偿失。

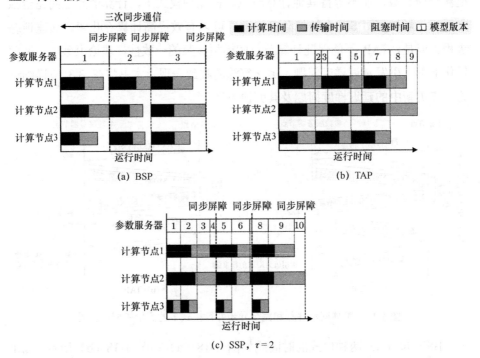

图 1-18　BSP、TAP、SSP 三种模式的时间线示意图

3. 多参数服务器负载均衡

上文提到，一个完整模型由多个网络层参数张量构成，所以一种朴素的多参数服务器分配方式是轮询调度，即以轮询的方式将多个网络层参数张量分配给不同的参数服务器节点。但是，不同网络层的参数张量大小不一，轮询调度无法保证负载均衡。PS-LITE 实现了一套更为细致的参数分配规则。以四层卷积和三层全连接网络为例，卷积核的参数量通常小于全连接参数矩阵。多参数服务器负载均衡示意图如图 1-19 所示，PS-LITE 设定了一个参数量阈值，

参数量小于该阈值的小张量均匀分配给各个参数服务器节点，反之，大张量被进一步平均切分成多个更小的分片，并分配给各个参数服务器节点。由于大张量的参数量占总体的大比例，这种参数分配方案总体趋于平均分配，有良好的负载均衡效果，同时避免了对小张量的过度切分。

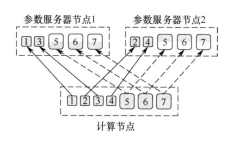

图 1-19　多参数服务器负载均衡示意图

总体来说，参数服务器的优势在于同时支持同步和异步两种更新模式，可以灵活使用 BSP、TAP、SSP 等多种同步算法，也能够提供容灾恢复和动态扩展等功能，这些功能使得参数服务器更适合不理想的计算机集群，如可用资源异构分布且动态变化的商业云环境，或者多任务竞争有限资源的低可靠数据中心。参数服务器架构已得到 TensorFlow、PyTorch、MXNET、PaddlePaddle 等主流深度学习框架的支持，可供读者简单部署使用。

1.1.4.3　Gossip 异步去中心化通信范式

为了避免中心化的通信瓶颈和单点故障问题，近些年来涌现了很多去中心化通信范式。在这些通信范式下，各个计算节点在一个连通图中，通过点对点通信来交互训练信息。随着训练的推进，计算节点的模型信息会通过图的边逐步扩散到其他计算节点。这种通信范式可以将计算集群的数据流量均匀分布到各个计算节点之间的通信链路上，从而避免中心化的通信瓶颈。

根据各个计算节点的训练步调是否保持一致，去中心化通信范式也可以分为同步和异步两类。上文介绍的 MPI AllReduce 就是典型的同步去中心化通信范式，各个计算节点的训练步调保持完全一致，每个计算节点都需要等待其他计算节点完成通信才能进入下一轮迭代。显而易见，同步去中心化通信范式面临掉队者问题。为了在去中心化通信范式下解决掉队者问题，异步去中心化通信范式被相继提出，如 Gossip 范式[80-82]。

Gossip 范式下各节点运行视角的示意图如图 1-20 所示。在 Gossip 范式下，各个计算节点的训练进程相互独立，计算节点在每次迭代中从一个或多个邻居节点拉取最新模型参数，然后使用本地计算的梯度和拉取的参数更新本地模型副本，随后立刻进入下一轮迭代。可以看出，这种异步去中心化通信范式允许计算节点通过完全去中心化的对等网络来协同训练机器学习模型，计算节点既用本地数据学习本地个性模型，也与其网络邻居交互模型知识。文献[80]、[83]显示，不管是在 16～32 个节点的小集群中，还是在 112 个节点的较大集群中，Gossip 都比有中心算法表现得更好。

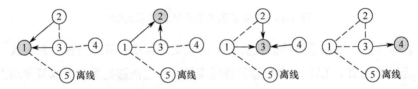

图 1-20　Gossip 范式下各节点运行视角的示意图（灰色节点表示该节点的视角，虚线表示有邻居关系但无数据通信，实线箭头表示有向数据通信，节点 5 处于异常离线状态）

1.1.5　通信优化技术

通信效率已经被证实是限制当今分布式机器学习系统性能的最大瓶颈。如何优化分布式模型训练过程中参数交换的效率成为当前分布式网络和系统领域面临的一个关键难题。国内外学术界和工业界对此展开了一系列积极探索，部分技术归类如图 1-21 所示。本节从通信拓扑优化、通信量压缩、网络协议的定制、流量调度的优化和任务资源调度五个方面介绍相关研究现状和发展动态。

1.1.5.1　通信拓扑优化

在基于参数服务器架构的分布式训练中，通信拓扑在逻辑上刻画了参数交换阶段需要进行通信的节点、节点间的通信内容和通信路径。国内外的研究者针对上述三个方面，通过节点弹性伸缩、层次化参数聚合等手段分别进行优化，将参数交换阶段的数据传输需求均衡分布在网络节点间，降低网络中的带宽竞争，缓解网络瓶颈效应，从而提高参数交换的效率。

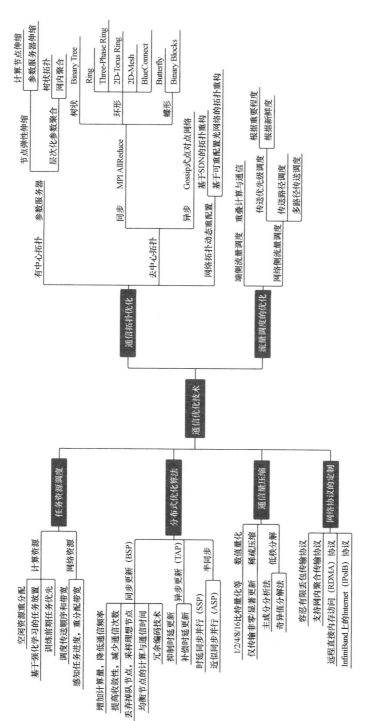

图 1-21 分布式机器学习的通信优化技术归类概览

　　节点弹性伸缩的主要思想是通过调整参与参数交换的训练节点和参数服务器节点，缓解节点的瓶颈效应。例如，在多租户共享集群环境下通过使用新节点替换慢节点的方式缓解性能落伍训练节点的瓶颈效应[84-85]。此外，CMU 的研究者设计的资源调度机制为训练中的任务弹性伸缩训练节点数量以加速任务完成[86]。参数动态分配则是在多轮训练中通过对参数服务器节点及其需要维护的模型参数量进行重新分配调整，实现参数服务器的负载均衡，降低通信瓶颈效应。香港大学的研究者分析了 TensorFlow 和 MXNET 两种分布式机器学习框架在运行训练任务时参数服务器的负载情况及其对训练速度的影响[87]。结果表明，这两种框架使用默认固定的参数分配策略，将导致参数服务器的负载不均衡，容易在参数服务器节点处遭遇通信瓶颈，从而拖慢整个训练的速度。基于此，他们提出在分布式训练的多轮迭代中通过动态地分配各参数服务器节点需要维护的模型参数量，以实现负载均衡和缓解通信瓶颈效应。

　　除了节点弹性伸缩和参数动态分配，第三种优化思路是通过层次化参数聚合来降低网络中的带宽需求，均衡数据传输在网络中的分布来加速参数交换。例如，基于参数服务器的中心化参数交换一般分为参数分发与参数聚合两个步骤。传统方式下，参数服务器作为唯一的发送者将参数分发给所有计算节点，或者作为唯一的接收者聚合所有计算节点的参数。这种方式会导致参数服务器侧网络出现严重的通信瓶颈。近年来，许多研究者利用计算节点或其他设备协助参数分发和聚合以层次化参数交换拓扑，逐跳减少网络中的数据传输量。例如，Mai 等人[55]将参数交换拓扑构建成以参数服务器为根节点的规则生成树，逐层向下分发参数或逐层向上聚合参数。Luo 等人[88]设计了物理拓扑感知的二层参数交换拓扑，实现了参数交换拓扑与物理拓扑的实时匹配。Luo 等人[89]在以交换机为中心的传统数据中心的集群机架上引入 PBox 聚合同一机架节点的参数更新以减少跨机架的通信量。Wan 等人[90]提出在计算节点和参数服务器间引入聚合层，建立树状聚合拓扑，最小化叶脊网络拓扑下跨超额认购区域的流量。文献[91]利用新型 P4 可编程交换机直接在交换机上聚合参数。文献[92]、[93]进一步在通信环境简单的集群中系统地实现了基于新型可编程交换机的网内参数聚合服务。

1.1.5.2 通信量压缩

一些研究利用机器学习模型训练对不完整参数更新的容忍性，通过选择性传输和参数压缩等手段减少网络通信量，缓解参数交换阶段的通信瓶颈。选择性传输的主要思想是，在保证模型收敛的前提下，选择部分节点的参数更新进行传输以减少数据传输量。研究表明，在每轮迭代训练中，随机或按轮询方式选择一组节点参与参数交换时，机器学习模型依然收敛[94-96]。

除了选择性传输，另一种降低网络通信量的常见思路是压缩传输的参数，包括量化、稀疏化和低秩分解等。在参数量化方面，微软亚洲研究院的研究者通过量化使用 1 比特的 0 或 1 表示原本需要 32 比特的参数数值，将数据量压缩了 32 倍[97]。为了降低量化后参数数值的精度损失对模型精度的损害，文献[53]、[98]引入了数值精度补偿以及分级量化方法来平衡通信开销和模型精度损失。除了对梯度的量化，文献[99]提出双向量化机制同时对训练节点到参数服务器的梯度和参数服务器到训练节点的模型进行量化。

在参数稀疏化方面，Strom 等人[100]率先通过仅传输少部分数值高于指定阈值的梯度来压缩通信数据量。在此基础上，文献[52]引入梯度剪枝、动量校正等技术，在进一步提高压缩率的同时，保证模型精度无损失。与传统的设置一个静态稀疏化阈值方法不同的是，文献[101]根据深度神经网络结构的不同、训练阶段的不同为模型的不同层次动态选择稀疏化阈值，对全连接层和卷积层的压缩率分别可达到 200 倍和 40 倍。现有的量化和稀疏化压缩算法大多采用固定的压缩率，可能导致梯度压缩效果不佳甚至损失模型精度的问题。近期的一些研究开始探索通过在量化和稀疏化中采用自适应压缩率，进一步降低通信量、保证模型精度。文献[102]根据每轮迭代中的误差函数战略性地调整量化压缩率，在减少通信数据量和时间的同时提升模型精度。文献[103]则针对稀疏化方法，根据数据规模和实际使用的通信技术动态调整压缩率，极大地优化了通信效率。

在参数矩阵分解方面，文献[104]、[105]分别采用主成分分析法和奇异值分解法将大参数矩阵分解为参数量更少的多个参数小矩阵进行传输。在此基础上，文献[106]进一步引入误差补偿、降低分解复杂度等方法提高矩阵分解效率。上述工作虽然各有侧重，但是都充分展示了机器学习算法的随机性和模型参数的冗余性，以及机器学习模型训练对不完整参数更新的高容忍性。这种容忍性为传输优化带来了新思路和丰富的优化空间。可以突破现有设计对应用需要完整数据传输服务这一限定，让系统根据网络实时负载进行选择性的传输和动态调整传输策略，实现灵活高效的传输。

1.1.5.3 网络协议定制

近期的一些研究尝试为分布式训练设计专用的网络协议以提升模型训练的效率，目前主要包括对现有网络传输协议和协议栈的优化。在网络传输协议方面，研究者主要利用分布式训练对不完整参数更新的容忍性和不同参数更新对模型收敛贡献的差异性来简化网络传输协议。在文献[107]中，Liu 等人利用机器学习这类近似应用对不完整数据的容忍性，采用允许网络丢包的设计以换取更好的传输性能。同时，Xia 等人[108]发现 10%～35%的随机网络丢包对分布式训练性能的影响可忽略不计。随后，该研究团队进一步发现不同的参数更新通常由于数值大小不同而对推进模型收敛的贡献存在差异，即参数更新的重要度存在差异性[109]。基于此，他们提出一种容忍有限丢包的传输协议，并结合使用感知参数更新重要度的排队和丢包等机制提高传输效率。除了上述端到端的网络协议优化，Sapio 等人[93]提出支持参数在交换机网内聚合的传输协议，该协议联合设计主机侧丢包重传机制以及交换机侧的计分板机制来加速单任务的参数网内聚合。在此工作基础上，Lao 等人[92]进一步针对多任务共享网内交换机资源的场景，设计了动态的、尽力的网内聚合传输协议，提高网内资源利用率和共享集群中多任务的总训练吞吐率。

除了对网络传输协议进行创新，另一种思路是优化网络协议栈，通过使用远程直接内存访问（Remote Direct Memory Access，RDMA）或 IPoIB（Internet Protocol over InfiniBand）协议替换传统的 TCP/IP 协议，避免应用内存与内核内存之间复制数据的通信延迟，提供高速的网络通信服务。微软研究院的研究者将 RDMA 技术应用到分布式深度学习中，大幅提升了模型收敛速度[110-111]。文献[112]中结果表明，IPoIB 协议在含有 100 个 GPU 的集群中可以达到 53%的加速性能，而 RDMA 协议可以达到 96%。在此基础上，他们再次提出基于 RDMA 的自适应 gRPC 协议，该协议根据消息大小动态选择传输协议，从而加速参数通信。这些工作充分展示了模型训练对不完整参数更新的容忍性、参数更新对模型收敛重要度的差异性，以及二者如何被用于网络传输技术的创新，这些特性使得分布式机器学习系统能够获得更好的训练性能。

1.1.5.4　流量调度优化

很多研究通过优化参数交换阶段的流量调度编排策略，提高计算资源利用率和网络带宽利用率，帮助数据传输的加速完成和模型训练的快速迭代。针对分布式训练的流量调度优化设计主要利用深度学习模型训练过程中计算和通信之间的依赖关系，提高计算和通信的重叠，降低训练节点的计算阻塞时间。深度学习训练的深度神经网络模型由多个模块化功能层组成，每层都包含需要执行数学运算的参数。每次迭代训练包含前向传播和后向传播两个过程。前向传播以训练数据为输入，从前向后逐层计算，前层的输出是后层的输入。后向传播则以前向传播中最后层的输出为输入，从后向前逐层计算参数更新，后层的输出是前层的输入。在分布式训练架构下，训练节点需要在参数更新完成全局同步后才能执行下一轮迭代的计算任务。因此，各层参数的计算依赖于相关层的参数同步结果。利用上述依赖关系，文献[113]～[115]提出了基于端主机的流量调度设计，通过将参数交换的通信时间隐藏在参数计算中加速训练。在这些工作的基础上，文献[116]基于可用带宽的预测进一步通过控制参数的发送顺序和发送开始时间提高计算与通信的重叠比，提升了网络利用率和算力利用率。清华大学的研究团队则提出了网络级的流量调度设计加速卷积神经网络的训练[117]，以及应用和硬件环境都可能不同的情况下基于优先级的网络流量调度设计[118]。

上述研究都在确定传输路径的前提下优化流量调度策略，假设分布式机器学习的参数交换需要传统的流式传输服务，因此通常采用单路径传输以避免应用因为数据乱序而无法工作。然而，香港科技大学的研究者最近发现参数更新的数据传输具有顺序独立性[109]。分布式训练过程中节点之间传输一个数据包通常包含多条参数更新信息，即使数据包在网络中经历乱序传输也能被接收端正确地处理而不影响模型训练。基于此，他们提出使用多条等价路径同时传输参数更新数据提高效率。但是，该设计缺乏对底层网络实时状态的考虑，无法根据网络负载动态调整传输路径获得最佳的传输性能，相关问题及其具体方案的设计还需要进一步研究。另外，该工作在设计时只考虑了参数传输顺序独立性这一特征。鉴于分布式训练还具有参数更新重要度差异性和不完整参数更新容忍性等特征，综合考虑网络状态和分布式训练的多维特征，将传输路径和调度进行联合设计，能够获得更佳的性能。

1.1.5.5　任务资源调度

分布式机器学习任务与传统的数据中心分布式任务相比，有三点不同：其一，分布式机器学习任务持续时间更长，数据传输量也更大；其二，分布式机器学习训练任务的运行时间及计算量不能提前预知，且任务超参需要通过重复试错来调优，反复的重配置和重训练会导致更长的运行时间；其三，分布式机器学习训练任务之间具有关联性。为了加速超参搜索过程，开发者通常会同时发起多个分布式训练任务，这些协作任务被称为 Cojob，一个任务的中断与该任务所在 Cojob 中其他任务的表现相关。

近年来，分布式机器学习的任务调度问题受到了广泛关注，并涌现了一批优秀的研究工作。其中，Optimus[119]和 Dorm[120]等调度系统在分布式机器学习任务的生命周期中，集群会在某个时间窗口有多余的空闲资源，这些调度系统将空闲资源额外分配给运行中的任务，加速这些任务的训练进度。当有新的任务到达后，调度系统又可以从运行中的任务中抽出部分资源给新到达的任务。通过这样动态的资源分配方案，最小化分布式训练任务的平均完成时间。

此外，Harmony[121]和 DL2[122]采用强化学习来对集群中的任务进行放置，尽量将任务放置在一个局部范围内，从而减少了任务往网络中发送的流量，达到高效利用集群资源及最小化任务完成时间的双重目的。这些最小化任务完成时间的调度工作只聚焦于单个任务的完成时间优化，忽略了机器学习模型的开发包含了众多操作，而这些操作不需要将模型训练到收敛或者完成所有预设的计算量，如超参搜索。为此，SLAQ[123]优先将资源分配给训练前期的任务，通过加速深度学习任务的前期训练来加快开发过程。Tiresias[124]及 Gandiva[125]针对超参搜索过程的特点，将一个 Cojob 内的任务同时进行调度，减少 Cojob 内各个子流的相互等待时间，这可以有效减少 Cojob 的平均完成时间。然而，这些调度方案都聚焦于计算资源（如 CPU、GPU 和内存）的调度，忽略了网络资源对任务训练效率的影响。于是，Zhou 等人[126]以网络资源为手段，实现了一套开源网络调度系统 Grouper，通过控制各个分布式训练任务产生的数据流出/入网络的顺序及带宽，达到最小化阶段完成时间的目的，从而加速超参搜索过程。随后，他们进而利用任务前期的性能反馈判断任务是否能存活，提出任务进度感知的流量调度算法，并开源网络调度系统 JPAS[127]加快机器学习的开发流程。该系统不需要对上层分布式训练框架及底层网络设施做任何改动，具有很强的可部署性。

1.2 跨数据中心分布式机器学习

随着国内外各行各业的数字化转型升级加快，社会数字资源总量爆发式增长，云计算对数字存储、算力算效的需求也急剧上升，这些需求促使了国家和产业积极推动新型数据中心建设，并实现异地数据中心之间的互联互通。在本节中，我们介绍产业的发展背景及其对新型数据中心建设、数字与算力资源融合的急迫需求，从而引出并介绍跨数据中心分布式机器学习的基本概念及架构，进而剖析实现该技术所面临的客观限制和关键挑战。

1.2.1 产业发展背景及需求

在人工智能等关键应用的需求牵引下，2020 年 3 月 4 日，中共中央政治局常务委员会会议强调"加快 5G 网络、数据中心等新型基础设施建设进度"，随后，工业和信息化部印发《新型数据中心发展三年行动计划（2021—2023年）》（以下简称《行动计划》），旨在加快建设高技术、高算力、高能效、高安全的新型数据中心[128]。《行动计划》指出，要加快建设京津冀等八个国家枢纽节点，按需建设各省新型数据中心，灵活部署城市内边缘数据中心，加速改造升级"老旧小散"数据中心，逐步布局海外新型数据中心，打造云边协同的边缘数据中心集群及应用，满足全国不同类型的算力需求，支持我国数据中心产业链上下游企业"走出去"。为响应国家号召、满足产业需求，各大企事业单位积极推动新型数据中心建设，构建以新型数据中心为核心的智能算力生态体系。2022 年 2 月，"东数西算"工程全面启动实施，在京津冀、长三角、粤港澳大湾区、成渝、内蒙古、贵州、甘肃、宁夏等八地启动建设国家算力枢纽节点，并规划了十个国家数据中心集群[129]。2022 年 4 月，全国新开工项目 25 个，数据中心规模达 54 万标准机架，总算力超过每秒 1350 亿亿次浮点运算[130]。

在产业界，由于业务规模的持续扩张、业务范围的不断扩大，以及行业对云计算需求的急剧增长，各大云服务提供商也在积极建设新型数据中心。截至 2022 年，阿里云在全球 27 个国家及地区运营着 84 个可用区（一个可用区是一个或多个物理数据中心的集合），包括乌兰察布、张北、南通、杭州、河源五大超级数据中心，不久后还将在中国建设 10 座超级数据中心。腾讯云在中国、亚太、美洲、欧洲共计 27 个地理区域运营着 71 个可用区，在中国有清远、贵安七星、天津、上海青浦、重庆五大超级数据中心。百度智能云在北京、保定、阳泉、西安、武汉、南京、苏州、广州、中国香港等地建设有 40 余个可用区，其中百度云计算（阳泉）中心是新型数据中心的典型案例。华为在贵安、乌兰察布南北两地布局了两大云数据中心，同时在京津冀、长三角、粤港澳地区布局了三大核心数据中心。这些新型数据中心不仅满足企业自身和行业用户对大数据存储、智能云边计算、高速网络互联等服务的需要，也为附近地区的用户提供数据就近存储、服务就近访问的优质服务。

这些多地域广泛分布的新型数据中心在就近服务用户、降低服务延迟、提高用户体验的同时，也不可避免地面临数字和算力资源分散等客观限制。一方面，对于数字资源，边缘用户数据就近存储在该地区的数据中心，形成数字资源异地存储的局面。若将这些离散大数据集中迁移到一个数据中心，则庞大的数据流量很容易溢满通信资源有限的广域网络，影响其他通信业务的正常传输，并且迁移如此大量的数据也需要漫长的传输时间，对中央数据中心的入口网络和存储容量都提出了极大的挑战。另外，数据隐私和主权的相关法律法规也约束了用户数据的传输行为。2016 年，欧盟通过《通用数据保护条例》（General Data Protection Regulation，GDPR）[131]，规定"个人数据应受到合理的安全保护措施之保障，以防止丢失或未经授权的访问、破坏、使用、修改或披露数据等风险"。2021 年，中华人民共和国第十三届全国人民代表大会常务委员会第三十次会议通过《中华人民共和国个人信息保护法》[132]，明确规定"任何组织、个人不得非法收集、使用、加工、传输他人个人信息，不得非法买卖、提供或者公开他人个人信息；不得从事危害国家安全、公共利益的个人信息处理活动"。这些法律法规严格约束数字信息的跨主体共享和出入境传输，在为传统的集中式数据处理带来限制和挑战的同时，也为更安全的离散数据隐私计算迎来了巨大的发展机遇。

另一方面，尽管新型数据中心的算力算效已经得到空前提升，但是业界仍不满足于单独的数据中心的局限算力，希望融合异地多中心的算力资源，打造覆盖全国的一体化超强算力基石。为此，《行动计划》指出，要支持国家枢纽节点内新型数据中心集群间的网络直连，促进跨网、跨地区、跨企业的数据交互；同时推动边缘数据中心之间，边缘数据中心与新型数据中心之间的组网互联，促进云、数、网协同发展。2021 年，国家发展改革委等部门研究制定《全国一体化大数据中心协同创新体系算力枢纽实施方案》[133]，要求政府部门和企事业单位整合内部算力资源，对集群和城区内部的数据中心进行一体化调度，实现进一步打通跨行业、跨地区、跨层级的算力资源，构建算力服务资源池的愿景。这一系列举措将有力推动异地数据中心互联互通，构建数据中心、云计算、大数据一体化的新型算力网络体系。对此，中国移动表示，将对接国家"东数西算"部署，深化顶层设计，完善全网算力服务资源池、网络互联互通等规划建设方案；在骨干传输网络转型方面，将依托"4+3+X"数据中心布局，按需部署网络节点、增设直连链路、调整组网架构，实现移动云中心节点间全互联组网。

面向地域分散的多数据中心对融合离散大数据和云网算力的迫切需求，跨数据中心分布式机器学习应运而生，旨在提供异地多中心的分布式协同数据挖掘能力，攻克跨数据中心训练加速等核心关键技术，突破数据中心之间的数据屏障和通信壁垒，为政企研用户提供高性能的跨数据中心联合数据挖掘平台。

1.2.2　基本架构

跨数据中心分布式机器学习是一种面向多个异地分布数据中心的计算机集

群的分布式机器学习技术，旨在不迁移训练数据的前提下，联合多个数据中心的数字和算力资源进行数据挖掘，以在更短的时间内训练得到更高质量的机器学习模型。跨数据中心分布式机器学习的场景架构如图 1-22 所示。在多数据中心场景下，数据中心异地分布在不同的地理区域，它们可能是云数据中心，也可能是边缘数据中心。这些数据中心之间可以通过 Internet 网络互联、使用专线互联或使用光纤直连，但考虑到跨地域数据中心之间远距离传输的高昂专线、光纤布线成本，常规数据中心之间仍通过有限带宽的广域网络实现互联互通。每个数据中心拥有高性能计算机集群，数据和算力天然分布在各台计算机上，计算机之间通过大带宽的数据中心局域网络互联。

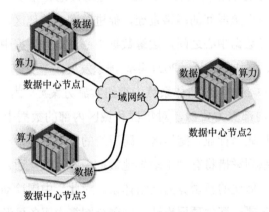

图 1-22 跨数据中心分布式机器学习场景架构

在分布式机器学习的通用范式下，计算机使用本机训练数据计算模型更新（如模型梯度），再通过通信网络交换模型更新以实现模型同步。但是，传统的分布式机器学习主要面向单数据中心场景，模型同步只需在数据中心内部进行，而跨数据中心分布式机器学习则需要跨越数据中心的内外部网络。于是，模型更新需要先在数据中心内部进行同步，然后在数据中心之间进行同步，这意味着系统性能会受到数据中心间有限带宽广域网络的制约。

对于数据中心内部，仍可以借助 1.1.4 节所述的通信范式进行高效模型同步。而对于数据中心之间，三种典型的通信拓扑如图 1-23 所示。中心化的典型代表是星形拓扑，即存在一个枢纽中心，其他数据中心的模型更新都往枢纽中心汇聚[134]。另一类是数据中心之间全连接的去中心化通信拓扑，每个数据中心都向其他所有数据中心发送模型更新[135]。第三类拓扑设计利用了覆盖网络的概念，由于近邻数据中心之间拥有比远端数据中心更理想的传输带宽，Gaia 将近邻数据中心归为一组，组内的数据中心之间以去中心化方式交换模型更新，同时每个组选出一个枢纽中心，负责聚合组内数据中心的模型更新，并将其与远端组的枢纽中心进行交换[136]。除此之外，Gossip 异步去中心化通信范式也可用于数据中心之间的模型同步。

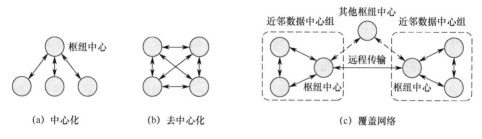

图 1-23　三种典型的通信拓扑

1.2.3　面临的关键挑战

面对海量而分散的训练数据和算力，如何实现高性能的跨数据中心分布式机器学习成为推动人工智能持续发展和大规模落地的关键。在传统的面向单个数据中心的分布式机器学习系统中，近年来网络领域的研究者积极探索了其中的通信加速技术，并已研发出一些理论和优化设计。总体来说，这些设计在单数据中心的理想集群环境中取得了突破性成果，但它们在集群环境或更加恶劣且复杂的跨数据中心场景下存在明显局限。例如，TensorFlow、MXNET、PyTorch 等主流开源系统均未针对跨数据中心场景进行优化设计，而在三个先进分布式机器学习系统 Bösen、IterStore、GeePS 上开展的实验表明，尽管仅在两个数据中心之间运行这些系统，但相比于单数据中心的理想环境，训练时间增长为原来的 1.8～53.7 倍[136]，观测到明显的性能下降。本书的第 2 章也得到了类似的实验结论。这是因为，随着新型数据中心内部算力和带宽的飞速提升，跨数据中心模型同步的通信效率越发明显地成为分布式机器学习系统的主要性能瓶颈。因此，亟须对跨数据中心的网络传输技术进行创新，进一步优化参数交换的通信性能。具体来说，跨数据中心分布式机器学习面临以下三个关键挑战。

1. 数据中心间可用传输带宽有限，周期性的大流量通信引发通信瓶颈

对于多数据中心的网络互联技术，位于同一城市的数据中心之间可以采用密集型光波复用技术和裸光纤直连方式实现物理链路上的互联互通。但是，异地数据中心传输距离远，不具备光纤直连的条件，常租用广域网专线进行连接。另外，即使是同城数据中心，也仅部分合作数据中心之间实现了光纤直连，多数数据中心仍需通过广域网线路传输数据。据真实测量结果，两两数据中心之间的网络带宽通常仅有 50～155Mbps[136]。可以看出，不及数据中心内 1～100Gbps 的大带宽局域网络，数据中心之间的可用传输带宽非常有限，而跨数据中心分布式机器学习需要周期性同步模型参数，这给数据中心之间的广域网线路造成极大压力。据测试，在新加坡和圣保罗两地的数据中心之间运行最先进的 IterStore 和 Bösen 系统，相比在单独的数据中心内部运行，运行收敛时间分别增长到了 23.8 倍和 24.2 倍[136]。随着模型规模的急剧增加，数据中心之间需要同步的参数量愈发庞大，将导致更严重的通信瓶颈和网络拥塞。

2. 数据中心间算力和网络资源差异分布且动态时变，易产生同步阻塞，拉低系统效率

数据中心的机器设备由需求方集中采购，涵盖计算机（含高性能 GPU 计算卡）、数据存储设备、网络交换机等众多部件，每次集中采购的设备数量庞大、价格昂贵，少则数千万元，多则数亿元，且每年都要进行老旧设备替换等维护工作。这种集中采购行为使得数据中心内部的设备算力和网络带宽总体呈现出同质分布的特点。在分布式机器学习中，计算节点利用本地数字和计算资源并行训练本地模型副本，这些副本将通过通信网络同步上传到参数服务器，用以聚合并更新全局模型参数。在数据中心内部的理想环境下，计算节点的计算和传输步调可以保持相对同步，参数服务器能按时收齐所需模型副本并开始后续处理。然而，对于不同的数据中心，需求方招标要求的设备配置不会完全相同，这导致了集群算力算效的差异。其次，不同数据中心之间的网络带宽也存在差异，例如，美国东部的异地数据中心之间平均网络带宽为 148Mbps，而西部仅为 21Mbps[137]。这种计算和通信资源分布的差异

称为系统异构性（或资源异构性）。

异构资源使得不同数据中心的计算和传输步调不尽相同，而其中算力弱、带宽小的数据中心成为掉队者，使其他数据中心陷入等待，产生同步阻塞现象。系统异构度越强，同步阻塞时间越长，也就越加拖慢模型同步的完成时间和拉低系统的整体训练效率。另外，数据中心和广域网络并不是分布式机器学习的专有环境，数据中心内部的计算资源也要服务于其他计算业务，广域网络中的带宽资源也要分配给其他通信业务，受到多业务竞争的影响，可用的计算和网络资源随时在变化，这种系统资源的动态时变特性使得系统异构度更加难以估计和预测，并可能进一步加重同步阻塞。因此，需要研究面向跨数据中心动态异构集群环境的新型同步和调度技术，降低模型同步阻塞延迟，解决掉队者难题。

3. 数据中心之间数字资源相互隔离，数据分布存在统计异构性

用户终端产生的数据就近存储在地区的数据中心，相互隔绝形成数据孤岛。受不同用户群体、不同地区文化的影响，这些数据中心管辖用户的喜好和行为方式存在差异，这种偏好直接反应在不同数据中心的用户数据分布上，并影响跨数据中心分布式机器学习的模型性能表现。业界将这种差异分布的数据称为非独立同分布数据，数据分布的异构性称为数据统计异构性。研究表明，如果处理不当，此种非独立同分布数据将致使训练模型低能且低效[138]。该难题同时也是联邦学习[139]的研究热点，但一直没有得到较好的解决。

实际上，在分布式机器学习领域，如何优化模型传输的通信开销、如何协调模型同步的运行步调、如何改善训练模型的性能表现一直是工业界和学术界重点关注的三大研究问题。近年来，学术界陆续提出新型参数同步架构、参数压缩量化等通信优化方案，但通信优化的技术覆盖面广泛，仍存在较大的提升空间。另外，在现有研究的基础上，如何进一步扩展到跨数据中心分布式机器学习中更复杂的广域通信网络环境，也是广大研究者需要持续努力解决的关键问题。请注意，隐私计算和系统安全也是需要重点关注的问题，但本书不重点讨论它们，感兴趣的读者可以自行参阅相关文献。

1.3 本书的章节结构

本书面向多数据中心间的分布式机器学习系统，针对多数据中心之间有限的传输带宽、动态异构资源，以及异构数据分布三重挑战，自底层传输协议到顶层算法设计，分别从梯度传输协议、流量传送调度、高效通信架构、压缩传输机制、同步优化算法、异构数据优化算法六个层面开展研究，旨在提升分布式机器学习系统的训练效率和模型性能，突破跨数据中心的通信瓶颈和数据壁垒，实现多数据中心算力和数据资源的高效整合。

第 1 章介绍分布式机器学习的基本概念、系统架构及技术，包括经典的并行模式、典型的通信范式以及常见的通信优化技术。随后，阐述跨数据中心分布式机器学习的发展背景与技术价值，并分析其面临的三个关键挑战。

第 2 章描述一种适用于跨数据中心分布式机器学习的基础通信架构，即分层参数服务器。该架构通过分层设计在数据中心内和数据中心间实现两层聚合，能够隔离数据中心内外网络环境，同时缓解跨数据中心的通信瓶颈。该架构可以依照两种部署模式按需部署，可用于云聚平台和企业私有化两种实用应用场景。

第 3 章首先给出跨数据中心分布式机器学习的基础同步优化算法。随后，针对跨数据中心的有限域间传输带宽，给出一种低频通信的同步优化算法；针对跨数据中心的异构分布资源，给出一种延迟补偿的混合同步算法和一种迭代次数自适应的同步算法，这些算法使得系统能够灵活适应资源有限且动态异构分布的复杂广域网络环境。

第 4 章介绍两种有效的压缩传输技术，双向梯度稀疏化技术和混合精度传输技术。在低带宽和大模型的不利条件下，两种压缩传输技术的结合能有效提高传输效率，实现超越局域的跨数据中心系统训练效率，在可忽略不计的微小精度损失的前提下，大幅加速分布式训练。

第 5 章描述一种面向梯度数据的新型传输协议，实现对分布式机器学习梯度数据的精细化和差异化传输控制。该协议评估梯度对训练收敛的贡献，并据此进行差异化的传送控制。在传输过程中，贡献度高的梯度数据拥有更高优先级和可靠性保障，贡献度低的梯度使用尽力传输服务。这种定制的新型传输协议的梯度传输加速效果明显，优越于传统的 TCP 精确传输方案。

第 6 章针对跨数据中心广域网络存在的带宽受限、动态异构的复杂特性，探索有效的流量传送调度方法，借助对等节点作为通信中继，协助模型数据流量的聚合与分发，从而分散单点通信压力并缩短传送完成时间。利用现代光广域网络的可重构特性，描述网络层调度和光层拓扑重构的联合优化方法，提升上层跨数据中心分布式机器学习系统性能。

第 7 章针对异地多中心训练数据的统计异构性，利用数据中心计算节点地理群簇的特点，阐述一种基于组节点选择的联邦组同步算法。该算法在各数据中心内选择若干计算节点构成同构超节点，减弱数据中心间数据的统计异构性，再借助数据中心内部网络的富余通信资源，消除超节点内部偏斜数据的影响。该算法具有优秀的收敛性质和通信效率，并且有效提高最终模型的精度表现。

第 8 章对跨数据中心分布式机器学习进行总结与展望。

本章参考文献

[1] DENG J, DONG W, SOCHER R, et al. Imagenet: A large-scale hierarchical image database[C]. In 2009 IEEE Conference on Computer Vision and Pattern Recognition (CVPR), 2009: 248-255.

[2] DAI Z, LIU H, LE Q V, et al. Coatnet: Marrying convolution and attention for all data sizes[C]. In Proceedings of 34th Conference on Neural Information Processing Systems (NeurIPS), 2021: 3965-3977.

[3] AMODEI D, ANANTHANARAYANAN S, ANUBHAI R, et al. Deep speech 2: End-to-end speech recognition in english and mandarin[C]. In International Conference on Machine Learning (ICML), 2016: 173-182.

[4] RADFORD A, NARASIMHAN K, SALIMANS T, et al. Improving language understanding by generative pre-training[DB/OL]. (2018). https://www.cs.ubc.ca/~amuham01/LING530/papers/

radford2018improving.pdf.

[5] DEVLIN J, CHANG M W, LEE K, et al. Bert: Pre-training of deep bidirectional transformers for language understanding[C]. In Annual Conference of the North American Chapter of the Association for Computational Linguistics (NAACL-HLT), 2019: 4171-4186.

[6] RAFFEL C, SHAZEER N, ROBERTS A, et al. Exploring the limits of transfer learning with a unified text-to-text transformer[J]. Journal of Machine Learning Research (JMLR), 2020, 21: 1-67.

[7] FLORIDI L, CHIRIATTI M. GPT-3: Its nature, scope, limits, and consequences[J]. Minds and Machines, 2020, 30(4): 681-694.

[8] MA Z, HE J, QIU J, et al. BaGuaLu: Targeting brain scale pretrained models with over 37 million cores[C]. In Proceedings of the 27th ACM SIGPLAN Symposium on Principles and Practice of Parallel Programming (PPoPP), 2022: 192-204.

[9] LÜTTGAU J, KUHN M, DUWE K, et al. Survey of storage systems for high-performance computing[J]. Supercomputing Frontiers and Innovations, 2018, 5(1): 1-30.

[10] GHEMAWAT S, GOBIOFF H, LEUNG S T. The google file system[C]. In Proceedings of the 19th ACM Symposium on Operating Systems Principles (SOSP), 2003: 29-43.

[11] SHVACHKO K, KUANG H, RADIA S, et al. The hadoop distributed file system[C]. In 2010 IEEE 26th Symposium on Mass Storage Systems and Technologies (MSST), 2010: 1-10.

[12] Alibaba group. TFS: Taobao file system[CP]. Github, URL: https://github.com/alibaba/tfs, 2013.

[13] JOHNSON J. Benchmarks for popular convolutional neural network models on cpu and different gpus with and without cudnn[EB/OL].(2017). https://github.com/jcjohnson/ cnn-benchmarks.

[14] LI Z, ZHANG Y, WANG J, et al. A survey of fpga design for ai era[J]. Journal of Semiconductors, 2020, 41(2): 021402.

[15] HU Y, LIU Y, LIU Z. A Survey on convolutional neural network accelerators: gpu, fpga and asic[C]. In 14th International Conference on Computer Research and Development (ICCRD), 2022: 100-107.

[16] JOUPPI N P, YOUNG C, PATIL N, et al. In-datacenter performance analysis of a tensor processing unit[C]. In 2017 ACM/IEEE 44th Annual International Symposium on Computer Architecture (ISCA), 2017: 1-12.

[17] LIU S, DU Z, TAO J, et al. Cambricon: An instruction set architecture for neural networks[C]. In 2016 ACM/IEEE 43rd Annual International Symposium on Computer Architecture (ISCA), 2016: 393-405.

[18] JAWANDHIYA P. Hardware design for machine learning[J]. International Journal of Artificial Intelligence & Applications (IJAIA), 2018, 9(1): 63-84.

[19] HE K, ZHANG X, REN S, et al. Deep residual learning for image recognition[C]. In Proceedings of the IEEE Conference on Computer Vision and Pattern Recognition (CVPR),

2016: 770-778.

[20] YOU Y, ZHANG Z, HSIEH CJ, et al. Imagenet training in minutes[C]. In Proceedings of the 47th International Conference on Parallel Processing (ICPP), 2018: 1-10.

[21] LI C. OpenAI's gpt-3 language model: A technical overview[EB/OL]. Lambda, (2020). https://lambdalabs.com/blog/demystifying-gpt-3/.

[22] NVIDIA. Nvidia nvlink: High-speed gpu interconnect[EB/OL]. NVIDIA, (2022). https://www. nvidia.com/en-sg/design-visualization/nvlink-bridges/.

[23] SAGAR R. How to take full advantage of gpus in large language models[EB/OL]. Developers Corner, (2021). https://analyticsindiamag.com/how-to-take-advantage-gpus-large-language-models-gpt-3/.

[24] POTLURI S, HAMIDOUCHE K, VENKATESH A, et al. Efficient inter-node mpi communication using gpudirect rdma for infiniband clusters with nvidia gpus[C]. In 42nd International Conference on Parallel Processing (ICPP), 2013: 80-89.

[25] GOYAL P, DOLLÁR P, GIRSHICK R, et al. Accurate, large minibatch sgd: Training imagenet in 1 hour[J]. arXiv preprint arXiv:1706.02677, 2017: 1-12.

[26] CHO M, FINKLER U, KUMAR S, et al. Powerai ddl[J]. arXiv preprint arXiv:1708.02188, 2017: 1-10.

[27] CODREANU V, PODAREANU D, SALETORE V. Scale out for large minibatch sgd: Residual network training on imagenet-1k with improved accuracy and reduced time to train[J]. arXiv preprint arXiv:1711.04291, 2017: 1-10.

[28] AKIBA T, SUZUKI S, FUKUDA K. Extremely large minibatch sgd: Training resnet-50 on imagenet in 15 minutes[C]. In Proceedings of NeurIPS Workshop on Deep Learning at Supercomputer Scale, 2017: 1-4.

[29] KRIZHEVSKY A, SUTSKEVER I, HINTON G E. Imagenet classification with deep convolutional neural networks[C]. In Proceedings of 25th Conference on Neural Information Processing Systems (NeurIPS), 2012: 1-9.

[30] JIA X, SONG S, HE W, et al. Highly scalable deep learning training system with mixed-precision: Training imagenet in four minutes[J]. arXiv preprint arXiv:1807.11205, 2018: 1-9.

[31] MIKAMI H, SUGANUMA H, TANAKA Y, et al. Imagenet/resnet-50 training in 224 seconds[J]. arXiv preprint arXiv:1811.05233, 2018: 1-8.

[32] MIKAMI H, SUGANUMA H, TANAKA Y, et al. Massively distributed sgd: Imagenet/resnet-50 training in a flash[J]. arXiv preprint arXiv:1811.05233, 2018: 1-7.

[33] YING C, KUMAR S, CHEN D, et al. Image classification at supercomputer scale[C]. In Proceedings of NeurIPS 2018 Workshop on Systems for ML, 2018: 1-8.

[34] SUN P, FENG W, HAN R, et al. Optimizing network performance for distributed dnn training on gpu clusters: Imagenet/alexnet training in 1.5 minutes[J]. arXiv preprint arXiv:1902.06855,

2019: 1-13.

[35] 鹏城实验室. 鹏城实验室"大湾区未来网络试验与应用环境"项目（FANet）首批节点正式开通[EB/OL]. (2019). https://www.pcl.ac.cn/m/943/2019-12-02/content-1226.html.

[36] 浙江政务服务网. 之江实验室启动建设智能计算数字反应堆[EB/OL]. 杭州日报，(2021) https://www.hangzhou.gov.cn/art/2021/11/2/art_812266_59043837.html.

[37] ZHOU J, LI X, ZHAO P, et al. Kunpeng: Parameter server based distributed learning systems and its applications in alibaba and ant financial[C]. In Proceedings of the 23rd ACM SIGKDD International Conference on Knowledge Discovery and Data Mining (SIGKDD), 2017: 1693-1702.

[38] AO Y, WU Z, YU D, et al. End-to-end adaptive distributed training on paddlepaddle[J]. arXiv preprint arXiv:2112.02752, 2021: 1-16.

[39] Huawei Technologies Co., Ltd. Huawei announces computing strategy and releases atlas 900, the world's fastest ai training cluster[EB/OL]. (2019). https://www.huawei.com/en/news/2019/9/huawei-computing-strategy-atlas-900-ai-training-cluster.

[40] MAYER R, MAYER C, LAICH L. The tensorflow partitioning and scheduling problem: It's the critical path![C]. In Proceedings of the 1st Workshop on Distributed Infrastructures for Deep Learning (DIDL), 2017: 1-6.

[41] MIRHOSEINI A, GOLDIE A, PHAM H, et al. A hierarchical model for device placement[C]. In International Conference on Learning Representations (ICLR), 2018: 1-11.

[42] MIRHOSEINI A, PHAM H, LE Q V, et al. Device placement optimization with reinforcement learning[C]. In International Conference on Machine Learning (ICLR), 2017: 2430-2439.

[43] HARLAP A, NARAYANAN D, PHANISHAYEE A, et al. PipeDream: Pipeline parallelism for dnn training[C]. In Proceedings of the 1st Conference on Systems and Machine Learning (SysML), 2018: 1-3.

[44] HARLAP A, NARAYANAN D, PHANISHAYEE A, et al. Pipedream: Fast and efficient pipeline parallel dnn training[J]. arXiv preprint arXiv:1806.03377, 2018: 1-14.

[45] HUANG Y, CHENG Y, BAPNA A, et al. Gpipe: Efficient training of giant neural networks using pipeline parallelism[C]. In Proceedings of 32nd Conference on Neural Information Processing Systems (NeurIPS), 2019: 1-10.

[46] FAN S, RONG Y, MENG C, et al. DAPPLE: A pipelined data parallel approach for training large models[C]. In Proceedings of the 26th ACM SIGPLAN Symposium on Principles and Practice of Parallel Programming (SIGPLAN), 2021: 431-445.

[47] ZHAN J, ZHANG J. Pipe-torch: Pipeline-based distributed deep learning in a gpu cluster with heterogeneous networking[C]. In 7th International Conference on Advanced Cloud and Big Data (CBD), 2019: 55-60.

[48] GENG J, LI D, WANG S. Elasticpipe: An efficient and dynamic model-parallel solution to

dnn training[C]. In Proceedings of the 10th Workshop on Scientific Cloud Computing (ScienceCloud), 2019: 5-9.

[49] CHEN CC, YANG C L, CHENG H Y. Efficient and robust parallel dnn training through model parallelism on multi-gpu platform[J]. arXiv preprint arXiv:1809.02839, 2018: 1-13.

[50] GUAN L, YIN W, LI D, et al. XPipe: Efficient pipeline model parallelism for multi-gpu dnn training[J]. arXiv preprint arXiv:1911.04610, 2019: 1-9.

[51] MCMAHAN B, MOORE E, RAMAGE D, et al. Communication-efficient learning of deep networks from decentralized data[C]. In International Conference on Artificial Intelligence and Statistics (AISTATS), 2017: 1273-1282.

[52] LIN Y, HAN S, MAO H, et al. Deep gradient compression: Reducing the communication bandwidth for distributed training[C]. In International Conference on Learning Representations (ICLR), 2018: 1-14.

[53] ALISTARH D, GRUBIC D, LI J, et al. Qsgd: Communication-efficient sgd via gradient quantization and encoding[C]. In Proceedings of 30th Conference on Neural Information Processing Systems (NeurIPS), 2017: 1-12.

[54] LI W, CHEN S, LI K, et al. Efficient online scheduling for coflow-aware machine learning clusters[J]. IEEE Transactions on Cloud Computing (TCC), 2020: 1-16.

[55] MAI L, HONG C, COSTA P. Optimizing network performance in distributed machine learning[C]. In 7th USENIX Workshop on Hot Topics in Cloud Computing (HotCloud), 2015: 1-7.

[56] 百度飞桨. 飞桨 4D 混合并行训练使用指南[EB/OL]. (2021). https://fleet-x.readthedocs.io/en/latest/paddle_fleet_rst/collective/collective_mp/hybrid_parallelism.html.

[57] SHAZEER N, CHENG Y, PARMAR N, et al. Mesh-tensorflow: Deep learning for supercomputers[C]. In Proceedings of 31st Conference on Neural Information Processing Systems (NeurIPS), 2018: 1-10.

[58] WU Y, SCHUSTER M, CHEN Z, et al. Google's neural machine translation system: Bridging the gap between human and machine translation[J]. arXiv preprint arXiv:1609.08144, 2016: 1-23.

[59] JIA Z, LIN S, QI C R, et al. Exploring hidden dimensions in accelerating convolutional neural networks[C]. In International Conference on Machine Learning (ICML), 2018: 2274-2283.

[60] JIA Z, ZAHARIA M, AIKEN A. Beyond data and model parallelism for deep neural networks[C]. In Proceedings of Machine Learning and Systems (MLSys), 2019, 1: 1-13.

[61] GROPP W, GROPP W D, LUSK E, et al. Using mpi: Portable parallel programming with the message-passing interface[M]. MIT Press, 1999.

[62] CHAN E, HEIMLICH M, PURKAYASTHA A, et al. Collective communication: Theory, practice, and experience[J]. Concurrency and Computation: Practice and Experience, 2007, 19(13): 1749-1783.

[63] RABENSEIFNER R. Optimization of collective reduction operations[C]. In International Conference on Computational Science (ICCS), 2004: 1-9.

[64] THAKUR R, RABENSEIFNER R, GROPP W. Optimization of collective communication operations in mpich[J]. International Journal of High Performance Computing Applications (IJHPCA), 2005, 19(1): 49-66.

[65] ZHAO H, CANNY J. Butterfly mixing: Accelerating incremental-update algorithms on clusters[C]. In Proceedings of the 2013 SIAM International Conference on Data Mining (SDM), 2013: 785-793.

[66] AGARWAL A, CHAPELLE O, DUDÍK M, et al. A reliable effective terascale linear learning system[J]. Journal of Machine Learning Research (JMLR), 2014, 15(1): 1111-1133.

[67] ANDREW G. Bringing hpc techniques to deep learning[EB/OL]. (2017). https://andrew. gibiansky.com/blog/machine-learning/baidu-allreduce/.

[68] Cho M, Finkler U, Kung D, et al. Blueconnect: Decomposing all-reduce for deep learning on heterogeneous network hierarchy[C]. In Proceedings of Machine Learning and Systems (MLSys), 2019, 1: 241-251.

[69] GABRIEL E, FAGG G E, BOSILCA G, et al. Open mpi: Goals, concept, and design of a next generation MPI implementation[C]. In European Parallel Virtual Machine/Message Passing Interface Users' Group Meeting, 2004: 97-104.

[70] META. Collective communications library with various primitives for multi-machine training[CP/OL]. (2019). https://github.com/facebookincubator/gloo.

[71] NVIDIA. Nvidia collective communications library (nccl)[EB/OL]. (2019). https://developer. nvidia.com/nccl.

[72] SERGEEV A, DEL BALSO M. Horovod: Fast and easy distributed deep learning in tensorflow[J]. arXiv preprint arXiv:1802.05799, 2018: 1-10.

[73] HOLZL E. Communication backends, raw performance benchmarking[EB/OL]. (2020). https://mlbench.github.io/2020/09/08/communication-backend-comparison/.

[74] SMOLA A, NARAYANAMURTHY S. An architecture for parallel topic models[C]. In Proceedings of the VLDB Endowment (PVLDB), 2010, 3(1-2): 703-710.

[75] DEAN J, CORRADO G, MONGA R, et al. Large scale distributed deep networks[C]. In Proceedings of 25th Conference on Neural Information Processing Systems (NeurIPS), 2012: 1-9.

[76] LI M, ANDERSEN D G, PARK J W, et al. Scaling distributed machine learning with the parameter server[C]. In 11th USENIX Symposium on Operating Systems Design and Implementation (OSDI), 2014: 583-598.

[77] LI M, ANDERSEN D G, SMOLA A J, et al. Communication efficient distributed machine learning with the parameter server[C]. In Proceedings of 27th Conference on Neural

Information Processing Systems (NeurIPS), 2014: 1-9.

[78] LU M. A light and efficient implementation of the parameter server framework[CP/OL]. (2015). https://github.com/dmlc/ps-lite.

[79] CIPAR J, HO Q, KIM J K, et al. Solving the straggler problem with bounded staleness[C]. In 14th Workshop on Hot Topics in Operating Systems (HotOS), 2013: 1-6.

[80] JIN P H, YUAN Q, IANDOLA F, et al. How to scale distributed deep learning?[J]. arXiv preprint arXiv:1611.04581, 2016: 1-16.

[81] KOLOSKOVA A, STICH S, JAGGI M. Decentralized stochastic optimization and gossip algorithms with compressed communication[C]. In International Conference on Machine Learning (ICML), 2019: 3478-3487.

[82] ZHOU P, LIN Q, LOGHIN D, et al. Communication-efficient decentralized machine learning over heterogeneous networks[C]. In IEEE 37th International Conference on Data Engineering (ICDE), 2021: 384-395.

[83] LIAN X, ZHANG C, ZHANG H, et al. Can decentralized algorithms outperform centralized algorithms? A case study for decentralized parallel stochastic gradient descent[C]. In Proceedings of 30th Conference on Neural Information Processing Systems (NeurIPS), 2017: 1-11.

[84] HARLAP A, TUMANOV A, CHUNG A, et al. Proteus: Agile ml elasticity through tiered reliability in dynamic resource markets[C]. In Proceedings of the 12th European Conference on Computer Systems (EuroSys), 2017: 589-604.

[85] QIAO A, AGHAYEV A, YU W, et al. Litz: Elastic framework for high-performance distributed machine learning[C]. In 2018 USENIX Annual Technical Conference (ATC), 2018: 631-644.

[86] QIAO A, CHOE S K, SUBRAMANYA S J, et al. Pollux: Co-adaptive cluster scheduling for goodput-optimized deep learning[C]. In 15th USENIX Symposium on Operating Systems Design and Implementation (OSDI), 2021: 1-19.

[87] CHEN Y, PENG Y, BAO Y, et al. Elastic parameter server load distribution in learning clusters[C]. In 11th ACM Symposium on Cloud Computing (SoCC), 2020: 507-521.

[88] LUO L, WEST P, NELSON J, et al. PLink: Efficient cloud-based training with topology-aware dynamic hierarchical aggregation[C]. In Proceedings of the 3rd MLSys Conference (MLSys) 2020: 1-16.

[89] LUO L, NELSON J, CEZE L, et al, Parameter hub: A rack-scale parameter server for distributed deep neural network training[C]. In 9th ACM Symposium on Cloud Computing (SoCC), 2018: 41-54.

[90] WAN X, ZHANG H, WANG H, et al. RAT-Resilient allreduce tree for distributed machine learning[C]. In 4th Asia-Pacific Workshop on Networking (APNet), 2020: 52-57.

[91] SAPIO A, ABDELAZIZ I, ALDILAIJAN A, et al. In-network computation is a dumb idea whose time has come[C]. In 16th ACM Workshop on Hot Topics in Networks (HotNets), 2017: 150-156.

[92] LAO C, LE Y, MAHAJAN K, et al. ATP: In-network aggregation for multi-tenant learning[C]. In 18th USENIX Symposium on Networked Systems Design and Implementation (NSDI), 2021: 1-20.

[93] SAPIO A, CANINI M, HO C, et al. Scaling distributed machine learning with in-network aggregation[C]. In 18th USENIX Symposium on Networked Systems Design and Implementation (NSDI), 2021: 1-16.

[94] XIE P, KIM J, HO Q, et al. Orpheus: Efficient distributed machine learning via system and algorithm co-design[C]. In 9th ACM Symposium on Cloud Computing (SoCC), 2018: 1-13.

[95] LIAN X, ZHANG W, ZHANG C, et al. Asynchronous decentralized parallel stochastic gradient descent[C]. In 35th International Conference on Machine Learning (ICML), 2018: 3043-3052.

[96] CHEN C, WANG W, LI B. Round-robin synchronization: mitigating communication bottlenecks in parameter servers[C]. In IEEE INFOCOM 2019-IEEE Conference on Computer Communications (INFOCOM), 2019: 532-540.

[97] SEIDE F, FU H, DROPPO J, et al. 1-bit stochastic gradient descent and its application to data-parallel distributed training of speech dnns[C]. In 15th Annual Conference of the International Speech Communication Association (INTERSPEECH), 2014: 1-5.

[98] WEN W, XU C, YAN F, et al. Terngrad: Ternary gradients to reduce communication in distributed deep learning[C]. In Proceedings of 30th Conference on Neural Information Processing Systems (NeurIPS), 2017: 1-11.

[99] YU Y, WU J, HUANG L. Double quantization for communication-efficient distributed optimization[C]. In Proceedings of 32nd Conference on Neural Information Processing Systems (NeurIPS), 2019: 1-12.

[100] STROM N. Scalable distributed dnn training using commodity gpu cloud computing[C]. In 16th Annual Conference of the International Speech Communication Association (ISCA), 2015: 1-5.

[101] CHEN C Y, CHOI J, BRAND D. Adacomp: Adaptive residual gradient compression for data-parallel distributed training[C]. In Proceedings of the AAAI Conference on Artificial Intelligence (AAAI), 2018, 32(1): 2827-2835.

[102] CUI L, SU X, ZHOU Y, et al. Optimal rate adaption in federated learning with compressed communications[C]. In IEEE INFOCOM 2022-IEEE International Conference on Computer Communications (INFOCOM), 2022: 1-10.

[103] KHIRIRAT S, MAGNÚSSON S, AYTEKIN A, et al. A flexible framework for

communication-efficient machine learning[C]. In Proceedings of the AAAI Conference on Artificial Intelligence (AAAI), 2021, 35(9): 8101-8109.

[104] YU M, LIN Z, NARRA K, et al. Gradiveq: Vector quantization for bandwidth-efficient gradient aggregation in distributed cnn training[C]. In Proceedings of 31st Conference on Neural Information Processing Systems (NeurIPS), 2018: 1-11.

[105] WANG H, SIEVERT S, LIU S, et al. Atomo: Communication-efficient learning via atomic sparsification[C]. In Proceedings of 31st Conference on Neural Information Processing Systems (NeurIPS), 2018: 1-12.

[106] VOGELS T, KARIMIREDDY S, JAGGI M. PowerSGD: Practical low-rank gradient compression for distributed optimization[C]. In Proceedings of 32nd Conference on Neural Information Processing Systems (NeurIPS), 2019: 14259-14268.

[107] LIU K, TSAI S, ZHANG Y. ATP: A datacenter approximate transmission protocol[J]. arXiv preprint, arXiv:1901.01632, 2019: 1-16.

[108] XIA J, ZENG G, ZHANG J, et al. Rethinking transport layer design for distributed machine learning[C]. In 3rd Asia-Pacific Workshop on Networking (APNet), 2019: 22-28.

[109] WANG H, CHEN J, WAN X, et al. Domain-specific communication optimization for distributed dnn training[J]. arXiv preprint arXiv:2008.08445, 2020: 1-21.

[110] LI M, WEN K, LIN H, et al. Improving the performance of distributed mxnet with rdma[J]. International Journal of Parallel Programming (IJPP), 2019, 47(3): 467-480.

[111] XUE J, MIAO Y, CHEN C, et al. Fast distributed deep learning over rdma[C]. In 14th EuroSys Conference (EuroSys), 2019: 1-14.

[112] BISWAS R, LU X, PANDA D K. Accelerating tensorflow with adaptive rdma-based grpc[C]. In 2018 IEEE 25th International Conference on High Performance Computing (HiPC), 2018: 2-11.

[113] HASHEMI S, JYOTHI S, CAMPBELL R. TicTac: Accelerating distributed deep learning with communication scheduling[C]. In 2nd Conference on Machine Learning and Systems (SysML), 2019: 1-13.

[114] JAYARAJAN A, WEI J, GIBSON G, et al. Priority-based parameter propagation for distributed dnn training[C]. In 2nd Conference on Machine Learning and Systems (SysML), 2019: 1-14.

[115] PENG Y, ZHU Y, CHEN Y, et al. A generic communication scheduler for distributed dnn training acceleration[C]. In 27th ACM Symposium on Operating Systems Principles (SOSP), 2019: 16-29.

[116] ZHANG Z, QI Q, SHANG R, et al. Prophet: Speeding up distributed dnn training with predictable communication scheduling[C]. In 50th International Conference on Parallel Processing (ICPP), 2021: 1-11.

[117] WANG S, LI D, GENG J. Geryon: Accelerating distributed cnn training by network-level flow scheduling[C]. In IEEE INFOCOM 2020-IEEE Conference on Computer Communications (INFOCOM), 2020: 1678-1687.

[118] WANG S, LI D, ZHANG J, et al. CEFS: Compute-efficient flow scheduling for iterative synchronous applications[C]. In 16th ACM International Conference on Emerging Networking Experiments and Technologies (CoNEXT), 2020: 136-148.

[119] PENG Y, BAO Y, CHEN Y, et al. Optimus: An efficient dynamic resource scheduler for deep learning clusters[C]. In Proceedings of the 13th EuroSys Conference, 2018: 1-14.

[120] SUN P, WEN Y, TA N B, et al. Towards distributed machine learning in shared clusters: A dynamically-partitioned approach[C]. In 2017 IEEE International Conference on Smart Computing (SMARTCOMP), 2017: 1-6.

[121] BAO Y, PENG Y, WU C. Deep learning-based job placement in distributed machine learning clusters[C]. In IEEE INFOCOM 2019-IEEE Conference on Computer Communications (INFOCOM), 2019: 505-513.

[122] PENG Y, BAO Y, CHEN Y, et al. Dl2: A deep learning-driven scheduler for deep learning clusters[J]. IEEE Transactions on Parallel and Distributed Systems (TPDS), 2021, 32(8): 1947-1960.

[123] ZHANG H, STAFMAN L, OR A, et al. Slaq: Quality-driven scheduling for distributed machine learning[C]. In Proceedings of the 2017 Symposium on Cloud Computing (SoCC), 2017: 390-404.

[124] GU J, CHOWDHURY M, SHIN K G, et al. Tiresias: A gpu cluster manager for distributed deep learning[C]. In 16th USENIX Symposium on Networked Systems Design and Implementation (NSDI), 2019: 485-500.

[125] XIAO W, BHARDWAJ R, RAMJEE R, et al. Gandiva: Introspective cluster scheduling for deep learning[C]. In 13th USENIX Symposium on Operating Systems Design and Implementation (OSDI), 2018: 595-610.

[126] ZHOU P, YU H, SUN G. Grouper: Accelerating hyperparameter searching in deep learning clusters with network scheduling[J]. IEEE Transactions on Network and Service Management (TNSM), 2020: 17(3): 1879-1895.

[127] ZHOU P, HE X, LUO S, et al. Jpas: Job-progress-aware flow scheduling for deep learning clusters[J]. Journal of Network and Computer Applications (JNCA), 2020, 158: 102590.

[128] 工业和信息化部. 新型数据中心发展三年行动计划（2021—2023 年）解读[EB/OL]. (2021) [2022-06-11]. http://www.gov.cn/zhengce/2021-07/16/content_5625389.htm.

[129] 孙凝晖. "东数西算"工程系列解读之一｜"东数西算"工程助力我国全面推进算力基础设施化[EB/OL]. (2022). https://www.ndrc.gov.cn/xxgk/jd/jd/202203/t20220317_1319467.html?code=&state=123.

[130] 国家发展改革委."东数西算"推进情况（第 29 期）：国家发展改革委召开新闻发布会，就"东数西算"投资建设进展情况等答记者问[EB/OL]. (2022-04-24)[2022-06-11].https://www.ndrc.gov.cn/xwdt/ztzl/dsxs/gzdt5/202204/t20220424_1322761.html?code=&state=123.

[131] EUR-LEX. Regulation (EU) 2016/679 of the European Parliament and of the Council of 27 April 2016 on the protection of natural persons with regard to the processing of personal data and on the free movement of such data, and repealing Directive 95/46/EC (General Data Protection Regulation) (Text with EEA relevance)[EB/OL]. Official Journal of the European Union, (2016). https://eur-lex.europa.eu/legal-content/EN/TXT/?uri=CELEX%3A32016R0679.

[132] 全国人民代表大会. 中华人民共和国个人信息保护法[EB/OL]. （2021-08-20）[2022-06-11].http://www.npc.gov.cn/npc/c30834/202108/a8c4e3672c74491a80b53a172bb753fe.shtml, 2021.

[133] 国家发展改革委.关于印发《全国一体化大数据中心协同创新体系算力枢纽实施方案》的 通 知 [EB/OL].(2021-05-24)[2022-06-11].http://www.gov.cn/zhengce/zhengceku/2021-05/26/content_5612405.htm, 2021.

[134] CANO I, WEIMER M, MAHAJAN D, et al. Towards geo-distributed machine learning[J]. arXiv preprint arXiv:1603.09035, 2016: 1-10.

[135] HONG R, CHANDRA A. Dlion: Decentralized distributed deep learning in micro-clouds[C]. In Proceedings of the 30th International Symposium on High-Performance Parallel and Distributed Computing (HPDC), 2021: 227-238.

[136] HSIEH K, HARLAP A, VIJAYKUMAR N, et al. Gaia: Geo-distributed machine learning approaching lan speeds[C]. In 14th USENIX Symposium on Networked Systems Design and Implementation (NSDI), 2017: 629-647.

[137] ZHOU A C, GONG Y, HE B, et al. Efficient process mapping in geo-distributed cloud data centers[C]. In Proceedings of the International Conference for High Performance Computing, Networking, Storage and Analysis (SC), 2017: 1-12.

[138] ZHAO Y, LI M, LAI L, et al. Federated learning with non-iid data[J]. arXiv preprint arXiv:1806.00582, 2018: 1-13.

[139] YANG Q, LIU Y, CHENG Y, et al. Federated learning[M]. Synthesis Lectures on Artificial Intelligence and Machine Learning, 2019, 13(3): 1-207.

第 2 章
高效通信架构

海量数据、大规模的机器学习模型为人工智能的飞速发展奠定了坚实的基础。近年来，越来越多的学者开始深入研究分布式机器学习，采用多机协同训练的方式突破单机设备的资源限制，从而更高效地利用海量数据训练更准确的大规模模型。分布式机器学习方法将完整的训练数据集或训练模型划分到多个计算节点，计算节点之间并行训练，并按照同步协议交换模型数据，完成本地训练模型的汇聚与同步，从而实现多机协同训练。

在商业实践中，依托数据中心的大规模集群，利用分布式机器学习加速人工智能模型训练的做法已经得到了广泛应用，并取得了显著成效。例如，2018年，腾讯机智利用 1024 个 Tesla P40 计算卡分布式训练 AlexNet 模型，仅使用 4min 就将大型数据集 ImageNet 训练到 58.74%的最优精度[1]。在数据中心内，分布式机器学习系统集群有统一的设备和网络资源管理方案，有充裕的计算和网络资源以及可靠的计算环境。但随着业务的发展与扩大，企业将在多地建设异地数据中心，训练数据的来源更加离散化和差异化，参与分布式训练的计算节点不再局限于一个数据中心，而演进为多个异地数据中心之间的协同训练。所以，跨数据中心分布式机器学习作为多智能云算力融合的新型范式，具有极高的商业价值，并得到产业界的广泛关注。

当前主流的开源分布式机器学习框架，如 Tensorflow[2]、MXNET[3]、IterStore[4]、Bosen[5]等，主要应用于单数据中心内的高速网络集群上。它们大多采取扁平式的星形拓扑设计，由中心参数服务器和计算节点群组成，所有计算节点与参数服务器直接通信。在跨数据中心的场景中，原生的参数服务器通信架构[6]会令所有数据中心的计算节点与某一个主控数据中心建立通信连接，给各数据中心的出入口网络都带来了巨大的流量负载和严重的通信阻塞，造成显著的通信瓶颈。并且，数据中心内和数据中心间的通信环境有较大区别，通常数据中心内通信环境好、带宽富裕，而数据中心间通信环境差、带宽有限，如果无差别通信，则将不能充分利用数据中心内的通信优势。

　　基于隔离域内环境和域间环境的思想，本章提出适用于跨数据中心差异化网络环境的高效通信架构，分层参数服务器（Hierarchical Parameter Server，HiPS）[7]通信架构。该架构利用数据中心内和数据中心间的两层参数服务器通信架构实现多数据中心的跨域互联，能够隔离数据中心内和数据中心间的通信环境，充分利用数据中心内富裕的通信资源，减少跨数据中心的通信流数量和通信数据量，从而实现高效通信。

2.1　分层参数服务器通信架构

2.1.1　架构设计方案

　　数据中心域内具有高带宽低延迟、计算与通信资源同构、通信安全可靠等特点，而域间具有低带宽高延迟、计算与通信资源异构、通信不安全不可靠等特点，隔离域内和域间能最大化域内资源利用率、最小化域间通信压力，并且为数据中心根据自己内部计算集群环境选择适合的通信拓扑提供了灵活性。

　　HiPS 通信架构如图 2-1 所示。HiPS 借助分层架构解耦了数据中心的域内和域间环境，计算节点的本地模型首先在数据中心域内网络同步参数，再由数据中心的域内参数服务器作为代理，参与跨数据中心的参数同步。在 HiPS 通信架构下，数据中心被分为两类：主控数据中心和参与数据中心。顾名思义，主控数据中心是发起与维护训练任务的中心，而参与数据中心则提供训练数据和集群算力，帮助主控数据中心完成训练任务。具体地讲，HiPS 通信架构包括五种核心组件。

　　（1）全局参数服务器。全局参数服务器位于主控数据中心内，是整个系统架构的核心，其存储与维护全局模型参数，负责接收与聚合其他参与数据中心提交的模型梯度，并用于更新全局模型参数。

（2）主控工作节点。主控工作节点是主控数据中心内的一个特殊节点，不同于其他计算节点，它不提供数据和算力，也不参与模型训练，只是用于向全局参数服务器提交训练任务和初始配置。例如，构建模型计算图，初始化计算图中的参数张量，并交付给全局参数服务器以初始化全局模型参数。此外，主控工作节点还负责集群运行配置，包括设置参数同步协议、参数压缩策略以及优化算法等。

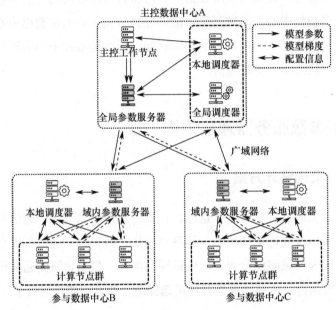

图 2-1　HiPS 通信架构

（3）域内参数服务器。域内参数服务器部署于参与数据中心，负责聚合其所在数据中心内计算节点的模型梯度，并作为数据中心的代理参与跨数据中心的参数同步。

（4）计算节点。计算节点是参与数据中心内数量最多、硬件配置最高的节点。它们是机器学习计算真正发生的地方，通常也是训练数据的分布式存储节点。计算节点负责加载、解析、清洗和预处理本地数据源的数据并用于计算本地模型梯度。这些模型梯度凝练了本地数据的抽象知识，是跨数据中心的知识载体，可以指导全局模型参数的更新，并且在一定程度上避免了原始训练数据的泄露。

（5）全局调度器与本地调度器。调度器的职责是在集群启动时建立并初始化通信架构，例如，上述四类功能节点的注册、标识、通信建立以及状态管理（如心跳、动态加入、异常恢复等）。其中，参与数据中心的本地调度器负责在计算节点和域内参数服务器之间构建内层参数服务器通信架构；而全局调度器负责在全局和域内参数服务器之间构建外层参数服务器通信架构。

上述设计以域内参数服务器为分割点，将数据中心内部环境隔离为一个独立的通信域。对于参与数据中心域内环境而言，其计算与通信条件更加理想，可根据集群规模和物理拓扑灵活选择不同的同步协议和同步算法，充分利用数据中心的资源优势，提高集群资源利用率。另外，对于数据中心外部环境而言，域内参数服务器合并了数据中心内庞大的模型数据流，避免了所有计算节点与主控数据中心的直接数据通信，将网络连接数量和数据流量从原本的整体计算节点数减少到参与数据中心数，不仅大幅降低了跨数据中心网络的数据传输压力，也降低了集群的管理难度，提升了安全性。

2.1.2　运行流程与通信模型

分层参数服务器架构包括四个阶段：集群启动与初始化、模型参数初始化、跨数据中心训练与同步、集群中止与销毁。其中，集群启动与初始化和集群中止与销毁两个过程不包含分布式机器学习的数据流，所以本节只对模型参数初始化和跨数据中心训练与同步两个主要过程展开介绍。

1. 模型参数初始化过程

在 2.1.1 节中我们提到，训练任务由主控工作节点发起，主控工作节点初始化全局参数服务器的模型参数，再由全局参数服务器分发给各参与数据中心。同步初始模型参数使得计算节点从一致的初始点开始训练，对于维持算法收敛性至关重要。

全局模型参数初始化流量模型如图 2-2 所示。在主控数据中心侧：①主控计算节点首先配置全局参数服务器的运行模式和运行参数，随后上传全局模型的初始模型参数给全局参数服务器。与此同时，在参与数据中心侧：②计算节点向域内参数服务器发起请求，拉取初始模型参数。但是，此时域内参数服务器也没有初始模型参数，所以③其继续向全局参数服务器请求初始模型参数。④当全局参数服务器从主控工作节点收到初始模型参数后，响应域内参数服务器的请求，返回初始模型参数。最后，⑤再由域内参数服务器同步初始模型参数给各计算节点。

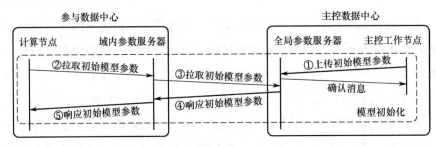

图 2-2　全局模型参数初始化流量模型

总体来看，初始模型参数由主控数据中心内的主控工作节点产生，经由全局参数服务器和域内参数服务器两段式数据传递，同步到参与数据中心的计算节点群。在整个初始化过程中，模型数据单向流动，总体从主控数据中心流向多个参与数据中心，以完成参数同步过程。至此，模型参数初始化阶段完成。

2. 跨数据中心训练与同步过程

完成全局模型参数初始化后，跨数据中心分布式机器学习的主要训练步骤包括四步：计算节点本地训练、参与数据中心内局部梯度聚合、主控数据中心内全局模型更新、全局参数同步。以全同步通信协议为例，该协议中，全局和域内参数服务器都采用同步更新机制，即存在一个同步屏障，必须收齐所有模型梯度、执行同步聚合后，才能继续执行后续步骤。在全同步通信协议下，跨数据中心训练与同步过程的流量模型如图 2-3 所示。

在一个新的训练轮次开始时，所有计算节点的本地模型参数的副本相同，满足模型一致性。计算节点①使用小批量随机梯度下降法，根据给定的优化参数和本地数据集，迭代训练本地模型副本，得到凝练有本地数据知识的模型梯度，该梯度可以指导模型参数的更新。随后，②上传模型梯度到域内参数服务器。

　　域内参数服务器在收齐参与数据中心内所有计算节点的模型梯度后，③执行局部梯度聚合，并④将聚合结果跨数据中心上传至主控数据中心的全局参数服务器。

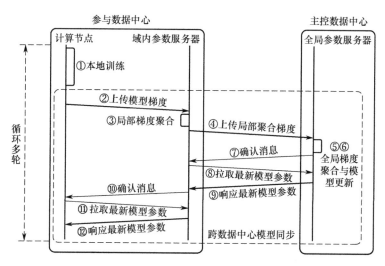

图 2-3　跨数据中心训练与同步过程的流量模型

　　与之类似，全局参数服务器在收齐所有域内参数服务器提交的局部聚合梯度后，⑤执行全局梯度聚合，并将之应用于⑥更新全局模型参数。随后，⑦向域内参数服务器发送确认消息，告知自己已收到梯度数据，并已准备好最新模型参数以待下载。

　　域内参数服务器收到确认消息后，⑧向全局参数服务器发起请求，⑨下载最新的全局模型参数，并⑩通知计算节点模型参数就绪。

　　最后，计算节点⑪向域内参数服务器发起请求，⑫下载模型参数，并进入下一轮训练。上述流程将重复直至训练轮次达到指定数目，此时，主控数据中心和参与数据中心可获得完全一致的收敛模型。

　　总体来看，模型知识由计算节点提炼，经由域内参数服务器和全局参数服务器两层梯度聚合得到全局聚合梯度，优化全局模型参数后，再经由全局参数服务器和域内参数服务器同步到所有计算节点。经过多轮训练后，训练任务完成。运行流程概览如图 2-4 所示，全同步通信算法涉及的具体计算方法见 3.1.2 节。

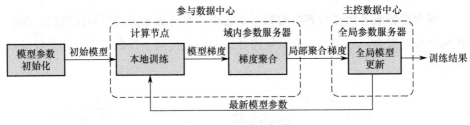

图 2-4　运行流程概览

2.1.3　主要操作原语

在图 2-3 所示模型中，全局参数服务器采取"更新"策略，即全局参数服务器接受模型梯度，并用模型梯度更新全局模型参数，因此上行通信内容应为模型梯度，下行通信内容应为模型参数。在该策略下，一个训练轮次主要包含 1 次本地训练操作，2 次模型上传与下载操作，2 次模型聚合操作以及 1 次模型更新操作（与大数据流的操作原语相比，请求和确认等控制消息的开销可忽略不计）。不同操作主要消耗的资源不同，处理的对象也存在差别，表 2-1 总结了上述各操作原语的主要资源消耗和处理的内容。

表 2-1　各操作原语的主要资源消耗和处理的内容

通信域	操作原语	消耗资源	开销	计算/通信内容
数据中心内	本地训练	CPU/GPU	计算	密集张量计算
	参数下载	局域网络带宽	通信	模型参数
	梯度上传	局域网络带宽	通信	模型梯度
	梯度聚合	CPU/GPU	计算	简单张量计算
	模型更新	CPU/GPU	计算	简单张量计算
数据中心间	梯度上传	广域网络带宽	通信	模型梯度
	参数下载	广域网络带宽	通信	模型参数
	梯度聚合	CPU/GPU	计算	简单张量计算
	模型更新	CPU/GPU	计算	简单张量计算

但是，在不同的运行模式和同步协议下，各节点的操作原语可能存在区别，下面给出两个案例。

（1）案例 1：若全局参数服务器工作在"仅聚合"模式，即全局参数服务器只负责聚合，而不负责更新，则全局参数服务器对模型参数或模型梯度都可接受。在此设置下，计算节点可以上传本地更新后的模型参数，新增"参数上传"和"参数聚合"原语，并且模型更新可以发生在计算节点或域内参数服务器上。

（2）案例 2：若全局参数服务器工作在"异步更新"模式，则全局参数服务器将使用接收的模型参数或模型梯度更新全局模型，但异步更新机制无须聚合模型数据，所以不会调用"梯度聚合"或"参数聚合"原语。

从上述两个案例可以看出，分层参数服务器通信架构支持参数交互和梯度交互两种模式，可以支持多种传送对象的组合以及同步和异步的更新机制。在第 3 章中，我们将具体给出适用于跨数据中心分布式机器学习的同步和异步优化算法，以帮助读者灵活选择这两种交互模式。

2.2　部署模式与适用场景

1. 平台部署模式和参与者部署模式

在实践中，分层参数服务器通信架构可支持两种部署模式：平台部署模式和参与者部署模式。在前面的介绍中，我们默认使用了平台部署模式来介绍分层参数服务器通信架构。

（1）平台部署模式。平台部署模式（HiPS 通信架构）如图 2-1 所示，在该模式下，主控数据中心的核心组件是全局参数服务器。虽然有一个主控工作节点，但该节点不提供数据和算力，也不参与本地训练。因此，主控数据中心仅作为一个云平台，为参与数据中心提供跨数据中心的模型同步服务。

（2）参与者部署模式。参与者部署模式如图 2-5 所示，在该模式下，主控数据中心也持有训练数据，也提供计算节点群参与训练。此时，主控工作节点将从计算节点群中选举，其不仅需要配置和初始化训练任务，也需要参与到模型训练与同步中。此时，主控数据中心既作为云平台来提供模型同步服务，也将和参与数据中心一同参与到训练任务中。

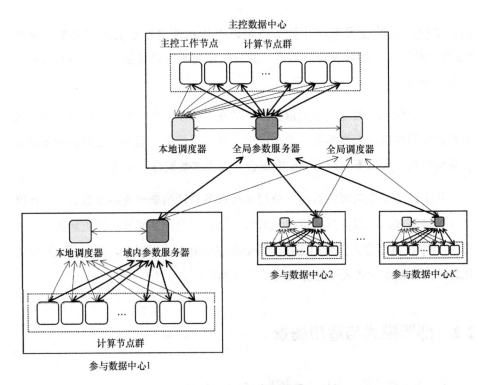

图 2-5　参与者部署模式

2. 云聚平台场景和企业私有化场景

在场景实践中，平台部署模式和参与者部署模式分别适用于云聚平台和企业私有化两种场景。

（1）云聚平台场景。在该场景中，主控数据中心以平台模式部署，作为中心云提供模型聚合与同步服务，这类云应是可信的第三方云，如政府云或大型商业云。其他中小企业则作为参与云，借助云聚平台实现本地模型的共享与整合。

如图 2-6（a）所示，以医疗机构为例，我们可将医疗机构分为两类：模型提供方和数据提供方。模型提供方如医疗研究所，它们能研发高精尖的医疗人工智能模型，但缺乏可用的患者数据；数据提供方如医院，它们专注于治疗患者，长期的运营让它们积攒了大量患者数据，但它们研发能力较弱，需要医疗研究所为它们提供先进的医疗器械和技术。于是，在云聚平台的协调下，模型提供方为数据提供方设计先进医疗模型，而数据提供方利用本地患者数据库为模型提供方训练模型参数，并在云聚平台上整合模型，实现"共创共享、合作共赢"。注意在图 2-6（a）中，模型参数作为训练数据知识的载体在机构之间传递，训练数据本身不会被交换。

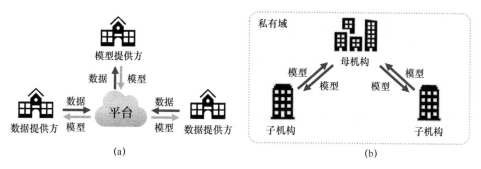

图 2-6　云聚平台场景和企业私有化场景

（2）企业私有化场景。参与者部署模式适用于存在隶属关系的机构，如大型企业的子母公司、政府部门、军事单位之间，可在不移动机密数据的前提下，通过单位之间的专用网络，实现各部门数据中心计算和数字资源的整合。

如图 2-6（b）所示，以银行总行及其多个分行为例，总行和分行位于不同的省市，各自管理维护当地客户的账户信息。在需要整合数字资源，协同训练金融模型时，所有数据中心都需要参与训练，即包括总行在内的单位都是参与者。在此种情况下，参与者部署模式更为适宜。

2.3　实验与性能评估

实验使用 7 台服务器构建计算集群来验证上述架构，每台服务器配有两个 Tesla K40m 计算卡，服务器之间使用千兆以太网互联。实验设置 1 个主控数据中心、2 个参与数据中心，主控数据中心有 1 台服务器，2 个参与数据中心各自有 3 台服务器，每台服务器上部署有 2 个计算节点，总计各个参与数据中心部署有 6 个计算节点。

根据分层参数服务器通信架构（平台部署模式）的设计，主控数据中心部署有全局参数服务器、主控工作节点、本地和全局调度器，各个参与数据中心部署有域内参数服务器、本地调度器以及 6 个计算节点，其中，在参与数据中心内，计算节点首先与域内参数服务器建立通信，域内参数服务器再与全局参数服务器建立通信。实验选择典型参数服务器通信架构 MXNET 作为对照架构，在对照实验中，主控数据中心部署有 1 个全局参数服务器和 1 个全局调度器，2 个参与数据中心各自部署 6 个计算节点，不同于分层参数服务器架构的是，在 MXNET 架构下，所有计算节点直接与全局参数服务器建立通信。

实验设置了两种带宽条件：第一种是默认的 1Gbps 带宽网络，用来模拟千兆数据中心局域网环境；第二种是 155Mbps 带宽网络，使用 WonderShaper 工具限制主控数据中心的上下行网卡带宽，用以模拟数据中心之间的专用网络环境。

实验使用 Fashion-MNIST 时尚商品数据集[8]和经典的 ResNet-50 残差神经网络模型[9]。首先，我们将数据集均匀切分到所有计算节点，配置集群以全同步通信协议、无压缩模式运行，计算节点使用标准小批量随机梯度下降优化本地模型参数。实验设置优化器的学习率为 0.01，批数据大小为 32。实验应用学习率衰减，每隔 20 个训练轮次学习率减小为当前值的 10%。

我们以 HiPS–1Gbps 和 MXNET–1Gbps 来分别表示将 HiPS 和 MXNET 架构运行于较理想的数据中心局域网络环境，与之类似，HiPS–155Mbps 和 MXNET–155Mbps 则表示两种架构运行于跨数据中心专用网络环境。上述 4 个实验的精度增长曲线如图 2-7 所示。实验结果表明，给定相同的训练时间，即便在有限带宽的跨数据中心网络环境，分层设计的 HiPS 通信架构仍能达到最优的收敛精度表现。此外，在相同带宽条件下，HiPS 的训练效率明显高于传统密集连接的 MXNET 架构。最后，即便将 HiPS 部署在跨数据中心场景，将 MXNET 部署在数据中心内，HiPS 也能取得趋于 MXNET 的训练效率。在 4.4 节中我们还将看到，在应用压缩技术后，跨数据中心部署的 HiPS 通信架构还可以取得 4 倍于数据中心内部署的 MXNET 的训练效率。

为更具体地比较这 4 种设置的训练效率，同时观察模型参数量大小对训练效率的影响，实验使用不同深度的 ResNet 系列模型（ResNet-18/34/50/101）重复上述实验，并统计它们的单轮次参数同步通信延迟，结果如表 2-2 所示。由于 4 种设置下模型计算时间是一致的，参数同步的通信时间能间接反映系统整体的训练效率。实验数据表明，在不同参数量的模型上，跨数据中心部署的 HiPS−155Mbps 的单轮参数同步通信延迟仅为数据中心内网部署 MXNET−1Gbps 的 78%～87%，证明了通过分层设计减少跨数据中心传输数据量思想的有效性。

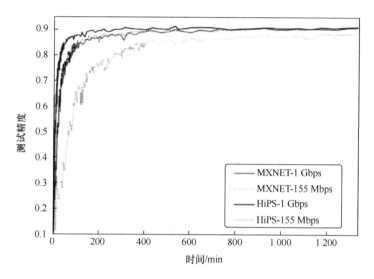

图 2-7　HiPS 与 MXNET 在 1Gbps 和 155Mbps 带宽条件下的精度增长曲线

表 2-2　不同参数量模型下两种架构的单轮次参数同步通信延迟

模型网络	参数量/10^6	HiPS−1Gbps 通信延迟/s	HiPS−155Mbps 通信延迟/s	MXNET−1Gbps 通信延迟/s	MXNET−155Mbps 通信延迟/s
ResNet-18	11.17	1.22	**1.78**	2.29	6.70
ResNet-34	21.27	13.86	**29.02**	33.53	131.49
ResNet-50	23.49	16.46	**36.56**	42.49	153.35
ResNet-101	42.46	39.45	**65.34**	83.11	277.44

上述结果表明，分层参数服务器通信架构可以取代传统的参数服务器架构，应用于跨数据中心的分布式机器学习集群中。更重要的是，研究者不必担忧跨数据中心的有限带宽会限制训练效率，因为分层架构带来的通信代价缩减可以弥补跨数据中心训练的效率损失，甚至有额外的效率增益。该结论突破了

多数据中心之间的效率瓶颈，可激励多智能云之间人工智能算力的高效融合。

2.4 本章小结

　　本章针对跨数据中心分布式机器学习中传统参数服务器通信架构造成的通信瓶颈以及无法区分数据中心内外差异网络环境的问题，提出分层参数服务器通信架构。通过分层设计，在数据中心内和跨数据中心间实现两层聚合，合并模型数据流，减少出入数据中心的通信连接数，减少跨数据中心传输的模型数据量，隔离数据中心内外网络环境，从而缓解跨数据中心通信瓶颈。分层参数服务器通信架构有平台部署和参与者部署两种模式，分别适用于云聚平台和企业私有化应用场景。实验结果表明，分层参数服务器通信架构拥有优越的参数同步效率，即便不启用后续章节所述的优化技术，也能达到超越单数据中心的训练效率，该结论对推动多算力云融合具有重要意义。

本章参考文献

[1] JIA X, SONG S, HE W, et al. Highly scalable deep learning training system with mixed-precision: Training imagenet in four minutes[J]. arXiv preprint arXiv:1807.11205, 2018: 1-9.

[2] ABADI M, BARHAM P, CHEN J, et al. TensorFlow: A system for large-scale machine learning[C]. In Proceedings of the 12th USENIX Symposium on Operating Systems Design and Implementation (OSDI 16), 2016: 265-283.

[3] CHEN T, LI M, LI Y, et al. Mxnet: A flexible and efficient machine learning library for heterogeneous distributed systems[C]. In Proceedings of 29th Conference on Neural Information Processing Systems (NeurIPS), Workshop on Machine Learning Systems, 2016: 1-6.

[4] CUI H, TUMANOV A, WEI J, et al. Exploiting iterative-ness for parallel ML computations[C]. In Proceedings of the ACM Symposium on Cloud Computing, 2014: 1-14.

[5] WEI J, DAI W, QIAO A, et al. Managed communication and consistency for fast data-parallel iterative analytics[C]. In Proceedings of the 6th ACM Symposium on Cloud Computing, 2015: 381-394.

[6] LI M, ANDERSEN D G, PARK J W, et al. Scaling distributed machine learning with the parameter server[C]. In 11th USENIX Symposium on Operating Systems Design and

Implementation (OSDI), 2014: 583-598.

[7] 李宗航，虞红芳，汪漪. 地理分布式机器学习：超越局域的框架与技术[J]. 中兴通讯技术，2020, 26(05): 16-22.

[8] XIAO H, RASUL K, VOLLGRAF R. Fashion-mnist: a novel image dataset for benchmarking machine learning algorithms[J]. arXiv preprint arXiv:1708.07747, 2017: 1-6.

[9] HE K, ZHANG X, REN S, et al. Deep residual learning for image recognition[C]. In Proceedings of the IEEE Conference on Computer Vision and Pattern Recognition (CVPR), 2016: 770-778.

第 3 章
同步优化算法

在跨数据中心的分布式机器学习训练中，参与数据中心内的计算节点完成本地模型训练后，需要上传本地模型更新到域内参数服务器局部聚合，局部聚合模型更新再由域内参数服务器继续上传到主控数据中心的全局参数服务器全局聚合。随后，全局参数服务器使用全局聚合模型更新优化全局模型，再分发到各参与数据中心的域内参数服务器和计算节点以实现最新模型参数的同步。本章称上述流程为面向跨数据中心场景的分布式机器学习的一个同步优化轮次。

目前主流同步优化算法的并行模式可分为同步并行模式和异步并行模式。在同步并行模式中，参数服务器将阻塞直至收齐所有计算节点的本地模型更新，随后所有计算节点同时进入下一同步轮次，计算节点在参数服务器的协调下保持相同的同步步调。在异步并行模式中，参数服务器在收到任意计算节点的本地模型更新后即刻用于优化全局模型，参数服务器不协调计算节点的同步步调，计算节点之间有相互独立的训练和通信行为，因此同步步调参差不齐。

本章称同步优化算法的执行时间效率为同步效率。同步效率对跨数据中心分布式机器学习的系统训练效率有至关重要的影响。通常，同步效率越高，系统训练效率越高，所取得的分布式训练加速效果越显著。但是，在跨数据中心的分布式机器学习场景中，跨数据中心的模型同步会受到数据中心之间受限域间通信资源、异构计算与通信资源的影响而变得低效，从而拉低系统训练效率，得不偿失。

本章首先给出跨数据中心分布式机器学习的基础同步优化算法，再针对上述两种引发同步低效的原因，分别阐述一种面向受限域间通信资源以及两种面向异构计算与通信资源的高效同步优化算法。最后，对本章内容进行总结。

3.1　系统模型与基础同步优化算法

在本节中，我们假设一种数据中心之间带宽充足，且计算与通信资源同构的理想环境，并给出跨数据中心分布式机器学习原生支持的基础同步优化算法，最后实验评估该基础同步优化算法的性能。

3.1.1　系统模型

如图 3-1 所示的跨数据中心分布式机器学习通信架构简图，K 个独立的参与数据中心在主控数据中心的协调下协同训练一个机器学习模型。参与数据中心 k 包含一个域内参数服务器节点和 M^k 个计算设备组成的计算节点群。参与数据中心内，域内参数服务器与计算节点群通过高速局域网互联；参与数据中心内域内参数服务器与主控数据中心内全局参数服务器通过广域网或专用网互联。

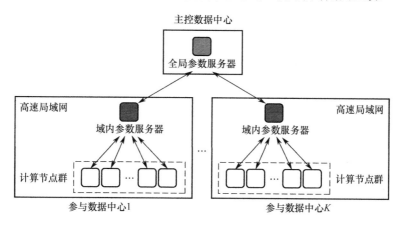

图 3-1　跨数据中心分布式机器学习通信架构简图

3.1.2　全同步通信算法

全同步通信算法（Full Synchronization Algorithm，FSA）是分层参数服务器通信架构 HiPS 原生支持的同步优化算法。该算法在数据中心内和数据中心间均采用同步并行模式。本章中，我们称数据中心内计算节点群与域内参数服务器之间的模型同步为数据中心内同步（简称内同步），数据中心间域内参数服务器和全局参数服务器之间的模型同步为数据中心外同步（简称外同步）。

FSA 的核心思想是，数据中心内计算节点群的本地模型在域内参数服务器完成一次内同步后，即刻在数据中心之间执行外同步。FSA 运行流程示意图如图 3-2 所示，在一个训练轮次中：①计算设备上传本地模型到域内参数服务器；②域内参数服务器等待收齐数据中心内所有计算设备的本地模型；③域内参数服务器将局部同步模型上传到全局参数服务器；④全局参数服务器等待收齐所有参与数据中心的局部同步模型；⑤全局参数服务器将全局同步模型下发给域内参数服务器；⑥域内参数服务器继续下发给计算设备。

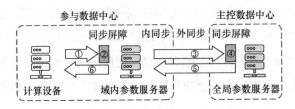

图 3-2　FSA 运行流程示意图

FSA 的运行时序如图 3-3 所示。下面以模型参数同步为例，阐述在第 r 个训练轮次中，FSA 的运行步骤时序。

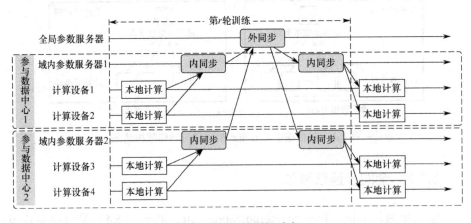

图 3-3　FSA 的运行时序

（1）本地计算：参与数据中心 k 的计算设备 m 从样本数量为 $n_{k,m}$ 的本地数

据集 $\mathcal{D}_{k,m}$ 中取出一个批大小为 b 的小批量数据 $\mathcal{D}_{k,m}^r \in \mathcal{D}_{k,m}$，并使用小批量随机梯度下降法对本地模型参数 $\omega_{k,m}^{r-1}$ 进行一次梯度更新：

$$g(\omega_{k,m}^{r-1}) \leftarrow \frac{1}{b} \nabla_\omega \mathcal{L}(\omega_{k,m}^{r-1}, \mathcal{D}_{k,m}^r) \tag{3-1}$$

$$\omega_{k,m}^r \leftarrow \omega_{k,m}^{r-1} - \eta \cdot g(\omega_{k,m}^{r-1}) \tag{3-2}$$

式中，$\mathcal{L}$ 是需要最小化的目标函数，如交叉熵损失函数；η 是学习率。

（2）内同步（聚合）：计算设备将式（3-2）所得的本地模型参数 $\omega_{k,m}^r$ 上传到其数据中心内的域内参数服务器 k。当域内参数服务器 k 接收到其数据中心内的 M^k 个计算设备的本地模型参数后，对这些参数进行聚合以获得局部同步模型参数 ω_k^r：

$$\omega_k^r \leftarrow \sum_{m=1}^{M^k} \frac{n_{k,m}}{n_k} \omega_{k,m}^r \tag{3-3}$$

式中，$n_k = \sum\limits_{m=1}^{M^k} n_{k,m}$ 是数据中心 k 内的训练样本总数。

（3）外同步：域内参数服务器 k 将式（3-3）所得的局部同步模型参数 ω_k^r 上传到主控数据中心的全局参数服务器。当全局参数服务器接收到 K 个域内参数服务器的局部同步模型参数后，对这些参数进行聚合以获得全局同步模型参数 ω^r：

$$\omega^r \leftarrow \sum_{k=1}^{K} \frac{M^k}{M} \omega_k^r \tag{3-4}$$

式中，$M = \sum\limits_{k=1}^{K} M^k$ 是 K 个数据中心内所有计算设备的总数。随后，全局参数服务器用全局同步模型参数 ω^r 更新全局模型参数，并分发给各域内参数服务器。

（4）内同步（分发）：域内参数服务器 k 接收全局参数服务器下发的最新全局模型参数 $\omega_k^r \leftarrow \omega^r$，并继续分发给其数据中心内的计算节点群以同步所有本地模型参数 $\omega_{k,m}^r \leftarrow \omega_k^r$。

上述步骤将重复 R 轮以使得全局模型参数收敛到近似最优解 $\omega^* \leftarrow \omega^R$。算法 3-1 总结了 FSA 的上述流程。

算法 3-1 全同步通信算法（FSA）

输入：最大训练轮数 R，参与数据中心数 K，各数据中心 k 计算设备数 M^k。

输出：近似最优的全局模型参数 ω^R。

1.   全局参数服务器初始化全局和本地模型参数 ω^0，$\omega_{k,m}^0 \leftarrow \omega_k^0 \leftarrow \omega^0$；

2.   **for** r **in** $1,2,\cdots,R$ **do**

3.   **for** k **in** $1,2,\cdots,K$ **in parallel do**

4.   **for** m **in** $1,2,\cdots,M^k$ **in parallel do**

5.   计算节点 m 根据式（3-1）和式（3-2）优化本地模型参数 $\omega_{k,m}^{r-1}$；

6.   域内参数服务器 k 根据式（3-3）聚合得到局部同步模型参数 ω_k^r；

7.   全局参数服务器根据式（3-4）聚合得到全局同步模型参数 ω^r；

8.   用 ω^r 更新全局模型参数并分发到计算设备 $\omega_{k,m}^r \leftarrow \omega_k^r \leftarrow \omega^r$；

9.   **return** ω^R

3.1.3 实验与性能评估

1. 实验环境设置

本节实验使用 5 台服务器，每台配有 Intel(R) Xeon(R) CPU E5-2609 v4 和 2 个 Tesla K40m GPU。基于上述设施，我们模拟包含一个主控数据中心 M 和两个参与数据中心 A、B 的分层参数服务器架构 HiPS，所有节点均使用 Docker 容器部署。主控数据中心 M 独占 1 台服务器，在其上部署全局参数服务器。参与数据中心 A 使用 2 台服务器，总计 4 个 GPU，每个 GPU 部署一个计算节点，并且在 2 台服务器中的任意一台上部署域内参数服务器。参与数据中心 B 的部署方式与 A 相同。全局调度器和本地调度器则紧靠全局参数服务器和域内参数服务器分别部署。参与数据中心 A 和 B 内，所有节点通过千兆局域网互联。为模拟主控数据中心 M 与参与数据中心 A、B 之间跨数据中心的受限/专用网络环境，使用 WonderShaper 工具限制主控数据中心 M 的网卡带宽为 155 Mbps。

实验任务是分类 Fashion-MNIST 数据集的图像，训练模型采用 ResNet-18 模型。作为对比实验，我们也模拟了具有相同计算节点规模的原生参数服务器（PS）架构。参数服务器架构的节点部署方法与 HiPS 相似，区别在于，在参数服务器架构的参与数据中心 A、B 内，不部署域内参数服务器，而是计算节点直接与主控数据中心 M 的全局参数服务器通信。在原生参数服务器架构下，计算节点之间默认使用分布式同步随机梯度下降（Synchronized Stochastic Gradient Descent，SSGD）[1]算法。各类型节点容器的资源分配如表 3-1 所示。实验设置初始学习率 $\eta = 0.01$，批数据大小 $b = 32$，并应用学习率衰减，每隔 20 个训练轮次，学习率减小为当前值的 10%。

表 3-1　各类型节点容器的资源分配

节点容器类型	适用架构	可用内存/GB	可用 CPU 核数	可用 GPU 数量
计算节点	PS 和 HiPS	12	8	1
域内参数服务器	HiPS	12	24	0
全局参数服务器	PS 和 HiPS	12	24	0

2. 性能比较

图 3-4 绘制了 FSA 与 SSGD 的精度和时间曲线对比。我们以 HiPS:FSA 表示在本文提出的 HiPS 架构上应用 FSA，以 PS:SSGD 表示在 MXNET 框架[2]的原生参数服务器架构上应用典型 SSGD 优化算法。同时，以后缀 1G 表示部署于千兆局域网带宽的数据中心内网环境，以后缀 155M 表示部署于 155Mbps 专用网带宽的数据中心间网络环境。从图 3-4 中可以看出，当部署环境从数据中心内移动到数据中心间时，HiPS:FSA 和 PS:SSGD 的速率均有明显减慢。即便如此，在相同网络环境下，HiPS:FSA 的精度随时间增长速率仍快于 PS:SSGD。在此，我们关注将 HiPS:FSA 应用到跨数据中心场景（HiPS:FSA-155M），以及将 PS:SSGD 应用到单数据中心场景（PS:SSGD-1G）这两个案例。结果显示，虽然 HiPS:FSA 被部署到了带宽资源更紧缺的跨数据中心网络环境，但其训练效率仍接近于理想带宽环境中的 PS:SSGD 方案。

为探究 FSA 取得时间效率增益的根本原因，我们分解图 3-4（a）所示精度随时间增长曲线为图 3-4（b）所示曲线和图 3-4（c）所示曲线。理论上，FSA 和 SSGD 在数学优化层面等价，应具有相同的收敛曲线（精度随训练轮次增长曲线）。图 3-4（b）证实了这一点，二者的收敛曲线完全重合，都需要相同的训练轮次抵达指定精度。因此，FSA 的时间效率增益不是源于收敛效率的提升，而是源于每个训练轮次所需的时间的减少。图 3-4（c）绘制了 FSA 和 SSGD 的

时间随训练轮次增长的曲线，可以看出，HiPS:FSA-155M 的每轮执行时间略高
于 PS:SSGD-1G，但远低于 PS:SSGD-155M。这种增益源于 FSA 将原本 KM 条跨
数据中心的同步流量分解成了 M 条数据中心内的同步流量和 K 条跨数据中心的
同步流量，减少了跨受限带宽广域网的通信流量，从而降低通信开销。

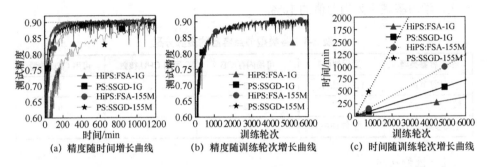

(a) 精度随时间增长曲线　　(b) 精度随训练轮次增长曲线　　(c) 时间随训练轮次增长曲线

图 3-4　FSA 与 SSGD 的精度和时间曲线对比

以上结果表明，在跨数据中心的分布式机器学习应用中，仅使用其原生的
HiPS 架构和 FSA，就可取得逼近于单数据中心的训练效率，这证明了所提方
案的可行性和高效性。在后续章节中，我们将提出三种更高效的算法，使得跨
数据中心的分布式机器学习取得超越单数据中心的训练效率。

3.2　面向受限域间通信资源的同步算法

在分布式机器学习中，计算设备与参数服务器之间需要周期性的同步模型
参数。这些模型参数的大小往往可达数百兆，并且在跨数据中心分布式机器学
习的场景中，多个数据中心的计算节点群都参与模型同步，集群规模较大。周
期性且大规模的同步通信流量将引入极高的通信开销，容易给网络带来巨大的
传输压力，并引发通信瓶颈。

在跨数据中心场景中，数据中心内与数据中心间的网络环境存在显著差
异。在数据中心内，局域网带宽资源丰富，通常可达万兆带宽。例如，RDMA
技术可支持 100Gbps 大带宽通信。然而，数据中心间跨广域网交换数据，广域
网通信资源紧缺，传输率通常仅有 10～100Mbps。受制于通信资源有限的数据

中心间网络，外同步通信延迟远高于内同步通信延迟，使得内同步因长期等待外同步的完成而被长期阻塞，数据中心内丰富的计算和通信资源不能得到充分利用。可见，通信资源有限的数据中心间网络是制约通信效率乃至系统整体训练效率的主要瓶颈。

在本节中，我们综述传统分布式机器学习以及与之紧密相关的联邦学习的两类通信效率优化技术，并基于 3.1.2 节的全同步通信算法，给出一种面向受限域间通信资源的基于内同步累积的低频同步通信算法。

3.2.1　研究现状

由于跨数据中心分布式机器学习是迭代计算任务，需要通过跨有限带宽的数据中心间网络反复通信模型数据，通信次数就成了同步效率的主要影响因素。减少通信次数的方法可分为两类：一类是增加本地计算量以降低通信频率；另一类是提高算法收敛性以减少通信次数。

1. 增加本地计算量以降低通信频率

联邦学习的原生优化算法 FedSGD 由 McMahan 等人[3]提出，该算法要求计算设备计算本地所有数据的平均梯度，并用该梯度对本地模型进行一次全批量梯度下降优化，再上传训练后的本地模型参数到云端中心服务器全局聚合。FedSGD 算法每执行一次全批量梯度下降，就需要跨广域网全局同步模型数据，往往伴有极高的通信开销。因此，McMahan 等人又提出改进算法 FedAvg，通过在计算设备上执行更多次的本地迭代更新以降低通信频率。例如，计算设备可使用小批量梯度下降法反复遍历本地数据集多次，在更新本地模型多次后再上传本地模型参数以全局聚合。FedAvg 算法比 FedSGD 算法有更低的通信频率，因而能够大幅降低通信开销，提高同步效率。

借助新兴的移动边缘平台，Liu 等人[4]引入边缘服务器作为云端中心服务器和计算终端之间的中间层，并提出 HierFAVG 算法。该算法首先在计算终端上执行多次本地模型更新，再在边缘服务器处进行一次局部模型同步；当边缘服务器执行了指定次数的局部模型同步后，再在云端中心服务器进行全局模型同步。一方面，边缘服务器部署于计算终端附近，二者之间具有较大的通信带宽和较低的通信延迟；另一方面，计算终端与云端中心服务器之间跨有限带宽广域网传输模型数据的次数再次减少，通信频率比 FedAvg 算法更低，因此，HierFAVG 算法具有极高的通信效率。

2. 提高算法收敛性以减少通信次数

通信次数与优化算法的收敛性直接相关，通常来说，算法的收敛性越强，收敛所需的迭代次数越少，则通信次数越少。基于这种思想，Huang 等人[5]提出 LoAdaBoost FedAvg 算法，在每一轮迭代中，损失值较高的本地模型将被要求进行更进一步的训练，直到损失值达标后才能参与聚合。通过这种方式，该算法确保了大多数计算终端的本地模型是高质量的，因而能够加快算法的收敛速度。

利用迁移学习中的领域自适应[6]思想，Yao 等人[7]提出带 MMD 约束的双流训练算法 FedMMD。FedMMD 算法包含全局模型和本地模型两个分支，全局分支包含多个计算终端的共同知识，本地分支则能更好地表征本地数据。其中，全局分支的参数被冻结，不参与训练，仅作为本地分支训练的参考。通过最小化本地分支的分类损失以及两个分支输出分布的 MMD 距离，本地分支在学习本地数据的同时也纳入了全局分支的共同知识，提高了算法收敛性，并减少了约 20% 的通信次数。

随后，Yao 等人[8]又提出了一种特征融合方法 FedFusion，以及三种特征融合算子 Conv、Multi、Single。Conv 算子利用 1×1 卷积融合不同通道的特征；Multi 算子引入学习权重向量分别对不同通道的特征进行加权和；Single 算子引入学习权重常量对不同通道的特征统一进行加权和。相比 FedMMD 算法，FedFusion 算法的计算操作更加简单，符合移动设备的低功耗要求。同时，Conv 算子能够减少 FedAvg 算法约 60% 的通信次数，比 FedMMD 算法具有更强的收敛性。

3.2.2 内同步累积的低频同步通信算法

内同步累积的低频同步通信算法（Low-Frequency Synchronization Algorithm,

LFSA）的核心想法是，允许 FSA 在计算设备执行多次本地计算、在数据中心内执行多次内同步迭代，再在数据中心间执行一次外同步。LFSA 通过降低跨数据中心的通信频率直接削减通信开销，可有效提高系统整体训练效率。

LFSA 运行流程示意图如图 3-5 所示。在一个训练轮次中：①计算设备执行 I_1 次本地计算；②计算设备上传本地模型到域内参数服务器；③域内参数服务器等待收齐数据中心内所有计算设备的本地模型；④域内参数服务器直接下发局部同步模型给计算设备，继续执行本地计算；⑤在步骤②③④反复执行 I_2 次后，域内参数服务器将多次内同步迭代后的局部同步模型参数上传到全局参数服务器；⑥全局参数服务器等待收齐所有参与数据中心提交的模型；⑦全局参数服务器将全局同步模型下发给域内参数服务器；⑧域内参数服务器继续下发给计算设备。

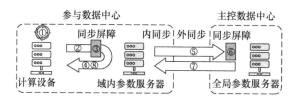

图 3-5 LFSA 运行流程示意图

LFSA 的运行时序如图 3-6 所示。为兼容稀疏压缩策略以进一步降低通信量，外同步的数据类型可以是模型更新。在本例中，为简化说明 LFSA 的运行时序，假设内同步和外同步的数据类型均为模型参数。

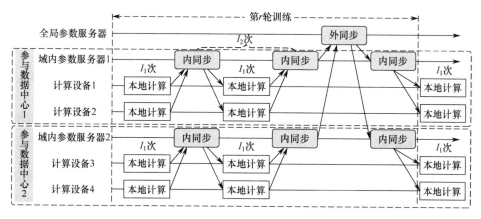

图 3-6 LFSA 的运行时序

（1）本地计算：在第 r 个训练轮次的第 i_2 个内同步迭代中，参与数据中心 k 的计算设备 m 从样本数量为 $n_{k,m}$ 的本地数据集 $\mathcal{D}_{k,m}$ 中取出 I_1 个批大小为 b 的小批量数据 $\{\mathcal{D}_{k,m}^{r,i_2,i_1}|\forall i_1\in[1,I_1]\}$，并使用小批量随机梯度下降法对本地模型参数 $\omega_{k,m}^{r,i_2,i_1-1}$ 进行 I_1 次式（3-5）所示的梯度计算和式（3-6）所示的本地模型更新：

$$g\left(\omega_{k,m}^{r,i_2,i_1-1}\right)\leftarrow\frac{1}{b}\nabla_\omega\mathcal{L}\left(\omega_{k,m}^{r,i_2,i_1-1},\mathcal{D}_{k,m}^{r,i_2,i_1}\right) \tag{3-5}$$

$$\omega_{k,m}^{r,i_2,i_1}\leftarrow\omega_{k,m}^{r,i_2,i_1-1}-\eta\cdot g\left(\omega_{k,m}^{r,i_2,i_1-1}\right) \tag{3-6}$$

经过 $i_1=1,\cdots,I_1$ 的本地计算后，得到 $\omega_{k,m}^{r,i_2,I_1}$，继续执行步骤（2）。

（2）内同步：计算设备上传本地模型参数 $\omega_{k,m}^{r,i_2,I_1}$ 到其数据中心内的域内参数服务器 k。当域内参数服务器 k 接收到其数据中心内的 M^k 个计算设备的本地模型参数后，对这些参数进行聚合以获得局部同步模型参数 ω_k^{r,i_2,I_1}：

$$\omega_k^{r,i_2,I_1}\leftarrow\sum_{m=1}^{M^k}\frac{n_{k,m}}{n_k}\omega_{k,m}^{r,i_2,I_1} \tag{3-7}$$

随后，不同于 FSA 直接将 ω_k^{r,i_2,I_1} 上传到全局参数服务器执行外同步，LFSA 将 ω_k^{r,i_2,I_1} 发回计算节点群，并进入第 $i_2\leftarrow i_2+1$ 个内同步迭代，返回步骤（1）。LFSA 将重复内同步迭代 I_2 次，以获得累积的局部同步模型参数 ω_k^{r,I_2,I_1}。

（3）外同步：域内参数服务器 k 将上述 I_2 次内同步迭代所得的局部同步模型参数 ω_k^{r,I_2,I_1} 上传到主控数据中心的全局参数服务器。当全局参数服务器接收到 K 个域内参数服务器的局部同步模型参数后，对这些参数进行聚合以获得全局同步模型参数 ω^r：

$$\omega^r\leftarrow\sum_{k=1}^{K}\frac{M^k}{M}\omega_k^{r,I_2,I_1} \tag{3-8}$$

随后，全局参数服务器用全局同步模型参数 ω^r 更新全局模型参数，并分发给各域内参数服务器。

（4）内同步（分发）：域内参数服务器 k 接收全局参数服务器下发的最新全局模型参数 $\omega_k^{r+1,1,0}\leftarrow\omega^r$，并继续分发给其数据中心内的计算节点群以同步所有本地模型参数 $\omega_{k,m}^{r+1,1,0}\leftarrow\omega_k^{r+1,1,0}$。

上述步骤将重复 R 轮以使得全局模型参数收敛到近似最优解 $\omega^* \leftarrow \omega^R$。算法 3-2 总结了 LFSA 的上述流程。

算法 3-2　内同步累积的低频同步通信算法（LFSA）

输入：最大训练轮数 R，本地计算迭代次数 I_1，内同步迭代次数 I_2，参与数据中心数量 K，各数据中心 k 的计算设备数量 M^k。

输出：近似最优的全局模型参数 ω^R。

1.　　全局参数服务器初始化全局和本地模型参数 ω^0，$\omega_{k,m}^{1,1,0} \leftarrow \omega_k^{1,1,0} \leftarrow \omega^0$；

2.　　**for** r **in** $1,2,\cdots,R$ **do**

3.　　　**for** k **in** $1,2,\cdots,K$ **in parallel do**

4.　　　　**for** i_2 **in** $1,2,\cdots,I_2$ **do**

5.　　　　　**for** m **in** $1,2,\cdots,M^k$ **in parallel do**

6.　　　　　　**for** i_1 **in** $1,2,\cdots,I_1$ **do**

7.　　　　　　　计算节点 m 根据式（3-5）和式（3-6）优化本地模型参数 $\omega_{k,m}^{r,i_2,i_1-1}$；

8.　　　　　　计算节点 m 上传经过 I_1 次本地计算的本地模型参数 $\omega_{k,m}^{r,i_2,I_1}$；

9.　　　　　域内参数服务器 k 根据式（3-7）聚合得到局部同步模型参数 ω_k^{r,i_2,I_1}；

10.　　　域内参数服务器 k 上传经过 I_2 次内同步迭代的局部同步模型参数 ω_k^{r,i_2,I_1}；

11.　　全局参数服务器根据式（3-8）聚合得到全局同步模型参数 ω^r；

12.　　更新全局模型参数并分发到计算设备 $\omega_{k,m}^{r+1,1,0} \leftarrow \omega_k^{r+1,1,0} \leftarrow \omega^r$；

13.　　**return** ω^R

3.2.3　实验与性能评估

本实验沿用 3.1.3 节的实验环境设置，并设置本地计算迭代次数 $I_1 = 6$，内同步迭代次数 $I_2 = 20$。图 3-7（a）表明，在同等带宽条件下，HiPS:LFSA 比 HiPS:FSA 训练效率提升更为显著。同时，相比更理想带宽条件下的 PS:SSGD，HiPS:LFSA 更早、更稳定地收敛到了更优的精度，展现出了超越单数据中心的性能和效率表现。然而，图 3-7（b）显示，HiPS:LFSA 面临着更差的收敛效率。这是由于本地和内同步迭代积累的较大梯度偏差对标准分布式优化过程产生了干扰。尽管如此，图 3-7（c）展现出了 HiPS:LFSA 超低的单轮运行时间，弥补了其收敛效率的损伤，因而整体上仍能取得更高的时间效率。

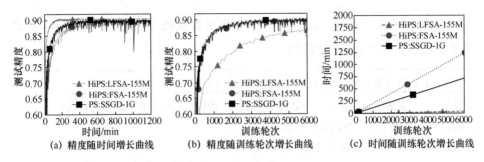

图 3-7　LFSA 与 FSA、SSGD 的精度和时间曲线对比

3.3　面向异构计算与通信资源的同步算法

在实际的跨数据中心场景中，集群资源不总是理想的均匀分布，往往会存在一部分可用资源多，另一部分可用资源少的情况。

一方面，对于计算资源，不同数据中心采购机器的硬件配置往往存在较大差别。有的传统数据中心以 CPU 集群为主，用以支持 Spark 等分布式计算应用；而另一些后建设的数据中心则以 GPU 和 FPGA 为主，用以支持深度学习等张量计算应用。此外，随着计算硬件的快速更新迭代，这些数据中心所采购的计算硬件型号和版本又各有不同，例如，仅 GPU 就包含 AMD 和 NVIDIA 两个主流显卡提供商，其中 NVIDIA 的显卡系列包含 GeForce、Quadro、Tesla，GeForce 系列显卡型号包含 G/GS、GT、GTS、GTX、RTX，而 GTX 和 RTX 显卡版本又包含 10 系列、20 系列、30 系列，即便上述配置都相同，不同显卡制造商如华硕、技嘉、微星、七彩虹、索泰等的显卡性能又有些许差别。这些因素导致了数据中心之间计算资源的差异化分布。

另一方面，数据中心之间通过广域网互联，而广域网本身由异构网络构成，通信资源的分布天然就不均匀。并且，许多其他应用的通信流量也在广域网中传输，相互竞争有限的通信资源，使得通信资源的分布动态变化，这让通信资源的异构程度更为不确定。这些因素导致了数据中心之间通信资源的差异分布。

本书称这种集群计算和通信资源的不均匀分布为系统异构性。系统异构性会引发数据中心之间模型同步的同步阻塞，即具有强算力和富余通信资源的数据中心被阻塞，长期等待弱算力和紧缺通信资源的数据中心完成计算与传输。本书称后者为掉队者，由掉队者引发的同步阻塞和训练低效称为掉队者难题。掉队者难题是跨数据中心分布式机器学习亟待解决的瓶颈问题。

在本节中，我们首先综述传统分布式机器学习和联邦学习中解决掉队者难题的相关技术，然后阐述两种适用于跨数据中心场景的解决方案，前一种方案基于异步并行，而后一种方案基于同步并行。

3.3.1 研究现状

下面总结异构资源引起的掉队者难题的相关解决方案，并归为四类：节点丢弃与采样、计算时间均衡、异步训练模式、冗余编码技术。其中，冗余编码技术需要在计算设备之间复制训练数据，涉嫌泄露机密数据，违反数据监管制度，因此下面仅对前三类方案进行综述。

1. 节点丢弃与采样

节点选择的主要思路是选择可用资源丰富的计算设备参与训练，常用方法包括超时丢弃和有策略采样。

超时丢弃方法常设置超时时间和等待节点数来排除超时节点。例如，Bonawitz 等人[9]提出设置超时时间，接受该时间之前接收到的模型更新，丢弃超时的模型更新。与之类似，Chen 等人[10]引入备用节点扩充节点集，当接收到指定数量的模型更新时，即刻聚合并更新全局模型，并丢弃后续到达的模型更新。这类方法能够有效滤除掉队者，减少同步阻塞时间，但部分掉队者将不再有机会提交模型更新，可能会导致高质量数据的遗失。实验表明，这类方法需要更多次迭代才能达到收敛，并可能伴有模型精度的下降[10]。因此，这类方法需要对丢弃率进行调优，以在训练效率和模型精度之间折中。

有策略采样方法是指在每轮训练开始前，采样条件理想的计算设备参与训练。例如，Nishio 等人[11]提出 FedCS，根据计算设备的无线信道状态和计算能力等信息，选择在给定时间内能完成训练的计算设备参与训练。FedCS 采用了一种带背包约束的次模块集函数贪心算法，可采样出模型计算和通信时间最短的节点集。相比超时丢弃类方法，由于有更多的节点参与了聚合，FedCS 可取得更高的模型精度和更好的收敛性。然而，FedCS 倾向于可用资源丰富的高配计算设备，易忽略低配计算设备，在采样时存在偏见，将导致训练模型过拟合于部分用户。因此，后续研究在探索采样方法时，应将数据质量等信息与可用资源情况结合考虑，在保证模型精度的前提下解决掉队者问题。Chai 等人[12]提出一种分组采样策略 TiFL，根据计算速度将异构计算设备分为多个组，每个组内的节点算力相近。TiFL 每个轮次仅在一个组内采样节点，因此参与训练的节点具有相近的算力，能够从根本上避免掉队者的产生。

2. 计算时间均衡

计算时间均衡的主要思路是，根据各节点的实时可用资源情况协调本地计算量，以平衡计算时间。本地计算量则可以通过批数据大小和本地任务难度等参数控制。对于协调批数据大小以平衡计算时间的方法，Reisizadeh 等人[13]提出本地计算的超时时间，计算设备只能在该时间之前计算并累积本地梯度，超时后即刻上传累积的本地梯度参与全局同步。这种方法平衡了异构算力节点之间的计算时间，强算力节点能够累积更高质量的本地梯度，而无须等待其他节点完成梯度计算。与之类似，Yang 等人[14]提出批量编排算法 BOA，该算法根据节点的计算速度自适应地调整批数据大小，以保证异构算力节点具有相同的本地计算时间。BOA 使用了最小最大整数规划来寻找各节点最优的批数据大小设置，能减轻静态和动态集群中掉队者产生的影响。

对于协调本地任务难度以平衡计算时间的方法，Smith 等人[15]提出一种联邦多任务学习方法 MOCHA，允许节点求解其子问题的近似解，而无须得到精确解。MOCHA 引入难度系数控制近似解的质量，该参数由数据和任务的难度、可用资源多少（如存储空间、计算能力、通信能力）以及全局时钟周期三类变量决定。难度系数取值越接近 0，近似解越接近精确解，越需要花费更长的计算时间；相反，难度系数取值为 1 时，表示该节点掉线。通过协调难度系数，MOCHA 可平衡不同节点本地任务的计算时间，从而缓解掉队者问题，同时该方法也能容忍节点掉线。基于类似的思想，Li 等人[16]提出利用不准确度来度量不同节点的本地计算量，不准确度的值越接近 0，本地模型的精度越高。作者认为，不同节点应能根据自身的可用资源情况承担不同次数的本地迭代，例如，掉队者应被允许增大其不准确度，使其执行较少次数的本地迭代，在有限的时间内满足较低的精度要求即可参与模型同步，以避免拖慢其他节点的进度。作者给出了 FedProx 算法在节点间采用不同不准确度设置时的收敛性证明，但并未建模不准确度与可用资源之间的数学关系和量化方式，使得该方法存在大量待调优的超参数。

3. 异步训练模式

异步算法如 ASGD[17]具有对异构资源的天然容忍能力，这类算法允许优先完成计算的节点立即更新全局模型，而无须等待其他节点。将异步思想引入联邦学习的一个典型算法是 Sprague 等人[18]提出的异步联邦学习。在该算法中，本地模型被加权平均到全局模型，权值可以静态设置，也可以由样本数量、延迟步长、本地损失等变量确定。异步类算法具有对掉线节点较好的健壮性和对掉队者较好的容忍性，但是，异步类算法用延迟模型更新来优化最新模型，会对算法收敛性和模型精度造成损伤。为此，Xie 等人[19]改进了上述算法并提出 FedAsync。基于延迟步长越大权值越小的思想，作者提出三种权值衰减方案，并实验表明 FedAsync+Hinge 方案具有最佳精度。但是，FedAsync 仍需精心调整新引入的超参数以保证算法在不同的设置下能够收敛。目前，异步联邦学习的相关研究仍然匮乏，但分布式机器学习领域已有较多异步优化的成果，这些成果可为异步联邦学习提供指导与借鉴。

在异步算法中，延迟梯度的解决方案可分为两类：延迟梯度抑制方法和延迟梯度补偿方法。延迟梯度抑制方法的主要思路是限制延迟步长，或者降低延迟梯度的加权权重。对于限制延迟步长的方法，Ho 等人[20]提出延迟同步并行 SSP，该算法允许各节点以不同轮次更新全局模型，但限制了节点之间的最大步差，从而在支持异步并行的同时限制延迟步长，以限制延迟梯度带来的影响。在可用资源动态变化的弱异构集群环境中，掉队者随机且短暂出现，SSP 能够有效提升收敛速度和资源利用率。但是，SSP 在资源强异构的集群环境中将失效，这是因为掉队者最终仍会阻塞其他节点。对于延迟梯度降权的方法，

Ye 等人提出 Grouping-SGD 算法并开源 MXNET–G[21]。类似于 TiFL[12]，该框架将具有相近硬件配置的节点分为一组，组内节点性能相近，故适用同步并行算法；组间节点性能差异较大，故适用异步并行算法。考虑到组间异步并行的延迟梯度问题，Grouping-SGD 对延迟梯度应用权重 $1/\tau$，其中 τ 是延迟步长。该算法比 SSGD、ASGD、SSP 具有更快的收敛速度，且能取得与 SSGD 相近的模型精度。另一些研究则尝试精心设计学习率来惩罚延迟梯度[22-24]。

延迟梯度补偿的主要思路是，给延迟梯度加上补偿项弥补其与最新梯度的差距。Zheng 等人[25]发现，ASGD 实际上只用了最新梯度的泰勒展开零阶项来近似最新梯度，而忽略了高阶项，从而引发了延迟梯度问题。为此，作者提出基于梯度补偿的异步算法 DC-ASGD，通过给延迟梯度加入泰勒展开一阶项来弥补其与最新梯度的差距。此外，为简化一阶项中 Hessian 矩阵的计算，作者还提出了一种 Hessian 矩阵的近似求解方法。DC-ASGD 具有单机 SGD 算法同阶的收敛率，相比 SSGD 和 ASGD 能够加快训练收敛，同时得到与单机 SGD 算法相近的模型精度。然而，当集群资源强异构时，最新梯度的高阶泰勒展开项也将变得不可忽略，补偿后的延迟梯度仍有较大误差，DC-ASGD 的收敛性提升空间受限。

3.3.2　延迟补偿的混合同步算法

针对跨数据中心的异构资源引发的掉队者难题，异步并行允许计算节点即刻更新全局模型，而不会被掉队者阻塞，具有对掉队者天然的容忍性。基于上述想法以及延迟梯度补偿的相关研究[25]，本节针对跨数据中心场景提出延迟补偿的混合同步算法（Delay-Compensated Hybrid Synchronization Algorithm，DC-HSA）。DC-HSA 在数据中心内采用 SSGD 同步并行，在数据中心间采用 DC-ASGD[25]异步并行，可容忍掉队数据中心并补偿其延迟更新。

DC-HSA 运行流程示意图如图 3-8 所示。在一个训练轮次中：①计算设备上传本地模型梯度到域内参数服务器；②域内参数服务器等待收齐数据中心内所有计算设备的本地模型梯度；③域内参数服务器将局部同步模型梯度上传到全局参数服务器；④全局参数服务器补偿模型梯度，并即刻用于优化全局模型参数；⑤全局参数服务器将最新的全局模型参数下发给提交该局部同步模型梯度的域内参数服务器；⑥由该域内参数服务器继续下发给计算节点。

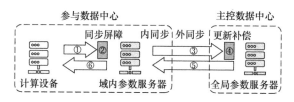

图 3-8 DC-HSA 运行流程示意图

DC-HSA 的运行时序如图 3-9 所示。为兼容梯度补偿方法，在本例中，内同步的数据类型是模型参数，外同步的数据类型是模型更新。

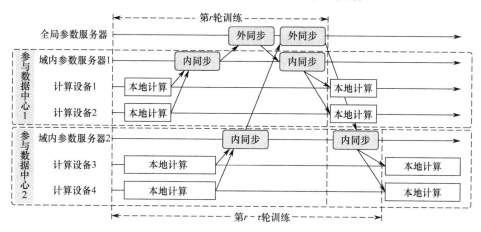

图 3-9 DC-HSA 的运行时序

DC-HSA 的本地计算和内同步步骤与 FSA 大体相同。唯一的区别在于，在 FSA 中，域内参数服务器向全局参数服务器提交局部同步模型参数 ω_k^r，而在 DC-HSA 中，提交局部同步模型的更新 $\boldsymbol{g}_k^r = -\Delta\omega_k^r$（局部同步模型的更新可等价视为该数据中心整体的梯度），其中 $\Delta\omega_k^r \leftarrow \omega_k^r - \omega_k^{r-1}$。

（1）外同步（更新补偿）：延迟更新示意图如图 3-10 所示，由于异步并行对全局模型的优化是串行的，当全局参数服务器的全局模型 $\omega^{r+\tau}$ 进行到第 $r+\tau$ 轮时，数据中心 1 的模型更新 $\boldsymbol{g}_1^r$ 还是基于第 r 轮的旧模型 ω^r 计算得到的，其优化公式为：

$$\omega^{r+\tau+1} \leftarrow \omega^{r+\tau} - \eta \cdot \boldsymbol{g}_1^r$$

与标准优化公式中的$g_1^{r+\tau}$相比，模型更新g_1^r有τ步延迟：

$$\omega^{r+\tau+1} \leftarrow \omega^{r+\tau} - \eta \cdot g_1^{r+\tau}$$

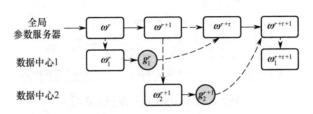

图 3-10　延迟更新示意图

实验表明，使用有延迟的模型更新优化最新的全局模型参数会引入训练噪声，并对模型精度和收敛性造成负面影响。一种可行的解决方案是对延迟更新g_1^r进行补偿，使其尽可能接近目标模型更新$g_1^{r+\tau}$。根据泰勒展开式，目标梯度函数$g(\omega^{r+\tau})$可以在ω^r处泰勒展开，以得到其与延迟梯度$g(\omega^r)$之间的等式关系：

$$g(\omega^{r+\tau}) = g(\omega^r) + \nabla g(\omega^r) \cdot (\omega^{r+\tau} - \omega^r) + \\ \frac{1}{2}(\omega^{r+\tau} - \omega^r)^{\mathrm{T}} H(g(\omega^r)) \cdot (\omega^{r+\tau} - \omega^r) + O(\|\omega^{r+\tau} - \omega^r\|^3)$$

由于高阶项是无穷项，难以精确计算，所以可简化为仅用一阶项进行补偿：

$$g(\omega^{r+\tau}) \approx g(\omega^r) + \nabla g(\omega^r) \cdot (\omega^{r+\tau} - \omega^r)$$

（2）外同步（模型优化）：在异步并行模式下，某数据中心被补偿后的梯度$g(\omega^{r+\tau})$可以即刻用于优化全局模型参数$\omega^{r+\tau}$，无须等待其他数据中心：

$$\omega^{r+\tau+1} \leftarrow \omega^{r+\tau} - \eta \cdot (g(\omega^r) + \nabla g(\omega^r) \cdot (\omega^{r+\tau} - \omega^r))$$

式中，$\nabla g(\omega^r)$是一个 Hessian 矩阵。由于 Hessian 矩阵计算复杂度极高，DC-ASGD 使用$\lambda g(\omega^r) \odot g(\omega^r)$近似计算$\nabla g(\omega^r)$，$\odot$为逐点乘法运算，于是有：

$$\omega^{r+\tau+1} \leftarrow \omega^{r+\tau} - \eta \cdot (g(\omega^r) + \lambda g(\omega^r) \odot g(\omega^r) \odot (\omega^{r+\tau} - \omega^r))$$

在具体实现中，DC-ASGD 用ω_k^{bak}备份域内参数服务器k上一次获取的模型参数（即上式中的ω^r），令ω^{r-1}表示当前最新的全局模型参数（即上式中的$\omega^{r+\tau}$），g_k表示域内参数服务器k基于旧模型参数计算并上传的模型更新（即上式中的$g(\omega^r)$），于是可以得到一个便于编码实现的模型优化公式：

$$\boldsymbol{\omega}^r \leftarrow \boldsymbol{\omega}^{r-1} - \eta(\boldsymbol{g}_k + \lambda \boldsymbol{g}_k \odot \boldsymbol{g}_k \odot (\boldsymbol{\omega}^{r-1} - \boldsymbol{\omega}_k^{\mathrm{bak}})) \tag{3-9}$$

随后，全局参数服务器下发最新全局模型参数 $\boldsymbol{\omega}^r$ 给域内参数服务器 $\boldsymbol{\omega}_k^r \leftarrow \boldsymbol{\omega}^r$，并经由域内参数服务器分发给计算节点群以同步所有本地模型参数 $\boldsymbol{\omega}_{k,m}^r \leftarrow \boldsymbol{\omega}_k^r$。

上述步骤将重复 R 轮以使得全局模型参数收敛到近似最优解 $\boldsymbol{\omega}^* \leftarrow \boldsymbol{\omega}^R$。算法 3-3 总结了 DC-HSA 的上述流程。本实验请参考 3.3.4 节实验与性能评估。注意，在 DC-HSA 中，数据中心可被视为一个"超节点"，"超节点"之间应用 DC-ASGD 异步算法，因此后续实验中用 DC-ASGD 代表 DC-HSA。

算法 3-3 延迟补偿的混合同步算法（DC-HSA）

输入：最大训练轮数 R，参与数据中心数 K，各数据中心 k 计算设备数 M^k。

输出：近似最优的全局模型参数 $\boldsymbol{\omega}^R$。

1.   全局参数服务器初始化全局和本地模型参数 $\boldsymbol{\omega}^0$，$\boldsymbol{\omega}_{k,m}^0 \leftarrow \boldsymbol{\omega}_k^0 \leftarrow \boldsymbol{\omega}^0$；

2.   **for** r **in** $1,2,\cdots,R$ **do**

3.   **for** k **in** $1,2,\cdots,K$ **in parallel do**

4.   **for** m **in** $1,2,\cdots,M^k$ **in parallel do**

5.   计算节点 m 根据式（3-1）和式（3-2）优化本地模型参数；

6.   域内参数服务器 k 根据式（3-3）聚合得到局部同步模型参数；

7.   域内参数服务器 k 计算并上传局部同步模型的更新 $\boldsymbol{g}_k$；

8.   全局参数服务器根据式（3-9）补偿 $\boldsymbol{g}_k$，并优化全局模型参数 $\boldsymbol{\omega}^r$；

9.   分发最新全局模型参数到计算设备 $\boldsymbol{\omega}_{k,m}^r \leftarrow \boldsymbol{\omega}_k^r \leftarrow \boldsymbol{\omega}^r$；

10.   **return** $\boldsymbol{\omega}^R$

3.3.3　迭代次数自适应的同步算法

DC-HSA 隐式假设了弱异构的环境。在该环境中，同步并行和异步并行都能取得较好的效率增益。但在跨数据中心场景中，数据中心之间的计算设备算力和通信网络带宽具有强异构性。在强异构环境下，DC-HSA 中目标梯度的高阶泰勒展开项变得不可忽略，补偿后的延迟更新仍有较大误差，致使延迟更新问题恶化。

下面拟从另一个角度——同步并行模式来解决强异构环境下的掉队者难

题，即存在同步屏障，使得全局参数服务器在接收并聚合所有域内参数服务器提交的局部同步模型参数后才能执行后续步骤。在基于同步并行的相关工作中，部分方法通过设置截止时间或接收条件以发现并舍弃能力弱的计算设备，在强异构环境下，这些计算设备提交的模型几乎没有机会被接收，等价于丢弃这些设备的数据，将损伤模型质量。另一些研究通过引入新的超参数来协调各计算设备的计算量，让能力强的计算设备执行更多的计算，从而平衡计算时间，缓解同步阻塞。新的超参数的设置需要综合考虑任务难度、计算和通信能力等因素，然而，强异构性增大了超参数估计的误差，使得这些超参数的有效设置更加困难。此外，已有的超参数设置方法是静态的，静态的计算量协调方法不适用于动态的集群环境。

为解决强异构环境下的掉队者难题，下面提出一种基于集群状态查询的迭代次数自适应同步算法 ESync[26]。ESync 的核心思想是，令能力强的数据中心利用同步阻塞时间探索更高质量的模型，即允许其在掉队数据中心上传完模型前，执行尽可能多次的内同步迭代。换言之，相比较于 LFSA，ESync 允许不同数据中心 k 执行不同次数 i_k 的内同步迭代，其中掉队数据中心 s 的内同步迭代次数为 $i_s = 1$，旨在最小化同步阻塞时间。

为实现该想法，仍需解决两个技术难点。其一，数据中心之间的运行状态和计算进度相互无感知，而内同步迭代次数的设置需要知晓其他数据中心的资源情况，数据中心不能仅根据自身的资源情况进行设置。为此，需要研究探测与协调机制，辅助决策各数据中心的内同步迭代次数。其二，数据中心同时承载多种计算和通信业务，这些业务相互竞争计算和通信资源，使得可用资源受竞争的影响随时间变化，而具有动态性。此时，静态的或间隔的内同步迭代次数设置将难以适应实时变化的资源情况，而致使上述思想的效率增益受限。

为解决上述两个难点，ESync 引入状态查询服务器，实时探测各参与数据中心的运行状态和计算进度，估计并预测计算和通信任务的完成时间，并在线辅助协调各数据中心的内同步迭代次数。此外，围绕"何时同步"这一问题，ESync 在状态查询服务器实现了查询逻辑，通过即时查询以决策下一步动作，能更细粒度地协调数据中心之间的同步步调。

我们首先给出系统模型及其中的状态查询服务器的设计，然后阐述迭代次数自适应的同步优化算法 ESync 的设计与实现，最后分析其收敛性。

3.3.3.1　系统模型

为简化描述，我们将一个参与数据中心视为一个"超节点"。如图 3-11 所示，本节提出一种基于状态查询的参数服务器（State Querying-based Parameter Server，SQPS）架构。SQPS 架构由主控数据中心的状态查询服务器、参数服务器组，以及 K 个参与数据中心所抽象出的超节点及其本地数据组成。其中，超节点利用本地数据训练本地模型，并上传本地模型到参数服务器组。参数服务器组聚合模型参数、更新全局模型，分发最新全局模型给超节点继续训练。上述流程构成参数服务器（PS）架构[27]。

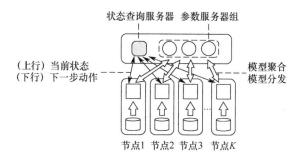

图 3-11　基于状态查询的参数服务器架构

考虑到系统存在强异构性，K 个超节点的计算能力和通信能力有快有慢，其中慢的超节点（掉队者）将阻塞其他超节点。为协调不同超节点的内同步迭代次数 i_k，SQPS 架构引入状态查询服务器，以实时探测 K 个超节点的运行状态和计算进度，并为这些超节点决策其内同步迭代次数 i_k。此外，考虑到系统资源的动态性，超节点的资源可能在 i_k 个内同步迭代期间已经发生明显变化。在动态资源环境下，静态或周期的 i_k 设置易得到过期的决策结果，不能最小化同步阻塞延迟，将限制 ESync 的效率增益。因此，SQPS 采用实时查询的方式为超节点决策其下一步动作 a_k，从而间接决策其内同步迭代次数 i_k。

SQPS 架构的运行流程概览如图 3-12 所示。每当超节点 k 完成一次内同步后，需向状态查询服务器发起状态查询，并携带其当前的状态信息，如内同步次数、轮次以及实际测量的计算和通信时间等。状态查询服务器利用收到的状态信息更新其状态表，为超节点 k 决策其下一步动作 a_k，并反馈携带决策动作 a_k 的状态响应消息给超节点 k。超节点 k 根据 a_k 决定下一步执行的动作。若 a_k 为 TRAIN，则超节点 k 再执行一次内同步迭代，并增加内同步迭代计数器 $i_k \leftarrow i_k + 1$；反之，若 a_k 为 SYNC，则意味着掉队者 s 即将就绪，当前超节点 k 要立刻上传其模型参数参加外同步。

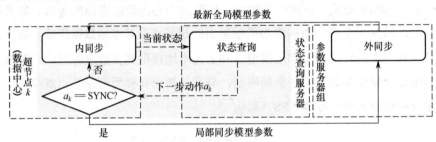

图 3-12　SQPS 架构的运行流程概览

注：SQPS 全称是基于状态查询的参数服务器。

3.3.3.2　状态查询服务器的设计与实现

SQPS 中的状态查询服务器架构如图 3-13 所示，由消息接收器、先入先出（FIFO）消息队列、消息路由器、消息处理器（状态报告处理器、状态重置处理器、状态查询处理器）、状态数据库以及消息发送器六个模块构成。

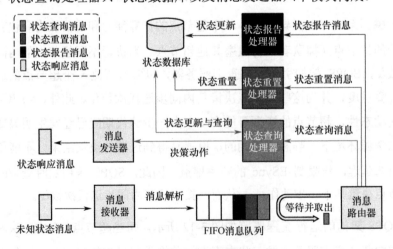

图 3-13　状态查询服务器架构

首先，在线程 1 中，启动消息接收器接收并解析来自超节点的状态消息，并将其缓存到 FIFO 消息队列。在线程 2 中，启动消息路由器监听 FIFO 消息队列的新消息。当队列中有消息待处理时，取出队头消息，解析消息类型，并路由消息到对应的消息处理器处理。由于线程 1 仅负责监听与缓存消息，所以能够实现无阻塞的异步监听，同时平滑尖峰负载。然后，消息处理器处理消息。在状态查询服务器，状态消息包含四种：状态报告消息、状态重置消息、状态查询消息、状态响应消息。前三种消息分别由状态报告处理器、状态重置处理器、状态查询处理器负责处理，状态响应消息则由消息发送器产生并发送。状态报告处理器用于将状态报告消息中携带的最新节点状态信息更新到状态数据库。状态重置处理器用于初始化或重置状态数据库中记录的节点状态表。状态查询处理器与状态报告处理器类似，也能将状态查询消息中携带的最新节点状态信息更新到状态数据库。此外，状态查询处理器还负责从状态数据库中查询其他节点的状态信息，并决策查询节点应当执行的下一步动作。最后，状态查询处理器唤起消息发送器，将携带有决策动作的状态响应消息反馈给发起查询的超节点。

（1）状态消息结构。上述四种类型状态消息的结构如图 3-14 所示。一个状态消息包括发送方标识 sender_id、接收方标识 receiver_id、消息类型 msg_type、节点状态 state_msg 和下一步动作 action 五个字段。发送方标识 sender_id 用于消息发送器确定接收方的身份标识和套接字通道地址。接收方标识 receiver_id 用于消息接收器检查自己是否为正确的接收方。消息类型 msg_type 用于消息路由器正确转发状态消息到对应的消息处理器。下一步动作 action 用于状态查询处理器在状态响应消息中告知查询节点其下一步应执行的操作，该字段仅在消息类型 msg_type 为 RESPONSE 时有效，可选值为 {TRAIN，SYNC}，分别对应操作：超节点继续执行一次内同步迭代、超节点立即上传模型参数。具体内容见表 3-2。节点状态 state_msg 字段仅在状态报告消息和状态查询消息中存在，用于状态报告处理器和状态查询处理器更新数据库中状态表的信息，并作为状态查询处理器决策查询节点下一步动作的依据。该字段包含查询节点的标识 rank k、当前内同步迭代次数 iteration i_k、完成一次内同步迭代所需的计算时间 comp_time c_k、完成一次外同步所需的传输时间 trans_time m_k、该消息被发送的时刻 timestamp t_k（也是本地计算的完成时刻），以及当前轮次 round r_k。节点状态 state_msg 中的六个字段和下一步动作 action 构成了状态数据库中状态表的结构。

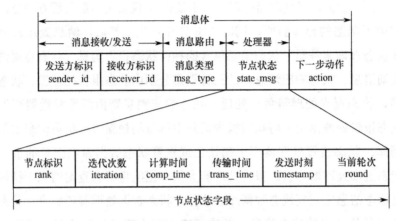

图 3-14　状态消息的结构

表 3-2　状态消息类型、功能及其对应的处理器和下一步动作

消息类型	state_msg	msg_type	action 可选值	功　　能
状态报告消息	√	REPORT	NULL	更新数据库状态表
状态重置消息	×	RESET	NULL	重置数据库状态表
状态查询消息	√	QUERY	NULL	更新并查询数据库状态表
状态响应消息	×	RESPONSE	{TRAIN, SYNC}	通知查询节点下一步动作

（2）多线程异步无锁状态数据库。消息处理器的运行是单线程的，一次只能从消息队列中取出一条消息处理。当消息交互频繁时，消息容易堆积在消息队列中，增加排队延迟。为减少查询的响应延迟，状态数据库使用多线程异步任务引擎来并发执行处理器任务、读写状态表。一种基于多线程异步任务引擎的无锁状态数据库如图 3-15 所示。该状态数据库由一个任务队列、一个多线程异步任务引擎和一个状态表构成。消息处理器仅需将待处理的任务描述推入任务队列，即可继续处理下一个消息，无须阻塞等待状态数据库的查询结果。这些任务在任务队列中等待任务引擎执行。任务引擎启用多个线程并行执行多个任务，这些线程将以无锁的方式同时读写状态表。这种设计利用任务队列将消息处理器和任务引擎解耦，使得消息处理器可以更高效

率地处理消息队列中的消息，避免消息的堆积和丢失；同时，多线程异步任务引擎的无锁并发查询能够有效提高多任务查询效率，从而降低查询的响应延迟。值得注意的是，这种无锁并发查询导致的读写混淆不会干扰状态查询处理器的动作决策结果。

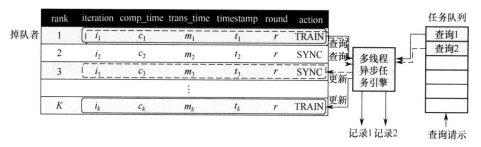

图 3-15　一种基于多线程异步任务引擎的无锁状态数据库

（3）动作决策逻辑。令 K 个超节点的计算和通信总延迟 $d_k = c_k + m_k$ 依序排列（$d_s = d_1 \geq d_2 \geq \cdots \geq d_k \geq \cdots \geq d_K$）。由于可用资源是动态变化的，我们假设 d_k 可以随时间在一定范围内波动。以状态查询消息为例，任务引擎用消息携带的状态信息 $(k, i_k, c_k, m_k, t_k, r)$ 更新状态表 S。由于动作决策依赖于查询节点的当前状态和掉队者通告的最新状态，任务引擎需要查询状态表 S，并反馈掉队者 $s = \arg\max\{d_k | k = 1, \cdots, K\}$ 的状态记录 $(s, i_s, c_s, m_s, t_s, r_s)$ 给状态查询处理器。状态查询处理器收到查询结果后，唤醒动作决策程序。

该程序的决策逻辑是，在掉队者 s 完成模型参数上传之前，若时间足够，则查询节点 k 再执行一次内同步迭代，否则立即上传模型参数以参与同步。具体地讲，状态查询处理器首先预测掉队者 s 完成模型参数上传的时刻 $\tilde{t}_s$：

$$\tilde{t}_s \leftarrow t_s + d_s \tag{3-10}$$

若当前时刻 t_c 至时刻 $\tilde{t}_s$ 的剩余时间 $\tilde{t}_s - t_c$ 不低于查询节点 k 的计算和传输总延迟 d_k，即：

$$d_k \leq \tilde{t}_s - t_c \tag{3-11}$$

则表明剩余时间内，查询节点 k 还可以多完成一次内同步迭代。于是，状态查询处理器决策下一步动作 a_k 为 TRAIN，要求查询节点 k 继续执行内同步迭代；反之，若式（3-11）不满足，则决策下一步动作 a_k 为 SYNC，要求查询节点 k

立即上传模型参数以参与外同步。

3.3.3.3　算法设计与实现

1．问题建模

考虑 K 个数据中心的超节点协同训练一个 C 分类的机器学习模型 $\mathcal{F}$，映射函数 $\mathcal{F}$ 由权重 $\boldsymbol{\omega}$ 参数化。该映射函数可以表征为一个深度学习模型，可将输入样本 $\boldsymbol{x}$ 通过 $\mathcal{F}(\boldsymbol{\omega}, \boldsymbol{x})$ 映射为分类置信度 $\tilde{\boldsymbol{y}}$。令 $\mathcal{F}_c$ 表示类别 c 的分类置信度。超节点 k 拥有 n_k 个训练样本 $(\mathcal{X}_k, \mathcal{Y}_k) = [(\boldsymbol{x}, y)]_{n_k}$，这些样本的类别分布服从分布 $\boldsymbol{p}_k$。以常用的交叉熵损失函数 $\mathcal{L}$ 为例，我们定义模型权重 $\boldsymbol{\omega}$ 在超节点 k 的训练样本 $(\mathcal{X}_k, \mathcal{Y}_k)$ 上的损失函数 $\mathcal{L}_k$ 为：

$$\mathcal{L}_k(\boldsymbol{\omega}) = \sum_{\boldsymbol{\varepsilon} \in (\mathcal{X}_k, \mathcal{Y}_k)} \sum_{c=1}^{C} \boldsymbol{p}(y = c) \left(\log \mathcal{F}_c(\boldsymbol{\omega}, \boldsymbol{\varepsilon}) \right) \tag{3-12}$$

于是，可继续定义全局损失函数 $\mathcal{L}_g$：

$$\mathcal{L}_g(\boldsymbol{\omega}) = \sum_{k=1}^{K} \frac{n_k}{n} \mathcal{L}_k(\boldsymbol{\omega}) \tag{3-13}$$

式中，$n = \sum_{k=1}^{K} n_k$ 是全局数据集 $(\mathcal{X}, \mathcal{Y})$ 的样本总数。同步优化算法的首要目标是找到最优的模型权重 $\boldsymbol{\omega}^*$，以最小化全局损失函数 $\mathcal{L}_g$：

$$\boldsymbol{\omega}^* = \underset{\boldsymbol{\omega}}{\mathrm{argmin}}\, \mathcal{L}_g(\boldsymbol{\omega}) \tag{3-14}$$

式（3-14）是同步优化算法的基本目标。除此之外，为应对强异构环境下的掉队者难题，本问题还需找到最佳的内同步迭代次数 i_k，以最小化掉队者引发的同步阻塞延迟 d^{wait}。FSA 和 ESync 的时间线图对比如图 3-16 所示。在 FSA 中，所有超节点执行固定次数的内同步迭代，超节点 1 和 2 率先完成计算和传输，但余下的时间都被掉队者阻塞，导致长期的资源空闲。反之，在 ESync 中，在掉队者完成一次内同步迭代和模型传输之前，超节点 1 和 2 被允许执行尽可能多次的内同步迭代，利用同步阻塞时间探索更高质量的模型，从而最小化整体的阻塞时间，更高效地利用系统资源。

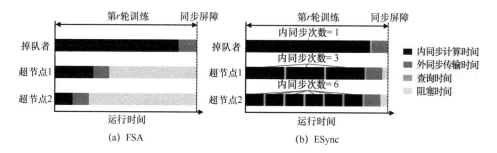

图 3-16 FSA 和 ESync 的时间线图对比

我们定义超节点 k 的阻塞时间 d_k^{wait} 为：

$$d_k^{\text{wait}} = c_s + q_s + m_s - i_k(c_k + q_k) - m_k \tag{3-15}$$

式中，q_s 和 q_k 分别是掉队者 s 和超节点 k 的查询时间。借助上文所述的多线程异步无锁状态数据库，状态查询操作非常轻量且高效，相比于内同步迭代时间 c_s, c_k 和模型传输时间 m_s, m_k，状态查询操作的时间 q_s, q_k 短到可忽略不计。此外，由于集群资源动态变化，c_s, c_k, m_s, m_k 也随时间小范围波动。于是，我们的第二个优化目标是，找到一个动态策略 π，协调 K 个超节点的内同步迭代次数 $i_k(\pi)$，使得整体的同步阻塞时间 d^{wait} 最小化：

$$\min_{\pi} d^{\text{wait}} = \sum_{k \in [1,K], k \neq s} \left(c_s - i_k(\pi)c_k + m_s - m_k\right) \tag{3-16}$$

下文给出一种基于集群状态查询的迭代次数自适应同步算法 ESync，通过分布式梯度下降最小化目标式（3-14），同时利用状态查询服务器的动态策略 π，为超节点决策下一步动作，间接决策内同步迭代次数 $i_k(\pi)$，最小化目标式（3-16）。

2. 算法设计

ESync 的运行流程如图 3-17 所示。在一个训练轮次中：①计算设备上传本地模型到域内参数服务器；②域内参数服务器等待收齐数据中心内所有计算设备的本地模型；③域内参数服务器向主控数据中心的状态查询服务器发起状态查询；④状态查询服务器通告发起查询的域内参数服务器的下一步动作；⑤若下一步动作为 TRAIN，则域内参数服务器下发局部同步模型给计算设备，继续执行本地计算并返回步骤①；⑥若下一步动作为 SYNC，则域内参数服务器立即上传局部同步模型到全局参数服务器；⑦全局参数服务器等待收齐所有参与数据中心的局部同步模型；⑧全局参数服务器下发全局同步模型给各域内参数服务器；⑨域内参数服务器继续下发给计算设备。

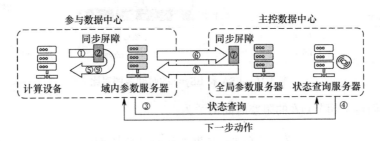

图 3-17　ESync 的运行流程

ESync 的运行时序如图 3-18 所示。其中，内同步和外同步的数据类型均是模型参数。ESync 的基础步骤包含本地计算、内同步、状态查询和外同步，其中本地计算和内同步步骤与 3.2.2 节中的 LFSA 类似，这里不再赘述。

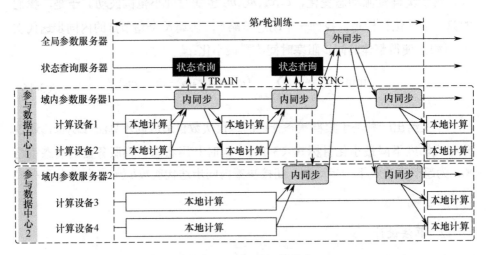

图 3-18　ESync 的运行时序

（1）本地计算：参见式（3-5）和式（3-6）。如果令本地计算迭代次数 $I_1 = 1$，则只考虑内同步迭代。

（2）内同步（计算）：参见式（3-7）。

（3）状态查询：每完成一次内同步，域内参数服务器 k 需要发起查询以获知其下一步应执行的动作。具体地讲，域内参数服务器 k 产生一个状态查询消息，附带其当前的状态信息 (k,i_k,c_k,m_k,t_k,r_k)，发送给状态查询服务器。状态查询服务器用收到的状态信息更新状态表，根据式（3-11）决策域内参数服务器 k 的下一步动作 a_k，并使用状态响应消息通告域内参数服务器 k。决策动作 a_k 也将被记录到状态表中，辅助后续动作决策。该步骤的伪代码如算法 3-4 所示。

算法 3-4 状态查询与动作决策算法（State-Querying）

输入： 查询节点 k 的当前状态信息 (k,i_k,c_k,m_k,t_k,r_k)。

输出： 下一步动作 a_k。

1.　　更新状态表 S：

$$S[k].\text{iteration} \leftarrow i_k$$
$$S[k].\text{comp\_time} \leftarrow c_k$$
$$S[k].\text{trans\_time} \leftarrow m_k$$
$$S[k].\text{timestamp} \leftarrow t_k$$

2.　　搜索状态表 S，确定掉队者 $s \leftarrow \arg\max\{c_k+m_k | k=1,\cdots,K\}$；

3.　　**if** $i_k==0$（查询节点尚未执行过内同步迭代）**or** $r_k>r_s$（掉队者还停留在上一轮次）

do

4.　　　　**return** $a_k=\text{TRAIN}$；

5.　　　$t_c \leftarrow \text{GetCurrentTime}()$；

6.　　　**if** $k==s$（查询节点就是掉队者）**or** $(i_s==1$ **or** $a_s==\text{SYNC})$（掉队者已就绪）**or** 不满足式（3-11）（剩余时间不足以再执行一次内同步）**do**

7.　　　　　更新状态表中查询节点 k 的动作：$S[k].\text{action} \leftarrow \text{SYNC}$；

8.　　　　　**return** $a_k=\text{SYNC}$；

9.　　　**return** $a_k=\text{TRAIN}$

（4）内同步（抉择）：下一步动作 a_k 将指引域内参数服务器 k 执行相应操作。如果 a_k 为 TRAIN，则内参数服务器 k 下发局部同步模型参数 ω_k^{r,i_k} 给计算设备 $\omega_{k,m}^{r,i_k} \leftarrow \omega_k^{r,i_k}$，返回步骤 1，并令 $i_k \leftarrow i_k+1$；如果 a_k 为 SYNC，则意味着掉队者 s 即将就绪，域内参数服务器 k 需要立即上传局部同步模型参数 ω_k^{r,i_k} 参与外同步，进入步骤 5。此时，内同步迭代计数器 i_k 的值是目标式（3-16）的解 $i_k(\pi)$。

（5）外同步：全局参数服务器依据式（3-17）对 K 个域内参数服务器提交的局部同步模型参数 $\{\omega_k^{r,i_k} | k=1,\cdots,K\}$ 进行聚合：

$$\omega^r \leftarrow \sum_{k=1}^{K} \frac{i_k}{I} \cdot \frac{M^k}{M} \cdot \omega_k^{r,i_k} \tag{3-17}$$

式中，$I = \sum_{k=1}^{K} i_k$ 是 K 个域内参数服务器的总内同步迭代次数。随后，全局参数服务器用 ω^r 更新全局模型参数，并分发给各域内参数服务器。

（6）内同步（分发）：域内参数服务器 k 接收全局参数服务器下发的最新全局模型参数 $\omega_k^{r+1,0} \leftarrow \omega^r$，并继续分发给其数据中心内的计算节点群以同步所有本地模型参数 $\omega_{k,m}^{r+1,0} \leftarrow \omega_k^{r+1,0}$。

上述步骤将重复 R 轮以使得全局模型参数收敛到近似最优解 $\omega^* \leftarrow \omega^R$。算法 3-5 总结了 ESync 的上述流程。

算法 3-5　基于集群状态查询的迭代次数自适应同步算法（ESync）

输入：最大训练轮数 R，参与数据中心数 K，各数据中心 k 计算设备数 M^k。

输出：近似最优的全局模型参数 ω^R。

1.　　**procedure** Global-Parameter-Server-Training:
2.　　　　初始化全局模型参数 ω^0 和状态表 $S \leftarrow$ State-Reset()；
3.　　　　**for** r **in** $1,2,\cdots,R$ **do**
4.　　　　　**for** k **in** $1,2,\cdots,K$ **in parallel do**
5.　　　　　　监听域内参数服务器 k 提交 ω_k^{r,i_k} 和 i_k；
6.　　　　　　根据式（3-17）聚合得到全局同步模型参数 ω^r 并用以更新全局模型；
7.　　　　**return** ω^R；
8.　　　**procedure** Local-Parameter-Server-Training:
9.　　　　初始化内同步迭代计数器 $i_k \leftarrow 1$ 和全局轮次计数器 $r_k \leftarrow 1$；
10.　　　拉取最新全局模型参数 $\omega_{k,m}^{1,0} \leftarrow \omega_k^{1,0} \leftarrow \omega^0$；
11.　　　测量当前的内同步时间 c_k 和外同步传输时间 m_k；
12.　　　**while** $r_k < R$ **do**
13.　　　　向状态查询服务器发起查询请求：
　　　　　　　算法 3-4：$a_k \leftarrow$ State-Querying(k,i_k,c_k,m_k,t_k,r_k)；
14.　　　　**if** $a_k ==$ TRAIN **do**
15.　　　　　重新测量以下内同步步骤时间 c_k：
16.　　　　　**for** m **in** $1,2,\cdots,M^k$ **in parallel do**
17.　　　　　　计算节点 m 根据式（3-5）式（3-6）优化本地模型参数 $\omega_{k,m}^{r_k,i_k-1}$；
18.　　　　　根据式（3-7）聚合得到局部同步模型参数 $\omega_k^{r_k,i_k}$；

19.	$i_k \leftarrow i_k + 1;$
20.	**else if** $a_k == \text{SYNC}$ **do**
21.	重新测量以下外同步传输时间 m_k:
22.	上传局部同步模型参数 $\omega_k^{r_k, i_k}$ 和内同步迭代次数 i_k;
23.	拉取最新全局模型参数 $\omega_{k,m}^{r_k+1,0} \leftarrow \omega_k^{r_k+1,0} \leftarrow \omega^{r_k};$
24.	更新计数器: $i_k \leftarrow 1, r_k \leftarrow r_k + 1;$
25.	向状态查询服务器报告,当前域内参数服务器 k 进入新轮次: State-Report(k, i_k, r_k)

3.3.3.4 算法收敛性分析

为直观理解 ESync 的收敛加速效果,图 3-19 展示了 FSA 训练方案和 ESync 训练方案在前、后期的收敛示意图。ESync 允许能力强的超节点 2 在掉队超节点 1 就绪之前运行更多次的内同步迭代,使能利用同步阻塞时间探索更优质量的模型,充分利用超节点 2 的计算资源,从而加速收敛。在训练前期,超节点 2 经过多次内同步迭代获得更接近全局最优的本地模型。在经过外同步后,该高质量的本地模型能够将全局模型更快地拉到全局最优附近,因而能取得更快的收敛速度;在训练后期,超节点 2 因过多次内同步迭代陷入其局部极优,此后更多次的内同步迭代相当于被"短路"。但是,掉队超节点 1 距离其局部极优尚且较远,所产生的较大损失值能给全局模型施加一个较强的"推力",将全局模型推出超节点 2 的局部极优,最终在全局最优附近达到动态平衡。

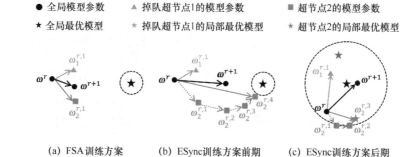

(a) FSA 训练方案　(b) ESync训练方案前期　(c) ESync训练方案后期

图 3-19　FSA 和 ESync 训练方案在前、后期的收敛示意图

下面,我们给出更严谨的收敛性分析。定义 $\omega_{\text{federated}}^r$ 为分布式设置下第 r 个训练轮次的全局模型参数,$\omega_{\text{central}}^r$ 为集中式设置下第 r 个训练轮次的模型参

数。我们使用文献[28]定义的权重差异 $\|\boldsymbol{\omega}_{\text{federated}}^r - \boldsymbol{\omega}_{\text{central}}^r\|$ 来量化精度损失。文献[28]表明，权重差异越小，收敛精度越高。

假设 3-1： K 个超节点的全局数据的类分布 $\sum_{k=1}^{K} n_k \boldsymbol{p}_k(y=c)/n$ 与现实数据的类分布 $\boldsymbol{p}(y=c)$ 一致，其中 n_k 是超节点 k 的本地数据集的样本数量，$n = \sum_{k=1}^{K} n_k$ 是全局数据集的总样本数量。

假设 3-2： 对于每个类别 $c \in [1,C]$，有 $\boldsymbol{\nabla}_{\boldsymbol{\omega}} \mathbb{E}_{x|y=c}[\log \mathcal{F}_c(\boldsymbol{\omega},\boldsymbol{\varepsilon})]$ 满足 $\lambda_{x|y=c}$-Lipschitz 连续。

命题 3-1： 保持**假设 3-1** 和**假设 3-2** 成立，令超节点 k 每隔 i_k 个内同步迭代执行一次外同步。ESync 算法权重差异的界为：

$$\|\boldsymbol{\omega}_{\text{federated}}^r - \boldsymbol{\omega}_{\text{central}}^r\|_{\text{ESync}} \leq \sum_{k=1}^{K} \frac{i_{\max}}{I}((\alpha_k)^{i_{\max}} \|\boldsymbol{\omega}_{\text{federated}}^{(r-1)i_{\max}} - \boldsymbol{\omega}_{\text{central}}^{(r-1)i_{\max}}\| +$$

$$\eta \sum_{c=1}^{C} \|\boldsymbol{p}_k(y=c) - \boldsymbol{p}(y=c)\| (\sum_{j=0}^{i_{\max}-1} (\alpha_k)^j \boldsymbol{g}_{\max}(\boldsymbol{\omega}_{\text{central}}^{ri_{\max}-1-j}))) \tag{3-18}$$

式中，$\alpha_k = 1 + \eta \sum_{c=1}^{C} \boldsymbol{p}_k(y=c) \lambda_{x|y=c}$；$I = \sum_{k=1}^{K} i_k$；$i_{\max} = \max_k \{i_k | k \in [1,K]\}$；

$\boldsymbol{g}_{\max}(\boldsymbol{\omega}_{\text{central}}^{ri_{\max}-1-j}) = \max_c \|\boldsymbol{\nabla}_{\boldsymbol{\omega}} \mathbb{E}_{x|y=c}[\log \mathcal{F}_c(\boldsymbol{\omega}_{\text{central}}^{ri_{\max}-1-j},\boldsymbol{\varepsilon})]\|$。

证明： 为简化分析，假设各数据中心内计算设备的数量 M^k 相等。于是有：

$$\|\boldsymbol{\omega}_{\text{federated}}^r - \boldsymbol{\omega}_{\text{central}}^r\|_{\text{ESync}} = \|\sum_{k=1}^{K} \frac{i_k}{I} \boldsymbol{\omega}_k^{ri_k} - \boldsymbol{\omega}_{\text{central}}^{ri_k}\| \leq \sum_{k=1}^{K} \frac{i_k}{I} \|\boldsymbol{\omega}_k^{ri_k} - \boldsymbol{\omega}_{\text{central}}^{ri_k}\|$$

$$= \sum_{k=1}^{K} \frac{i_k}{I} \|\boldsymbol{\omega}_k^{ri_k-1} - \eta \sum_{c=1}^{C} \boldsymbol{p}_k(y=c) \boldsymbol{\nabla}_{\boldsymbol{\omega}} \mathbb{E}_{x|y=c}[\log \mathcal{F}_c(\boldsymbol{\omega}_k^{ri_k-1},\boldsymbol{\varepsilon})] -$$

$$\boldsymbol{\omega}_{\text{central}}^{ri_k-1} + \eta \sum_{c=1}^{C} \boldsymbol{p}(y=c) \boldsymbol{\nabla}_{\boldsymbol{\omega}} \mathbb{E}_{x|y=c}[\log \mathcal{F}_c(\boldsymbol{\omega}_{\text{central}}^{ri_k-1},\boldsymbol{\varepsilon})]\|$$

$$\leq \sum_{k=1}^{K} \frac{i_k}{I} \|\boldsymbol{\omega}_k^{ri_k-1} - \boldsymbol{\omega}_{\text{central}}^{ri_k-1}\| + \eta \sum_{k=1}^{K} \frac{i_k}{I} \|\sum_{c=1}^{C} \boldsymbol{p}_k(y=c)$$

$$(\boldsymbol{\nabla}_{\boldsymbol{\omega}} \mathbb{E}_{x|y=c}[\log \mathcal{F}_c(\boldsymbol{\omega}_k^{ri_k-1},\boldsymbol{\varepsilon})] - \boldsymbol{\nabla}_{\boldsymbol{\omega}} \mathbb{E}_{x|y=c}[\log \mathcal{F}_c(\boldsymbol{\omega}_{\text{central}}^{ri_k-1},\boldsymbol{\varepsilon})])\|$$

$$\leq \sum_{k=1}^{K} \frac{\alpha_k i_k}{I} \|\boldsymbol{\omega}_k^{ri_k-1} - \boldsymbol{\omega}_{\text{central}}^{ri_k-1}\|$$

式中，$\alpha_k = 1 + \eta \sum\limits_{c=1}^{C} \boldsymbol{p}_k(y=c)\lambda_{x|y=c}$。考虑一种通用上界，有 S 个掉队超节点，$K-S$ 个高性能超节点，它们的内同步迭代次数 i_k 为：

$$i_k = \begin{cases} 1, & k \text{ 是掉队超节点} \\ i_{\max}, & \text{其他} \end{cases}$$

于是可以得到：

$$\| \boldsymbol{\omega}_{\text{federated}}^{r} - \boldsymbol{\omega}_{\text{central}}^{r} \|_{\text{ESync}} \leqslant \sum_{k=1}^{K} \frac{\alpha_k i_k}{I} \| \boldsymbol{\omega}_k^{ri_k-1} - \boldsymbol{\omega}_{\text{central}}^{ri_k-1} \|$$

$$= \sum_{s=1}^{S} \frac{\alpha_s}{I} \| \boldsymbol{\omega}_s^{r-1} - \boldsymbol{\omega}_{\text{central}}^{r-1} \| + \sum_{k=S+1}^{K} \frac{\alpha_k i_{\max}}{I} \| \boldsymbol{\omega}_k^{ri_{\max}-1} - \boldsymbol{\omega}_{\text{central}}^{ri_{\max}-1} \|$$

$$\overset{1}{\leqslant} \sum_{k=1}^{K} \frac{\alpha_k i_{\max}}{I} \| \boldsymbol{\omega}_k^{ri_{\max}-1} - \boldsymbol{\omega}_{\text{central}}^{ri_{\max}-1} \|$$

不等式 1 成立是因为，掉队者 s 在每个轮次 $r-1$ 都会同步模型参数，使得 $\boldsymbol{\omega}_s^{r-1} = \boldsymbol{\omega}_{\text{central}}^{r-1}$，于是第一项 $\sum\limits_{s=1}^{S} \frac{\alpha_s}{I} \| \boldsymbol{\omega}_s^{r-1} - \boldsymbol{\omega}_{\text{central}}^{r-1} \| = 0$。当且仅当 $S=0$ 时，不等式 1 取等号，此时所有超节点具有相同的计算和通信能力。

引理 3-1： 令 $\boldsymbol{g}_{\max}(\boldsymbol{\omega}_{\text{central}}^{ri_{\max}-2}) = \max\limits_{c} \| \boldsymbol{\nabla}_{\boldsymbol{\omega}} \mathbb{E}_{x|y=c}[\log \mathcal{F}_c(\boldsymbol{\omega}_{\text{central}}^{ri_{\max}-2}, \boldsymbol{\varepsilon})] \|$，$\boldsymbol{p}$ 为真实分布，有以下不等式成立[28]：

$$\| \boldsymbol{\omega}_k^{ri_{\max}-1} - \boldsymbol{\omega}_{\text{central}}^{ri_{\max}-1} \| \leqslant (\alpha_k)^{i_{\max}-1} \| \boldsymbol{\omega}_{\text{federated}}^{(r-1)i_{\max}} - \boldsymbol{\omega}_{\text{central}}^{(r-1)i_{\max}} \| +$$

$$\eta \sum_{c=1}^{C} \| \boldsymbol{p}_k(y=c) - \boldsymbol{p}(y=c) \| \left(\sum_{j=0}^{i_{\max}-2} (\alpha_k)^j \boldsymbol{g}_{\max}(\boldsymbol{\omega}_{\text{central}}^{rI-2-j}) \right)$$

根据引理 3-1，可得权重差异的上界为：

$$\| \boldsymbol{\omega}_{\text{federated}}^{r} - \boldsymbol{\omega}_{\text{central}}^{r} \|_{\text{ESync}} \leqslant \sum_{k=1}^{K} \frac{i_{\max}}{I} \left((\alpha_k)^{i_{\max}} \| \boldsymbol{\omega}_{\text{federated}}^{(r-1)i_{\max}} - \boldsymbol{\omega}_{\text{central}}^{(r-1)i_{\max}} \| + \right.$$

$$\left. \eta \sum_{c=1}^{C} \| \boldsymbol{p}_k(y=c) - \boldsymbol{p}(y=c) \| \left(\sum_{j=0}^{i_{\max}-1} (\alpha_k)^j \boldsymbol{g}_{\max}(\boldsymbol{\omega}_{\text{central}}^{rI-1-j}) \right) \right)$$

命题 3-2： 给定系统异构度 $H = \max\limits_{k} \{ c_k \cdot m_k | k \in [1,K] \} / \min\limits_{k} \{ c_k \cdot m_k | k \in [1,K] \}$，令超节点 k 每隔 1、i_k、$n_k E/b$ 个内同步迭代执行一次外同步，其中 i_k 随超节点

而不同，$1 \leq i_k \leq n_k E/b$，E 是遍历本地数据集的次数，b 是批数据大小，n_k 是超节点 k 的训练样本数量。我们称这三种同步方式分别为 SSGD、ESync、FedAvg 算法，并得到以下权重差异的不等式关系：

$$0 = \| \boldsymbol{\omega}^r_{\text{federated}} - \boldsymbol{\omega}^r_{\text{central}} \|_{\text{SSGD}} \leq \| \boldsymbol{\omega}^r_{\text{federated}} - \boldsymbol{\omega}^r_{\text{central}} \|_{\text{ESync}} \leq \| \boldsymbol{\omega}^r_{\text{federated}} - \boldsymbol{\omega}^r_{\text{central}} \|_{\text{FedAvg}}$$

$$(3\text{-}19)$$

注意，在数据中心间，FSA 与 SSGD 算法等价，LFSA 与 FedAvg 算法等价。

证明：理论上，分布式的 SSGD 算法等价于使用更大批数据的集中式 SGD 算法，不受资源和数据异构性的影响，SSGD 算法模型 $\boldsymbol{\omega}^r_{\text{federated}}|_{\text{SSGD}}$ 总是与 SGD 算法模型 $\boldsymbol{\omega}^r_{\text{central}}$ 相同，因此显然有 $\| \boldsymbol{\omega}^r_{\text{federated}} - \boldsymbol{\omega}^r_{\text{central}} \|_{\text{SSGD}} = 0$。然而，ESync 算法受到资源和数据异构性的影响，其权重差异总是有 $\| \boldsymbol{\omega}^r_{\text{federated}} - \boldsymbol{\omega}^r_{\text{central}} \|_{\text{ESync}} \geq 0$，当且仅当 $i_k = 1 (\forall k \in [1, K])$ 时取等号，此时 ESync 算法退化为 SSGD 算法。

为证明 $\| \boldsymbol{\omega}^r_{\text{federated}} - \boldsymbol{\omega}^r_{\text{central}} \|_{\text{ESync}} \leq \| \boldsymbol{\omega}^r_{\text{federated}} - \boldsymbol{\omega}^r_{\text{central}} \|_{\text{FedAvg}}$，根据**命题 3-1**，易知权重差异正比于 $i_{\max}$ 个内同步迭代的累积梯度偏差 $\sum_{j=0}^{i_{\max}-1} (\alpha_k)^j \boldsymbol{g}_{\max}(\boldsymbol{\omega}^{ri_{\max}-1-j}_{\text{central}})$。这意味着更多次的本地迭代 $i_{\max}$ 会致使更多的偏差梯度被累积[29-30]，最终导致更大的权重差异和更严重的精度损失。权重差异随迭代次数增长的变化趋势示意图如图 3-20 所示。

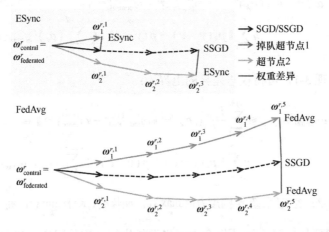

图 3-20　权重差异随迭代次数增长的变化趋势示意图

当设置批数据大小 $b \leqslant n_k E/H$ 时，有 $i_k \leqslant H_k \leqslant H \leqslant n_k E/b$，其中 $H_k = (c_k m_k)/(c_s m_s)$ 是超节点 k 相对于掉队超节点 s 的异构度。可知，对于超节点 k，ESync 算法下的迭代次数 i_k 少于 FedAvg 算法下的迭代次数 $n_k E/b$。根据上述推论易知，ESync 算法的权重差异也相应地小于 FedAvg 算法，$\| \boldsymbol{\omega}_{\text{federated}}^r - \boldsymbol{\omega}_{\text{central}}^r \|_{\text{ESync}} \leqslant \| \boldsymbol{\omega}_{\text{federated}}^r - \boldsymbol{\omega}_{\text{central}}^r \|_{\text{FedAvg}}$ 得证。

综合上述结论，有：

$$0 = \| \boldsymbol{\omega}_{\text{federated}}^r - \boldsymbol{\omega}_{\text{central}}^r \|_{\text{SSGD}} \leqslant \| \boldsymbol{\omega}_{\text{federated}}^r - \boldsymbol{\omega}_{\text{central}}^r \|_{\text{ESync}} \leqslant \| \boldsymbol{\omega}_{\text{federated}}^r - \boldsymbol{\omega}_{\text{central}}^r \|_{\text{FedAvg}}$$

根据**命题 3-2**，我们可以总结出以下推论。

推论 3-1：在最好的情况下，$i_k = 1 (\forall k \in [1, K])$。此时，所有超节点的计算和通信能力相同，ESync 算法等价于 SSGD 算法，并具有零权重差异。在这种理想情况下，ESync 算法也对异构的数据类别分布健壮。

推论 3-2：在最坏的情况下，$i_s = 1$，$i_k = i_{\max}(\forall k \in [1, K], k \neq s)$。此时，ESync 算法和 FedAvg 算法都受累积梯度偏差干扰。但在满足 $b \leqslant n_k E/H$ 时，ESync 算法执行了更少次数的迭代，拥有优于 FedAvg 算法的权重差异。

推论 3-3：当系统异构度 $H \to 1$ 时，ESync 算法具有小权重差异和高收敛精度，但超节点之间高频的外同步会引入较大通信开销；相反，当系统异构度 H 很大时，ESync 算法的本地计算量增加，外同步频率降低，通信开销极小，但是，过多的迭代将累积较大的梯度偏差，可能致使收敛精度损伤。ESync 算法能够根据适中的系统异构度 H 在收敛精度和通信效率之间自适应折中。

推论 3-4：相比于 ESync 算法，虽然 FedAvg 算法的外同步频率低，通信效率较高，但掉队者长时间阻塞其他超节点，其阻塞时间大到掩盖了通信效率的增益，最终反而使得 FedAvg 算法的整体训练效率更低。

下面，我们给出 ESync 算法的收敛率，并将其与 SSGD 算法进行比较。

假设 3-3：令训练样本 $\boldsymbol{\varepsilon}$ 从数据集 $(\mathcal{X}, \mathcal{Y})$ 中均匀随机采样得到，假设随机梯度方差 $\nabla_{\boldsymbol{\omega}} \mathcal{L}(\boldsymbol{\omega}, \boldsymbol{\varepsilon})$ 的界为 σ^2。

假设 3-4：损失函数 $\mathcal{L}$ 是 μ 强凸且 β 平滑的。

命题 3-3：保持**假设 3-3** 和**假设 3-4** 成立，当处理了 κ 个样本时，如果梯度更新规则具有序列的期望最优值差距界限 $\tilde{\psi}(\sigma^2, \kappa) = \psi(\sigma^2, \kappa)/\kappa$，则 ESync 算法的期望最优值差距界限是 $\tilde{\psi}(\sigma^2/bI, \kappa/bI)$。根据文献 [31]，若给定 $\psi(\sigma^2, \kappa) = 2D^2L + 2D\sigma\sqrt{\kappa}$，则有：

$$\tilde{\psi}\left(\frac{\sigma^2}{bI}, \frac{\kappa}{bI}\right) = \frac{2bID^2L}{\kappa} + \frac{2D\sigma}{\sqrt{\kappa}} \tag{3-20}$$

证明：令 $\mathcal{D}^r$ 表示在第 r 个外同步轮次中所有超节点使用的批数据的集合，并定义 $\varepsilon_k^{j+ib} \in \mathcal{D}^r$ 为超节点 k 使用的第 $j+ib$ 个训练样本，ω_k^i 为超节点 k 在第 i 个内同步轮次时的模型参数。定义全局损失函数 $\tilde{\mathcal{L}}_g$ 为：

$$\tilde{\mathcal{L}}_g(\omega, \mathcal{D}^r) = \frac{1}{bI}\sum_{k=1}^{K}\sum_{i=1}^{i_k}\sum_{j=1}^{b}\mathcal{L}(\omega_k^i, \varepsilon_k^{j+ib})$$

利用梯度算子的线性，有全局损失函数的梯度 $\nabla_\omega \tilde{\mathcal{L}}_g$ 为：

$$\nabla_\omega \tilde{\mathcal{L}}_g(\omega, \mathcal{D}^r) = \frac{1}{bI}\sum_{k=1}^{K}\sum_{i=1}^{i_k}\sum_{j=1}^{b}\nabla_\omega\mathcal{L}(\omega_k^i, \varepsilon_k^{j+ib})$$

根据三角不等式，$\tilde{\mathcal{L}}_g$ 也是凸且平滑的。令 $F(\omega) = \mathbb{E}_{\varepsilon \in \mathcal{D}^r}[\tilde{\mathcal{L}}_g(\omega, \varepsilon)] = \mathbb{E}_{\varepsilon \in \mathcal{D}}[\mathcal{L}(\omega, \varepsilon)]$，随机梯度的方差的界为：

$$\|\nabla_\omega \tilde{\mathcal{L}}_g(\omega, \mathcal{D}^r) - \nabla F(\omega)\|^2 = \|\frac{1}{bI}\sum_{k=1}^{K}\sum_{i=1}^{i_k}\sum_{j=1}^{b}\nabla_\omega\mathcal{L}(\omega_k^i, \varepsilon_k^{j+ib}) - \nabla F(\omega)\|^2$$

$$= \frac{1}{b^2I^2}\sum_{k=1}^{K}\sum_{i=1}^{i_k}\sum_{j=1}^{b}\sum_{j'=1}^{b}\langle\nabla_\omega\mathcal{L}(\omega_k^i, \varepsilon_k^{j+ib}) - \nabla F(\omega_k^i),$$
$$\nabla_\omega\mathcal{L}(\omega_k^i, \varepsilon_k^{j'+ib}) - \nabla F(\omega_k^i)\rangle$$

$$\overset{2}{=} \frac{1}{b^2I^2}\sum_{k=1}^{K}\sum_{i=1}^{i_k}\sum_{j=1}^{b}\mathbb{E}\|\nabla_\omega\mathcal{L}(\omega_k^i, \varepsilon_k^{j+ib}) - \nabla F(\omega_k^i)\|^2$$

$$\leq \frac{1}{b^2I^2}\sum_{k=1}^{K}\sum_{i=1}^{i_k}\sum_{j=1}^{b}\sigma^2 = \frac{\sigma^2}{bI}$$

等式 2 成立是因为 ε_k^{j+ib} 和 $\varepsilon_k^{j'+ib}$ 相互独立，所以对任意的 $j \neq j'$ 有：

$$\mathbb{E}[\langle \nabla_{\omega}\mathcal{L}(\omega_k^i, \varepsilon_k^{j'+ib}) - \nabla F(\omega_k^i), \nabla_{\omega}\mathcal{L}(\omega_k^i, \varepsilon_k^{j'+ib}) - \nabla F(\omega_k^i)\rangle]$$

$$= \langle \mathbb{E}[\nabla_{\omega}\mathcal{L}(\omega_k^i, \varepsilon_k^{j'+ib}) - \nabla F(\omega_k^i)], \mathbb{E}[\nabla_{\omega}\mathcal{L}(\omega_k^i, \varepsilon_k^{j'+ib}) - \nabla F(\omega_k^i)]\rangle = 0$$

假设当处理 κ 个样本时,梯度更新规则的遗憾值 $R(\kappa)$ 上界是 $\psi(\sigma^2, \kappa)$,则 $\tilde{\mathcal{L}}_g$ 在经历 κ/bI 个训练轮次后,其遗憾值上界为:

$$\mathbb{E}[R(\kappa)] = \mathbb{E}[\sum_{r=1}^{\kappa/(bI)} (\tilde{\mathcal{L}}_g(\omega^r, \mathcal{D}^r) - \tilde{\mathcal{L}}_g(\omega^*, \mathcal{D}^r))] \leq \psi(\frac{\sigma^2}{bI}, \frac{\kappa}{bI})$$

根据文献[32]中的定理 2,最优值差距 $G(\kappa) = F(\omega^r) - F(\omega^*)$ 总是有:

$$\mathbb{E}[G(\kappa)] \leq \frac{1}{\kappa}\mathbb{E}[R(\kappa)]$$

因此,对于给定的遗憾值上界 $\psi(\sigma^2, \kappa) = 2D^2L + 2D\sigma\sqrt{\kappa}$,代入可得:

$$\mathbb{E}[G(\kappa)] \leq \frac{1}{\kappa}\psi(\frac{\sigma^2}{bI}, \frac{\kappa}{bI}) = \frac{2bID^2L}{\kappa} + \frac{2D\sigma}{\sqrt{\kappa}}$$

文献[31]给出了 SSGD 算法期望最优值差距 $2bKD^2L/\kappa + 2D\sigma/\sqrt{\kappa}$。可见,ESync 算法与 SSGD 算法具有相似的收敛速率 $O(1/\kappa + 1/\sqrt{\kappa})$。但是,上述结果未考虑时间维度。若考虑时间维度,则由于 ESync 算法具有更大的数据吞吐率,其 κ 值的增长远快于 SSGD 算法,因而具有更高的时间效率。

3.3.4 实验与性能评估

我们基于典型深度学习框架 MXNET[2]实现上述系统原型及算法,采用多种深度模型、数据集、数据分布、系统异构性进行性能评估,并将 ESync 算法与传统分布式机器学习和联邦学习的相关同步优化算法进行比较。

1. 实验环境设置

(1)环境设置。本节的实验环境搭建于局域带宽为 1Gbps 的数据中心之上,使用了 3 台物理服务器来模拟 12 个参与数据中心。每台物理服务器配备有 Intel E5-2650v4 CPU 和 2 个 GTX 1080TI GPU,总计使用了 6 个 GPU,每个 GPU 承载 2 个模拟参与数据中心的训练进程。在本实验中,我们假设数据中心内资源同构,重点关注数据中心之间的异构资源。因此,我们使用

12 个资源异构的超节点模拟参与数据中心，其中，参与数据中心的内同步时间即超节点的本地计算时间。这 12 个超节点被分别部署于 6 个 GPU 环境的 Docker 容器和 6 个 CPU 环境的 Docker 容器中，以模拟异构的计算资源环境。在无特殊设置的环境下，系统异构度 H 默认为 150，即在 CPU 掉队超节点就绪之前，GPU 超节点可执行约 150 次本地计算。此外，在主控数据中心侧，我们另外使用 2 个 Docker 容器来分别部署参数服务器和状态查询服务器。

（2）模型与数据集。为验证 ESync 算法通用于多种类型的模型结构，我们使用多个典型的深度模型进行实验验证，包括 AlexNet[33]、ResNet[34-35]、Inception[36]和文献[19]中使用的一种轻量模型。我们在广泛使用的 CIFAR10[37] 和 Fashion-MNIST[38]数据集上对上述五个模型进行实验评估。CIFAR10 是一个图像分类数据集，由 10 个类别的 50 000 个训练样本和 10 000 个测试样本构成。Fashion-MNIST 是一个服装分类数据集，由 10 个类别的 60 000 个训练样本和 10 000 个测试样本构成。这些训练样本以表 3-3 所示的两种数据分布方式被切分到 12 个超节点中。如无特别说明，我们默认采用独立同分布的数据切分方式，以屏蔽异构数据的干扰，突出所提方法在异构系统资源下的性能表现。

表 3-3　CIFAR10 与 Fashion-MNIST 数据集在 12 个超节点上的两种数据切分方式

	超节点	1	2	3	4	5	6	7	8	9	10	11	12
独立同分布 (IID)	CIFAR10	0-9: 4166	0-9: 4166	0-9: 4166	0-9: 4166	0-9: 4166	0-9: 4166	0-9: 4166	0-9: 4166	0-9: 4166	0-9: 4166	0-9: 4166	0-9: 4166
	Fashion-MNIST	0-9: 5000	0-9: 5000	0-9: 5000	0-9: 5000	0-9: 5000	0-9: 5000	0-9: 5000	0-9: 5000	0-9: 5000	0-9: 5000	0-9: 5000	0-9: 5000
非独立同分布 (NonIID)	CIFAR10	0:4166	0:834 1:3332	1:1668 2:2498	2:2502 3:1664	3:3336 4:830	4:4166	4:4 5:4162	5:838 6:3328	6:1672 7:2494	7:2506 8:1660	8:3340 9:826	9:4174
	Fashion-MNIST	0:5000	0:1000 1:4000	1:2000 2:3000	2:3000 3:2000	3:4000 4:1000	4:5000	5:5000	5:1000 6:4000	6:2000 7:3000	7:3000 8:2000	8:4000 9:1000	9:5000

注：$X{:}Y$ 表示数据集中类别为 X 的 Y 个样本被切分到该列对应的超节点中。

（3）对比算法与超参设置。我们实验了七种同步优化方法来与所提出的 ESync 算法进行性能对比，包括传统分布式机器学习中的两种基准同步和异步方法 SSGD[1]、ASGD[17]，一种基于延迟梯度补偿的异步方法 DC-ASGD[25]，以及联邦学习中的基准同步方法 FedAvg[3]，一种基于延迟更新抑制的异步方法 FedAsync[19]，一种基于掉队者丢弃的同步方法[9]（这里称之为 FedDrop），以及一种基于同构分组的选择同步方法 TiFL[12]。上述方法被用于异构超节点之间的同步优化训练，而超节点的本地计算采用经典的小批量 SGD 优化器，等价于在数据中心内应用 SSGD 算法。在以下实验中，我们默认设置本地优化器的学习率 $\eta = 0.001$，批数据大小 $b = 32$ 和本地数据集遍历次数 $E = 1$。采用的性能评估指标包括收敛精度、训练效率、数据吞吐率、流量负载和计算负载均衡度。其中，数据吞吐率是指系统平均每秒处理的样本总数；流量负载是指系统平均每秒传输的字节数据总量；计算负载均衡度是指各超节点用于"本地计算"的最大时间差。

2. ESync 与 SSGD、ASGD、DC-ASGD 的性能比较

首先，我们比较 ESync 算法与传统分布式机器学习中三种同步优化算法 SSGD、ASGD、DC-ASGD 的训练效率。图 3-21 所示为上述四种同步优化算法在 ResNet-18+Fashion-MNIST 数据集、AlexNet+CIFAR10 数据集上的测试精度随时间增长曲线。从图 3-21（a）中可以看出，在异构资源环境下，同步算法 SSGD 的训练效率被掉队者限制，而异步算法 ASGD 和 DC-ASGD 则因其无阻塞的异步更新能够天然容忍掉队者，并取得了较快的精度增长速率。通过允许不同超节点根据自身能力协调本地迭代次数，ESync 能够高效利用超节点的可用资源，在同步阻塞时间内探索更高质量的模型，因而也能较好地容忍掉队者，并取得了与 ASGD 和 DC-ASGD 相近的精度增长速率（相比于 SSGD，ESync 达到 80%测试精度所需的训练时间减少了 85%）。并且，相比于 ASGD 和 DC-ASGD，ESync 更平滑地收敛到了更优精度。这是因为延迟更新会给异步算法的训练过程引入噪声，造成精度震荡，而 ESync 具有与 SSGD 相近的收敛率，其解能在全局最优附近达到动态平衡。图 3-21（b）在相对更复杂的数据集 CIFAR10 上再次验证了上述结论，结果显示 ESync 在更复杂任务上能取得更明显的训练加速，而其他算法的训练速率均有所减缓。有趣的是，我们发现梯度补偿后的 DC-ASGD 反而落后于朴素的 ASGD。其验证了在强异构环境下，梯度函数的泰勒展开高阶项不可忽略，仅一阶补偿梯度与目标梯度之间的

误差仍然较大，成为干扰噪声。可见，在强异构环境下，ESync 比异步方法更具优势。

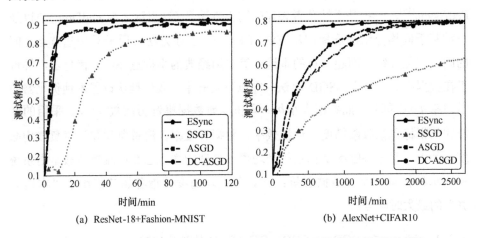

(a) ResNet-18+Fashion-MNIST   (b) AlexNet+CIFAR10

图 3-21　ESync 与 SSGD、ASGD、DC-ASGD 的测试精度随时间增长曲线

我们在 Fashion-MNIST 数据集上重复了 ESync 和 SSGD 的对比实验，探究它们在其他四种模型结构上的性能表现，精度曲线如图 3-22 所示。在不同模型结构上，ESync 达到理想精度并收敛的速率均明显快于基准 SSGD。为更清晰地体现 ESync 的增益，在表 3-4 中，我们定量给出了两种算法在达到 80% 测试精度时的训练时间以及它们最终的收敛精度。数据显示 ESync 达到 80% 测试精度所需的时间能减少 72%～96% 的。其原因在于，ESync 阻塞避免的自适应迭代累积训练方式增大了系统的整体吞吐率，使得收敛速率中的分母项 κ 以远快于 SSGD 的速率增长，因此具有更高的时间效率。

为探究 ESync 对最终收敛精度的影响，我们测试了 Fashion-MNIST 数据集在单机采用集中式 SGD 训练所达到的收敛精度，并在表 3-4 中将该基准精度与 ESync 的收敛精度进行比较。结果显示，在多个模型上，ESync 不但没有损伤收敛精度，反而令人惊喜地取得了更优越的收敛精度。例如，在 Inception-v3 模型上，ESync 比集中式 SGD 有 0.8% 的精度提升。带来这种增益的潜在原因可能是，ESync 适中的权重差异给训练过程引入了适量的模型噪声，这有助于全局模型从尖锐的极小值逃逸到平坦的极小值，后者往往具有更好的泛化能力和更优的性能表现[39]。

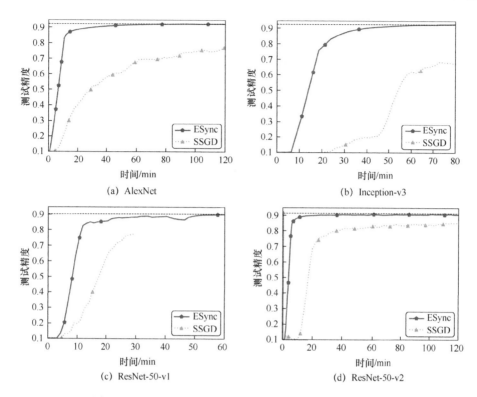

图 3-22　ESync 和 SSGD 在其他四种模型结构上的精度曲线

表 3-4　ESync 在五种模型结构上的加速效果和收敛精度

模型结构	达到 80%测试精度时的训练时间		收敛精度	
	SSGD	ESync	集中式 SGD	ESync
AlexNet	148	6 (−96%)	92.8%	93.2%
Inception-v3	208	21 (−90%)	93.2%	94.0%
ResNet-18-v1	53	8 (−85%)	91.9%	92.6%
ResNet-50-v1	32	9 (−72%)	91.0%	91.4%
ResNet-50-v2	33	5 (−85%)	91.8%	91.8%

　　为评估异构数据分布对 ESync 的影响,我们用 AlexNet 模型在表 3-3 所示的非独立同分布的 Fashion-MNIST 数据集上做性能测试,四种算法的精度曲线如图 3-23 所示。结果显示,在非独立同分布数据的干扰下,异步算法 ASGD 和 DC-ASGD 在训练前期仍能取得较快的精度增长。然而,异步算法在训练后期的精度增长陷入瓶颈,在经过 1h 的训练后,其测试精度被 SSGD 反超,最终 DC-ASGD 的收敛精度勉强与 SSGD 对齐,而 ASGD 则面临约 5%的精度损

失，使其前期的快速精度增长最终不再具有优势。然而，虽然 ESync 的精度增长速率也有些许减缓，在训练前期不及异步算法，但其精度稳定增长，相比 SSGD，最终仍提升了约 6%的收敛精度，展现了 ESync 对异构数据分布在一定程度上的健壮性。

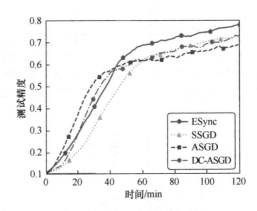

图 3-23　四种算法在非独立同分布的 Fashion-MNIST 数据集上的精度曲线

除更高的收敛精度和更快的训练速率这两个核心指标外，我们也测量了 ESync 对数据吞吐率、流量负载和计算时间比例分布的影响，以更全面地评估系统增益。以 ResNet-18 模型为例，图 3-24（a）统计了分别应用四种同步优化算法时集群每秒处理的训练样本总数（数据吞吐率）。数据表明，ESync 的数据吞吐率是 SSGD 的约 33 倍，是 ASGD 和 DC-ASGD 的约 13 倍。ESync 之所以能取得如此显著的数据吞吐率提升，是因为 ESync 允许能力强的超节点执行更多次迭代，而不必被掉队者阻塞，从而利用同步阻塞时间处理更多的训练样本，并在强异构环境下显著提高本地资源利用率。相反，SSGD 阻塞了能力强的超节点，本地计算长时间空闲，因此数据吞吐率最低。异步算法 ASGD 和 DC-ASGD 虽然也无同步阻塞，但其高频的外同步通信使得通信时间占主导地位，见图 3-24（b），用于处理训练样本的计算时间也相应减少，因此数据吞吐率也受限。

图 3-24（b）对系统中每秒传输的数据量进行了统计。通常，流量负载越低，系统传输的数据量越低，用于数据通信的时间越少，系统训练效率也就越高。可以看出，相比于异步算法 ASGD 和 DC-ASGD，ESync 减少了约 75%的流量负载。这是因为 ASGD 和 DC-ASGD 每本地迭代一次就需要同步模型，而

ESync 会将模型更新累积，在多次本地迭代后才同步模型，通过降低通信频率减少传输数据量，因而具有极低的流量负载。另外，我们注意到 ESync 的流量负载也略低于 SSGD，原因是 SSGD 中超节点传输模型数据的时刻是交错的，而 ESync 使得超节点在相邻的时刻传输模型数据，致使流量峰值和短时间的拥塞。因此，虽然 SSGD 和 ESync 在每一轮中传输的数据量相同，但 ESync 每轮的时间周期较长，所以每秒传输的数据量显得更低。

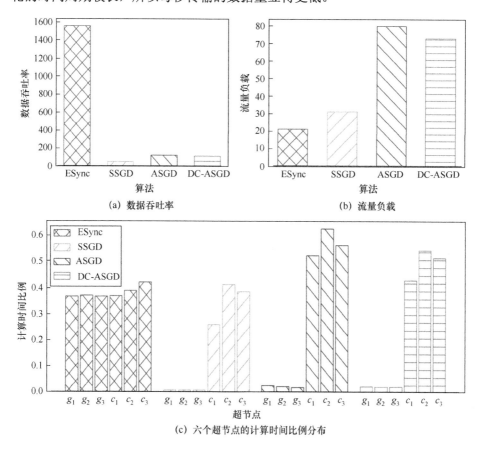

图 3-24　四种算法的数据吞吐率、流量负载和计算时间比例对比

计算时间均衡度也是一个关键指标，不同超节点的计算时间（内同步时间）越均衡，同步阻塞的总时长越少，集群资源利用也越充分。在图 3-24（c）中，我们绘制了三个 GPU 超节点 g_1、g_2、g_3 和三个 CPU 掉队超节点 c_1、c_2、c_3 的计算时间占比。可以看出，SSGD 里快的超节点只用较短的时间就提前完成了

计算，随后即被掉队者阻塞，导致计算资源的长期空闲；而在 ASGD 和 DC-ASGD 中，快的超节点则因高频同步而花费太多时间在模型通信。以上因素导致这三个算法均表现出较为严重的两极分化。相反，得益于迭代次数的自适应协调机制，ESync 的计算时间最为均衡，因而同步阻塞的影响也最小。

3. ESync 在不同异构程度下的性能表现

上述实验默认使用系统异构度 $H=150$ 来进行实验评估。为探究 ESync 在更强或更弱异构度下的性能改变，我们调整 Docker 容器的可用资源（如增加或减少可用的 CPU 逻辑核心数、虚拟网卡带宽）来改变系统异构度 H，以观察 ESync 在 $H=\{10, 30, 150, 300\}$ 时的性能表现差异。该实验使用 ResNet-18 模型和独立同分布的 Fashion-MNIST 数据集，ESync 在不同异构程度下的精度收敛速率对比如图 3-25 所示。结果表明，随着系统异构度 H 的增大，ESync 表现出越加快速的精度提升，并在 $H=150$ 时达到最优，加速效果达到饱和。有趣的是，当继续增大 H 到 300，环境处于一种极端的超强异构状态时，ESync 也没有显示出加速效果和收敛精度的下降。这验证了我们的直观推断，当迭代次数过大时，快的超节点陷入局部极优，后续迭代被"短路"，随后掉队者帮助其跳出局部极优，最终在全局最优附近达到动态平衡。相反，若 H 持续减小到 1，则 ESync 的加速效果和收敛精度都持续下降，最终退化为 SSGD。

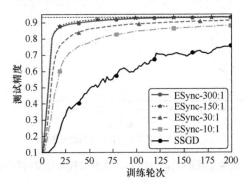

图 3-25　ESync 在不同异构程度下的精度收敛速率对比

4. ESync 与三种联邦优化算法的性能比较

联邦平均（FedAvg）算法因其极低的同步频率和通信开销而被广泛用于联

邦学习中。类似于 SSGD，FedAvg 也面临掉队者致使的同步阻塞和训练低效问题，尤其是当同步阻塞延迟淹没了通信成本增益时，掉队者难题将成为最主要的效率瓶颈。下面，我们选取联邦学习中解决掉队者难题的三种先进算法 FedAsync、TiFL 和 FedDrop 与 ESync 进行评估比较。

FedAsync 使用模型加权平均来异步更新全局模型，其中加权系数 α 随延迟步长 τ 的增加而减小。在该实验中，我们使用文献[19]推荐的设置。训练模型由 4 个卷积层和 1 个全连接层构成；裁剪数据集样本为 24 像素×24 像素的尺寸，设置采样的批数据大小 $b = 50$；取加权系数的初始值 $\alpha = \{0.6, 0.9\}$，并使用多项式函数（FedAsync+Poly）和 Hinge 函数（FedAsync+Hinge）对 α 进行衰减，设置 FedAsync+Poly 的衰减超参 $a = 0.5$ 和 FedAsync+Hinge 的衰减超参 $a = 10$、$b = 4$。数据集仍沿用独立同分布的 Fashion-MNIST 数据集。ESync 与 FedAsync 的精度曲线对比如图 3-26 所示。在训练前期，由于异步更新避免了同步阻塞，FedAsync 取得了远快于基准 FedAvg 的精度增长。然而，环境的强异构度使得掉队者的延迟步长 τ 迅速增大，加权系数 α 急剧减小，掉队者模型的贡献将被抑制到接近于零，相当于丢弃掉队者及其数据。图 3-26 也证实了这一猜想，在训练 1h 后，FedAsync 的精度增长明显减缓，并收敛到一个很差的精度，甚至不及 FedAvg 的基准精度。然而，ESync 不论是训练速率还是收敛精度均明显优越于 FedAsync 和 FedAvg。结合与 ASGD、DC-ASGD 的性能比较，可以看出，异步算法在解决掉队者难题时有其难以避免的局限性，在面向强异构环境时，从同步算法入手能够取得更优的性能增益。

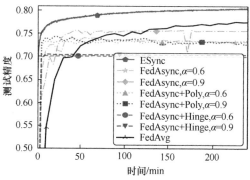

图 3-26　ESync 与 FedAsync 的精度曲线对比

TiFL 将具有相近执行速率的异构节点分到一组，在每个轮次中，从一个组内采样部分节点参与训练。由于这些采样节点具有相近的执行速率，所以从根本上解决了掉队者难题。在该实验中，我们将 12 个超节点分成 T1 和 T2 两个组，其中 T1 组包含 8 个 GPU 超节点，T2 组包含 4 个 CPU 超节点。掉队者所在的 T2 组被选择的概率以 $P(0.5)$ 表示，即 T2 组有 50%的概率被选中。此外，T2 组被选中的次数上限以 $C(50)$ 表示，即不应多于 50 次。在每个轮次中，我们按概率选择 T1 组或 T2 组，并从组内采样 4 个超节点参与训练。模型使用 ResNet-34 模型，数据集使用独立同分布的 Fashion-MNIST 数据集。ESync 与 TiFL 的精度曲线对比如图 3-27 所示。在曲线 TiFL: $P(0.5)\,C(50)$、TiFL: $P(0.2)$ $C(50)$、TiFL: $P(0.5)\,C(20)$ 中，掉队者所在的 T2 组积极参与；在曲线 TiFL: $P(0.0)\,C(50)$ 和 TiFL: $P(0.5)\,C(0)$ 中，T2 组被禁止参与。结果显示，T2 组以小概率参与时，TiFL 算法的精度增长速率和收敛精度均有一定程度的提升。T2 组的参与概率越低，精度增长速率越快。并且，T2 组的参与次数越少，收敛精度越高，其原因可能是 T1 组取代了 T2 组从而训练了更多的轮次。有趣的是，上述规律在极端情况下，即禁止 T2 组参与时仍然成立。然而，禁止 T2 组参与也意味着舍弃 T2 组内超节点的训练数据，这致使 TiFL 难以收敛到比较理想的精度。这种现象在后续实验中也得到了证实。相反，ESync 不限制也不舍弃掉队者，而是允许快的超节点"力尽其用"，使得掉队者的执行时间与其他超节点一致，从而避免同步阻塞问题。实验表明，ESync 取得了比 TiFL 更快的精度增长速率和远高于 TiFL 的收敛精度，证明了 ESync 设计思路的合理性和有效性。

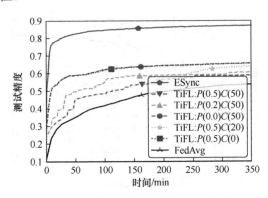

图 3-27　ESync 与 TiFL 的精度曲线对比

FedDrop 的思路是，参数服务器在收到足够多的模型时就更新全局模型，掉队者迟到的模型则被简单忽略。该实验使用了 8 个 GPU 超节点和 4 个 CPU 超节点，系统异构度为 $H=150$。令 $K_{\text{drop}} \in [0, 11]$ 是丢弃的超节点数量，$12 - K_{\text{drop}}$ 是时间窗口内提交模型的超节点数量，对应的曲线以 FedDrop(K_{drop}) 表示。该实验沿用上述 ResNet-34 模型和独立同分布的 Fashion-MNIST 数据集。如图 3-28（a）所示，丢弃掉队者确实可以有效加速训练，但这种方法也会过早地收敛到较低的精度。此外，如图 3-28（b）所示，丢弃的超节点越多，收敛损失也就越大，因为丢弃超节点就等价于丢弃其训练样本，将减弱模型的泛化能力。类似于 TiFL 实验的结论，相比于 FedDrop，ESync 理应更快速准确，实验数据也表明确实如此。

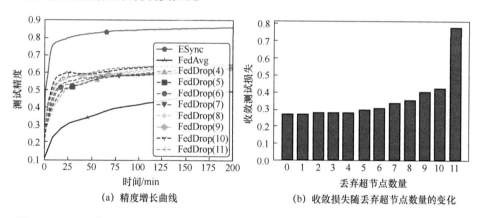

（a）精度增长曲线　　　　（b）收敛损失随丢弃超节点数量的变化

图 3-28　ESync 与 FedDrop 在不同丢弃超节点数量下的精度增长曲线和收敛测试损失对比

3.4　本章小结

在本章中，我们首先给出了跨数据中心分布式机器学习的基本同步优化算法——全同步通信算法（FSA）。然后，针对跨数据中心的有限域间传输带宽引起的通信低效问题，给出了一种基于内同步累积的低频同步通信算法（LFSA），该算法通过增加数据中心内的工作量来减少跨数据中心的通信频率，并取得了在跨数据中心场景下超越单数据中心的性能和效率表现。针对数据中心之间异构分布的网络资源引起的掉队者问题，给出了一种基于延迟补偿的混合同步算法（DC-HSA），该算法基于掉队者容忍的异步算法 DC-ASGD，通过补偿延迟更新缓解其对收敛性的损伤，能够有效提高异步算法的收敛精度。最后，我们探究了在强异构网络环境中，一种基于集群状态查询的迭代次数自适应同步算法 ESync。不同于 LFSA，该算法允许不同数据中心执行不同次数的内同步迭代，以最小化掉队者产生的同步阻塞的时间。实验数据表明，ESync 算法可获得更优的模型性能、更高的训练效率、更大的系统吞吐率、更少的通信流量以及更均衡的资源利用。利用上述技术，跨数据中心分布式机器学习将能够灵活适应资源有限且动态异构的复杂网络环境。

本章参考文献

[1] ZINKEVICH M, WEIMER M, LI L, et al. Parallelized stochastic gradient descent[C]. In Proceedings of 23rd Conference on Neural Information Processing Systems (NeurIPS), 2010: 1-9.

[2] CHEN T, LI M, LI Y, et al. Mxnet: A flexible and efficient machine learning library for heterogeneous distributed systems[C]. In Proceedings of 29th Conference on Neural Information Processing Systems (NeurIPS), Workshop on Machine Learning Systems, 2016: 1-6.

[3] MCMAHAN B, MOORE E, RAMAGE D, et al. Communication-efficient learning of deep networks from decentralized data[C]. In International Conference on Artificial Intelligence and Statistics (AISTATS), 2017: 1273-1282.

[4] LIU L, ZHANG J, SONG S H, et al. Client-edge-cloud hierarchical federated learning[C]. In IEEE International Conference on Communications (ICC), 2020: 1-6.

[5] HUANG L, YIN Y, FU Z, et al. LoAdaBoost: Loss-based adaboost federated machine learning with reduced computational complexity on iid and non-iid intensive care data[J]. PLoS ONE, 2020, 15(4): e0230706.

[6] LONG M, CAO Y, CAO Z, et al. Transferable representation learning with deep adaptation networks[J]. IEEE Transactions on Pattern Analysis and Machine Intelligence (TPAMI), 2018, 41(12): 3071-3085.

[7] YAO X, HUANG C, SUN L. Two-stream federated learning: Reduce the communication costs[C]. In 2018 IEEE International Conference on Visual Communications and Image Processing (VCIP), 2018: 1-4.

[8] YAO X, HUANG T, WU C, et al. Towards faster and better federated learning: A feature fusion approach[C]. In 2019 IEEE International Conference on Image Processing (ICIP), 2019: 175-179.

[9] BONAWITZ K, EICHNER H, GRIESKAMP W, et al. Towards federated learning at scale: System design[C]. In Proceedings of Machine Learning and Systems (MLSys) 2019, 1: 374-388.

[10] CHEN J, PAN X, MONGA R, et al. Revisiting distributed synchronous sgd[C]. In International Conference on Learning Representations (ICLR), 2017: 1-10.

[11] NISHIO T, YONETANI R. Client selection for federated learning with heterogeneous resources in mobile edge[C]. In IEEE International Conference on Communications (ICC), 2019: 1-7.

[12] CHAI Z, ALI A, ZAWAD S, et al. Tifl: A tier-based federated learning system[C]. In Proceedings of the 29th International Symposium on High-Performance Parallel and Distributed Computing (HPDC), 2020: 125-136.

[13] REISIZADEH A, TAHERI H, MOKHTARI A, et al. Robust and communication-efficient collaborative learning[C]. In Proceedings of 32nd Conference on Neural Information Processing Systems (NeurIPS), 2019: 1-12.

[14] YANG E, KANG D K, YOUN C H. BOA: batch orchestration algorithm for straggler mitigation of distributed dl training in heterogeneous gpu cluster[J]. The Journal of Supercomputing, 2020, 76(1): 47-67.

[15] SMITH V, CHIANG C K, SANJABI M, et al. Federated multi-task learning[C]. In Proceedings of 30th Conference on Neural Information Processing Systems (NeurIPS), 2017: 1-11.

[16] LI T, SAHU A K, ZAHEER M, et al. Federated optimization in heterogeneous networks[C]. In Proceedings of Machine Learning and Systems (MLSys), 2020, 2: 429-450.

[17] DEAN J, CORRADO G, MONGA R, et al. Large scale distributed deep networks[C]. In Proceedings of 25th Conference on Neural Information Processing Systems (NeurIPS), 2012: 1-9.

[18] SPRAGUE M R, JALALIRAD A, SCAVUZZO M, et al. Asynchronous federated learning for geospatial applications[C]. In Joint European Conference on Machine Learning and Knowledge Discovery in Databases (ECML-PKDD), 2018: 21-28.

[19] XIE C, KOYEJO S, GUPTA I. Asynchronous federated optimization[C]. In 12th Annual Workshop on Optimization for Machine Learning (OPT), 2020: 1-11.

[20] HO Q, CIPAR J, CUI H, et al. More effective distributed ml via a stale synchronous parallel parameter server[C]. In Proceedings of 26th Conference on Neural Information Processing Systems (NeurIPS), 2013: 1-9.

[21] YE G. Mxnet-g: A deep learning framework designed based on mxnet[CP/OL]. (2018). Github, https://github.com/cgcl-codes/mxnet-g.

[22] MCMAHAN B, STREETER M. Delay-tolerant algorithms for asynchronous distributed online learning[C]. In Proceedings of 27th Conference on Neural Information Processing Systems (NeurIPS), 2014: 1-9.

[23] SRA S, YU A W, LI M, et al. Adadelay: Delay adaptive distributed stochastic convex optimization[J]. arXiv preprint arXiv:1508. 05003, 2015: 1-19.

[24] ZHANG W, GUPTA S, LIAN X, et al. Staleness-aware async-sgd for distributed deep learning[C]. In 25th International Joint Conference on Artificial Intelligence (IJCAI), 2016: 1-7.

[25] ZHENG S, MENG Q, WANG T, et al. Asynchronous stochastic gradient descent with delay compensation[C]. In International Conference on Machine Learning (ICML), 2017: 4120-4129.

[26] LI Z, ZHOU H, ZHOU T, et al. Esync: Accelerating intra-domain federated learning in heterogeneous data centers[J]. IEEE Transactions on Services Computing (TSC), 2020: 1-14.

[27] LI M, ANDERSEN D G, PARK J W, et al. Scaling distributed machine learning with the parameter server[C]. In 11th USENIX Symposium on Operating Systems Design and Implementation (OSDI), 2014: 583-598.

[28] ZHAO Y, LI M, LAI L, et al. Federated learning with non-iid data[J]. arXiv preprint arXiv:1806. 00582, 2018: 1-13.

[29] LI X, HUANG K, YANG W, et al. On the convergence of fedavg on non-iid data[C]. In International Conference on Learning Representations (ICLR), 2019: 1-26.

[30] ZHANG Y, WAINWRIGHT M J, DUCHI J C. Communication-efficient algorithms for statistical optimization[C]. In Proceedings of 25th Conference on Neural Information Processing Systems (NeurIPS), 2012: 1-9.

[31] DEKEL O, GILAD-BACHRACH R, SHAMIR O, et al. Optimal distributed online prediction using mini-batches[J]. Journal of Machine Learning Research (JMLR), 2012, 13(1): 165-202.

[32] XIAO L. Dual averaging method for regularized stochastic learning and online optimization[C]. In Proceedings of 22nd Conference on Neural Information Processing Systems (NeurIPS), 2009: 1-9.

[33] KRIZHEVSKY A, SUTSKEVER I, HINTON G E. Imagenet classification with deep convolutional neural networks[C]. In Proceedings of 25th Conference on Neural Information Processing Systems (NeurIPS), 2012: 1-9.

[34] HE K, ZHANG X, REN S, et al. Deep residual learning for image recognition[C]. In Proceedings of the IEEE Conference on Computer Vision and Pattern Recognition (CVPR), 2016: 770-778.

[35] HE K, ZHANG X, REN S, et al. Identity mappings in deep residual networks[C]. In European Conference on Computer Vision (ECCV), 2016: 630-645.

[36] SZEGEDY C, VANHOUCKE V, IOFFE S, et al. Rethinking the inception architecture for computer vision[C]. In Proceedings of the IEEE Conference on Computer Vision and Pattern Recognition (CVPR), 2016: 2818-2826.

[37] KRIZHEVSKY A, HINTON G. Learning multiple layers of features from tiny images[J]. University of Toronto, 2012: 1-58.

[38] XIAO H, RASUL K, VOLLGRAF R. Fashion-mnist: a novel image dataset for benchmarking machine learning algorithms[J]. arXiv preprint arXiv:1708.07747, 2017: 1-6.

[39] KESKAR N S, MUDIGERE D, NOCEDAL J, et al. On large-batch training for deep learning: Generalization gap and sharp minima[C]. In International Conference on Learning Representations (ICLR), 2017: 1-16.

第4章
压缩传输机制

  在跨数据中心分布式机器学习中，每个数据中心首先在内部执行参数同步，再在数据中心之间执行参数同步。由于机器学习模型是迭代训练的，分布式机器学习需要周期性地进行参数同步，这种迭代训练通常会重复几百甚至上万次，并且庞大的模型数据流会通过数据中心之间的广域网络或专用网络进行交换，每一次参数同步都面临极高的通信代价。

  一方面，跨数据中心分布式机器学习的通信瓶颈来源于数据中心之间有限的网络带宽。由于广域网络的通信过程颇为复杂，涉及一系列信令转换、信号中继问题，以及多种广域流量相互之间的资源抢占，跨广域网络进行参数同步通常有高延迟。比较典型的广域网络数据吞吐率为 56kbps～155Mbps，虽然现在已有 622Mbps、2.4Gbps 甚至更高速率的广域网，但根据 2017 年对亚马逊弹性计算云的网络性能测试结果[1]，美国东部的异地数据中心之间的平均网络带宽为 148Mbps，而美国东西部数据中心之间的网络带宽仅为 21Mbps。此外，考虑到分布式机器学习的参数同步流量是一组 Coflow 流，组内的多条子流之间也会相互竞争有限的网络资源，单条子流可用的网络带宽更为紧缺，数据中心出入口网络也更为拥塞。

  另一方面，通信瓶颈也来源于大模型的参数同步。随着大型数据集如 ImageNet 图像分类数据集[2]的出现，小模型的学习能力已经无法满足高精尖的应用需求。于是，业界训练使用的模型参数量日益庞大，例如，在自然语言处理领域，Bert[3]和 T5[4]等超大模型相继出现，甚至 GPT-3[5]模型的参数量已经达到了惊人的 1750 亿个，并且仍然保持着急剧上升的趋势。文献[6]总结了大模型网络架构及其参数量的发展历程。然而，在探索人工智能性能极限的同时，急剧增长的模型参数量也给跨数据中心的参数同步带来了更大的挑战。这些大模型需要在有限带宽的广域网络中周期性同步，缓慢增长的广域网络带宽将越加难以支撑更大模型的参数同步，进而引发通信瓶颈，拉低训练效率。

在第 2 章和第 3 章中，本书分别从分层设计减少同步流数量和降低参数同步频率着手，探究与验证了缓解跨数据中心分布式机器学习通信瓶颈的有效手段。在本章中，我们将继续探索模型的压缩传输策略，通过压缩需要同步的模型数据量，减小跨数据中心的同步流量大小，也能实现缓解通信瓶颈的目的。借助机器学习优化算法对梯度噪声的容忍性[7]，本章提出双向梯度稀疏化技术和混合精度传输技术[8]，基于梯度稀疏化和参数量化的思想，分别从减少传输模型的梯度数量和比特位数着手，在不明显损伤模型收敛精度的前提下，实现大模型的轻量同步。

4.1　稀疏化与量化基本概念

在有限带宽的跨数据中心广域网络中，应用模型压缩可以显著减少每次模型同步传输的数据量，是提高通信效率的有效手段。在模型压缩技术中，稀疏化和量化是两类典型方案，无须像模型剪枝那样对大模型本身进行调整或定制，适用于任意结构、任意大小的基于反向传播优化的机器学习算法模型，可扩展性强，因而在实践中广受欢迎。本节聚焦稀疏化和量化技术，分别简述二者的基本概念和典型方案。

1.　稀疏化技术

研究[9]表明，训练好的全连接神经网络的大部分模型参数具有趋近于零的权重值，而显示出稀疏性。容易看出，这些稀疏参数的变化幅度很小，它们的次梯度也应具有稀疏分布的特性。文献[7]证实了这一点，测试结果显示，在分布式随机梯度下降算法中，有 99.9% 的梯度值都是冗余的，丢弃这些冗余梯度对模型收敛精度的影响很小。借助机器学习优化算法对梯度噪声的容忍性，梯度稀疏化的核心思想是仅筛选一小部分（如 1‰）关键梯度参与梯度聚合与模型更新。当计算节点数量足够多时，聚合关键梯度是对实际平均值的无偏估计。文献[7]通过指定压缩率间接确定关键梯度阈值，文献[10]也提出一种类似方案，但直接指定关键梯度阈值。由于需要传输的梯度数量锐减，稀疏压缩方案可实现 1/600～1/270 的压缩率，例如，488MB 的 DeepSpeech 模型实际仅需传输 0.74MB 的稀疏梯度，同时，借助冗余缓存和动量校正技术，稀疏压缩方案几乎没有精度损失[7]。显而易见，梯度稀疏化是一种极为有效的模型压缩手段。文献[11]将梯度稀疏化技术拓展应用到通信条件更差的边缘联邦学习场景。文献[12]则尝试了自适应调整压缩率。

由于下行带宽通常高于上行带宽，上述研究都仅关注了上行压缩，下行传输的模型参数则成为新的通信瓶颈。因此，一个高效的压缩传输方案应当同时兼顾上下行模型数据。针对下行模型参数的传输，基于深度学习中 Dropout 的思想，联邦丢弃（Federated Dropout）算法[13]允许计算节点训练一个较小的子模型，并使用该子模型更新全局模型参数。由于子模型的参数量和计算量均小于原模型，通信和计算成本都得以缩减。当设置全连接层的丢弃率为 25%时，该算法能够获得理想的精度表现和 43%的通信量缩减。但是，较大的丢弃率会使收敛速度变慢，甚至严重破坏收敛精度，需要谨慎设置丢弃率。

在本章中，我们也兼顾了上下行压缩，提出双向梯度稀疏化技术。与联邦丢弃算法不同的是，双向梯度稀疏化技术针对的上下行模型数据都是梯度张量，并且在参数服务器侧实现了稀疏同步技术，使得稀疏梯度能够在更小的向量空间直接聚合，下行压缩无须额外的稀疏化处理，就可保持上行传输的压缩效果。

2. 量化技术

量化的主要思想是，给定需要传输的模型参数量（或梯度数量），用更少的比特位数来表达每个参数值，从而减少需要传输的总字节数。在 MXNET[14]等经典开源深度学习框架中，模型参数值和梯度值默认使用 32 位浮点数表示，经过量化后，这些数值也能用 16 位、8 位、4 位、2 位甚至 1 位比特表示。容易看出，量化技术的压缩率下限是 1/32。其中，压缩力度最大的是 1 比特随机梯度下降算法（1-bit SGD）[15]。该算法判断梯度值的符号，将梯度值量化为 1 位比特传输。但是，如此压缩力度产生的数值量化精度损失也会非常明显，严重时会破坏训练模型的精度表现。于是，1-bit SGD 在本地累积量化误差，以尝试对误差进行修正。实验表明，1-bit SGD 可通过微损精度获得 10 倍的效率提升。

在开源深度学习框架 MXNET[14]中，实现了一种 2 比特量化（2-bit Gradient Compression，2-bit GC）方法。该方法需要人为设定一个阈值，绝对值高于该阈值的梯度值将被量化为相应符号的正/负阈值，而绝对值小于阈值的梯度值被置零。于是，传输梯度值总是处于负阈值、零和正阈值三种状态之一。此外，考虑到量化误差会丢失梯度信息，2-bit GC 也实现了本地量化误差的累积与修正。另一种类似策略是 TernGrad[16]，该方法直接将梯度值量化为 $\{-1, 0, 1\}$ 中的值，而无须设定阈值，同时提出逐层三值化和梯度裁剪方法保证模型收敛。尽管实验表明上述方法提升了训练效率 2~4 倍，但仍有 1%~2% 的精度损失[10,16]。

文献[17]指出，用 4~8 个比特位就足以维持无损的收敛精度，于是，作者提出量化随机梯度下降（Quantized Stochastic Gradient Descent，QSGD），将归一化梯度值量化至固定大小的"桶"中，以控制量化误差。在 16 个 GPU 的集群上，QSGD 用大型 ImageNet 数据集训练 ResNet-152 网络模型，取得了 1.8 倍的训练速率提升。此外，令人惊喜的是，训练模型的 Top-1 精度也略有提高。

16 比特量化方法的压缩率虽仅有 1/2，但其保留了最多的梯度信息，在精度表现上具有优势。文献[18]将半精度数值格式（16 位浮点数）应用于模型计算中，允许计算节点使用 16 位浮点数进行训练，减少一半的内存占用和训练时间，同时能够达到与原本单精度数值格式（32 位浮点数）相同的模型收敛精度。在具有高效半精度张量计算核心的 NVIDIA Volta GPU 上，该方法可取得 2~6 倍的明显训练加速。

在本章中，我们沿用 16 比特量化思路，提出混合精度压缩技术，使用半精度数值格式传输模型数据。与混合精度训练[18]不同的是，混合精度训练强调计算和内存瓶颈，研究如何在计算节点侧以半精度的数值格式训练模型；混合精度传输则强调通信瓶颈，重点探索如何在节点之间更高效地交换模型数据，而计算和存储模型时仍使用单精度数值格式。

4.2　双向梯度稀疏化技术

已有研究显示，梯度下降类机器学习算法存在 99.9%的冗余梯度，这些冗余梯度耗费了大量的通信资源，但丢弃这些冗余梯度不会明显劣化模型的收敛精度。基于该发现，本节在跨数据中心之间实现了双向梯度稀疏化（Bidirectional Gradient Sparsification，BiSparse）技术[8]，该技术从大规模梯度张量中筛选极少量关键梯度，并在稀疏空间中实现关键梯度的传输与同步。同时，为了进一步减小冗余梯度丢失造成的模型精度损失，该技术缓存冗余梯度并累加到下一轮的局部同步梯度中，并利用动量修正技术缓解因冗余梯度延迟更新引起的收敛振荡。

双向梯度稀疏化技术包含三部分：梯度稀疏化技术、稀疏同步技术和冗余梯度修正技术。梯度稀疏化技术和冗余梯度修正技术发生在参与数据中心的域内参数服务器。稀疏同步技术又可分解为稀疏映射、稀疏规约和稀疏重构，其中稀疏映射和稀疏重构发生在参与数据中心的域内参数服务器，稀疏规约发生在主控数据中心的全局参数服务器。

4.2.1　梯度稀疏化技术

梯度稀疏化的目标是从大规模梯度张量中快速筛选关键梯度。为此，梯度稀疏化技术实现了一种基于绝对值阈值的关键梯度分类方法，给定压缩比例 $k\%$，找到梯度张量中绝对值最大的前 $k\%$ 个梯度作为关键梯度。一种可行的方法是，先对梯度张量按绝对值从大到小排序，再截取前 $k\%$ 个梯度作为关键梯度。但是，该方法的时间复杂度为 $O(D \log D)$，当梯度张量 D 较大时，将导致极高的排序延迟。

为避免排序整个梯度张量，该技术采用关键梯度阈值快速搜索方法，其过程如图 4-1 所示。首先从大规模梯度张量中按采样率 p 随机采样小量梯度，再对这些小量梯度按绝对值从大到小排序，选择第 $k\%$ 个梯度作为分类关键梯度与冗余梯度的阈值 τ，最后遍历梯度张量，找出所有绝对值大于 τ 的梯度作为关键梯度。在该方法中，排序的时间复杂度为$O(d\log d)$，其中$d = Dp \ll D$。虽然遍历梯度张量搜索关键梯度的时间复杂度为$O(D)$，但可以对梯度张量应用值全为τ的掩码张量，利用张量运算加速处理过程。

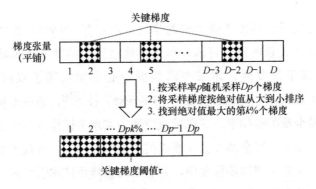

图 4-1　关键梯度阈值快速搜索方法过程

4.2.2　稀疏同步技术

稀疏映射是指，在域内参数服务器上，将稀疏梯度张量向量化为稀疏梯度向量的过程。通过排除占绝大部分的冗余梯度，仅传送少量关键梯度，可有效减少跨数据中心的通信量。稀疏映射过程如图 4-2 所示。稀疏梯度向量以（索引，关键梯度）为单位拼接得到，索引指示关键梯度在稀疏梯度张量中的位置。通过稀疏映射，传输数据量从稀疏梯度张量的D减少到稀疏梯度向量的$2Dk\%$，可节省$(1 - 2k\%)D$的传输数据量。

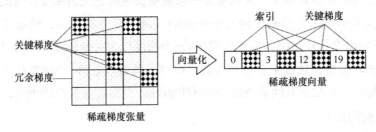

图 4-2　稀疏映射过程

稀疏规约是指，在全局参数服务器上，将多个稀疏梯度向量规约为一个聚合稀疏梯度向量的过程。为避免引入额外的张量化和向量化处理开销，稀疏规约直接在稀疏空间中完成稀疏梯度向量的聚合。稀疏规约过程如图 4-3 所示。

不同稀疏梯度向量中的关键梯度根据其索引进行规约，再重新拼接为规约稀疏梯度向量。全局参数服务器同步规约稀疏梯度向量到所有域内参数服务器，并通过张量化重构为规约稀疏梯度张量。

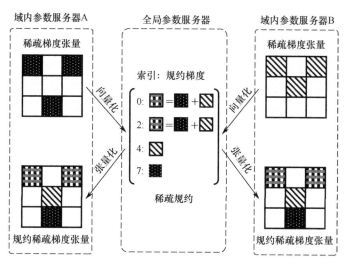

图4-3 稀疏规约过程

稀疏重构是指，在域内参数服务器上，将规约稀疏梯度向量张量化为规约稀疏梯度张量的过程。该过程是稀疏映射的逆过程，但重构的张量中，非关键梯度的值为零。

4.2.3 冗余梯度修正技术

压缩比例 $k\%$ 设置越小，关键梯度阈值 τ 越大，筛选出的关键梯度也越少，这意味着更多绝对值不接近零的冗余梯度被丢弃，而过多丢弃冗余梯度将对模型的收敛精度造成损伤。因此，冗余梯度修正技术缓存未被梯度稀疏化选中的冗余梯度，并将这些冗余梯度以动量更新的方式累加到后续需要稀疏化处理的稀疏梯度张量中。该种方式不存在信息丢失，因此能够避免模型收敛精度的损失。

冗余梯度修正过程如图4-4所示，数据中心 s 中，第 t 个训练轮次，计算节点群的本地梯度在域内参数服务器聚合为梯度张量 $\boldsymbol{g}_s^t$ 时，根据式（4-1）融合梯度张量 $\boldsymbol{g}_s^t$ 与缓存的残余速度张量 $\tilde{\boldsymbol{U}}_s^{t-1}$：

$$U_s^t = m\tilde{U}_s^{t-1} + g_s^t \tag{4-1}$$

式中，m 是动量衰减系数。式（4-1）得到的速度张量 U_s^t 继续与缓存的残余位置张量 $\tilde{V}_s^{t-1}$ 融合，根据式（4-2）得到位置张量 V_s^t：

$$V_s^t = \tilde{V}_s^{t-1} + U_s^t \tag{4-2}$$

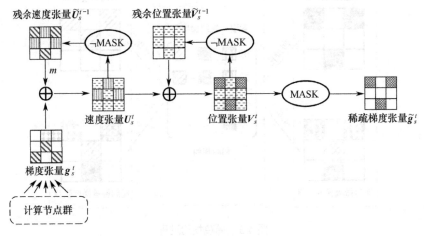

图 4-4　冗余梯度修正过程

利用图 4-1 所示的关键梯度阈值快速搜索方法找到分类关键梯度与冗余梯度的阈值 τ，根据 τ 生成掩码 **MASK**：

$$\mathbf{MASK}(i,j) = \begin{cases} 1, & |v_s^t(i,j)| \geq \tau \\ 0, & |v_s^t(i,j)| < \tau \end{cases} \tag{4-3}$$

利用式（4-4），对位置张量 V_s^t 使用掩码 **MASK** 得到稀疏梯度张量 $\tilde{g}_s^t$，使用掩码 $\neg$**MASK** 得到新的残余位置张量 $\tilde{V}_s^t$；对速度张量 U_s^t 使用掩码 $\neg$**MASK** 得到新的残余速度张量 $\tilde{U}_s^t$：

$$\tilde{g}_s^t = V_s^t \odot \mathbf{MASK}$$

$$\tilde{U}_s^t = U_s^t \odot \neg\mathbf{MASK} \tag{4-4}$$

$$\tilde{V}_s^t = V_s^t \odot \neg\mathbf{MASK}$$

式中，$\neg$**MASK** 表示对掩码取非；$\odot$ 表示按位乘法运算。稀疏梯度张量 $\tilde{g}_s^t$ 参与稀疏规约，新的残余速度张量 $\tilde{U}_s^t$ 和残余位置张量 $\tilde{V}_s^t$ 则被缓存，并累加到后续梯度张量中。

经过 T 个训练轮次后，全局模型 $\boldsymbol{\omega}^{t+T}$ 可写作式（4-5）。理论上，冗余梯度修正技术的效果与单机动量算法等价：

$$\boldsymbol{\omega}^{t+T} = \boldsymbol{\omega}^{t} + \eta \left[\cdots + \left(\sum_{\tau=0}^{T-2} m^{\tau}\right) \boldsymbol{g}_s^{t+1} + \left(\sum_{\tau=0}^{T-1} m^{\tau}\right) \boldsymbol{g}_s^{t} \right] \qquad (4\text{-}5)$$

综合上述技术，双向梯度稀疏化的运行流程如图 4-5 所示，归纳如下。

（1）冗余梯度修正。域内参数服务器收集计算节点群提交的所有本地梯度后，聚合得到梯度张量。根据式（4-2）融合梯度张量和残余速度/位置张量。

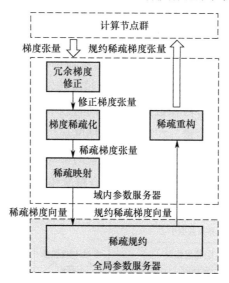

图 4-5 双向梯度稀疏化的运行流程

（2）梯度稀疏化。利用关键梯度阈值快速搜索方法生成掩码，并根据式（4-4）应用于修正后张量，得到稀疏梯度张量和残余速度/位置张量。缓存残余速度/位置张量，并用于修正后续梯度张量。

（3）稀疏映射。利用图 4-2 所示过程，将稀疏梯度张量向量化为稀疏梯度向量，并上传到全局参数服务器参与稀疏规约。经过稀疏映射，可减少 99% 以上的上行跨域通信数据量。

（4）稀疏规约。利用图 4-3 所示过程，在稀疏空间直接规约来自不同域内参数服务器的稀疏梯度向量，并将规约稀疏梯度向量同步到所有域内参数服务器中。通过下发稀疏化的规约梯度向量，可减少 90% 以上的下行跨域通信数据量。

（5）稀疏重构。根据规约稀疏梯度向量记录的索引与规约梯度，重构出规约稀疏梯度张量，并将该张量同步到计算节点群以更新模型参数并继续训练。

4.3　混合精度传输技术

双向梯度稀疏化技术作用于紧缺带宽的跨数据中心环境下，能够带来近百倍的跨数据中心通信数据量缩减。在数据中心内，带宽资源相对富裕，但通信流也相对密集，域内参数服务器也可能出现通信瓶颈。针对数据中心内高密度、大流量的模型通信，本节实现了混合精度传输技术[8]，其示意图如图 4-6 所示。该技术在数据中心内和数据中心间同时以半精度形式传输模型数据，以减半模型数据占用的通信量。在启用双向梯度稀疏化技术时，为保证关键梯度的精确交付，该技术以单精度形式传输轻量的稀疏梯度向量，形成数据中心内半精度传输、数据中心间单精度传输的混合精度传输技术。

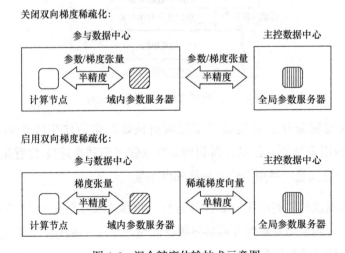

图 4-6　混合精度传输技术示意图

半精度浮点格式 FP16 依据 IEEE 754 标准的 16 位浮点表示形式。它具有动态范围，精度可以从 0.000 000 059 604 6（对于最接近 0 的值，最高）到 32（对于 32 768～65 536 范围的值，最低）。FP16 与 FP32 浮点数格式对比如图 4-7 所示。半精度浮点格式 FP16 和单精度浮点格式 FP32 的比特位分成三部分：符号位、指数位和尾数位。不同格式下指数位和尾数位的长度不同，所以表示精度和范围也不同。半精度浮点格式 FP16 中第 1 位为符号位，紧接着 5 位为指数位，最后 10 位为尾数位；单精度浮点格式 FP32 中第 1 位为符号位，紧接着 8 位为指数位，最后 23 位为尾数位。

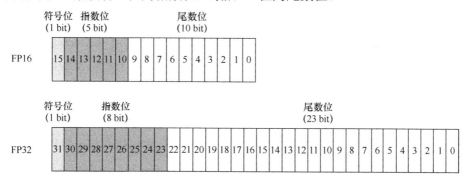

图 4-7　FP16 与 FP32 浮点数格式对比

半精度量化技术以半精度浮点格式 FP16 表示模型数据，相比于单精度浮点格式 FP32，存储单个模型数据所需的比特数减半，在网络中传输的通信量也减半，从而在一定程度上提高了模型的通信效率。另外，虽然半精度量化技术降低了模型数据在通信时的精度，但大量研究表明，该技术不会损伤模型的收敛精度和收敛速度。请注意，此处提及的混合精度传输技术仅应用于模型数据通信，模型计算依然采用单精度浮点格式 FP32。

4.4　实验与性能评估

本书称集成了各章节通信优化技术构建的整体系统为 GeoMX。但在本节实验中，仅启用和测试 GeoMX 的双向梯度稀疏化和混合精度传输两种压缩传输技术，分别探究两种压缩技术以及二者的结合对跨数据中心分布式机器学习系统的训练效率增益。

本节实验沿用 ResNet-50 模型[19]和 Fashion-MNIST 数据集[20]，设置压缩比例 $k=1\%$，动量衰减系数 $m=0.9$，采样率 $p=0.5\%$，批数据大小 $b=32$。默认数据中心内局域网络带宽为 1Gbps，依次缩减数据中心间广域/专用网络带宽为 $\{155, 100, 50, 10\}$ Mbps。实验使用一个主控数据中心，两个参与数据中心，其中每个参与数据中心各部署 4 个计算节点。实验设置初始学习率 $\eta=0.01$，并应用学习率衰减，每隔 20 个训练轮次，学习率减小为当前值的 10%。

1. 单独应用混合精度传输

实验关闭双向梯度稀疏化，应用混合精度传输，依据图 4-6，数据中心内和数据中心间都采用 16 位浮点数进行半精度量化与传输。在第 2 章中，我们已经比较了分层参数服务器通信架构 HiPS 在 1Gbps 和 155Mbps 网络带宽下的效率表现，实验结果如图 4-8 中 GeoMX-1Gbps 与 GeoMX-155Mbps 曲线所示。由于在本节中，除压缩传输技术外，其余通信优化技术均未启用，此时 GeoMX 系统仅包含 HiPS 一种基础通信架构，所以 GeoMX 的实验结果等效于 HiPS 的实验结果。

GeoMX 系统应用混合精度传输技术的精度增长曲线如图 4-8 所示。容易看出，由于使用半精度量化压缩了需要传输的总字节数（尤其在跨数据中心网络），通信成本降低为原来的一半，在同等的 155Mbps 带宽条件下，应用了混合精度传输的 GeoMX-155Mbps-FP16 方案的精度曲线增长明显快于原方案 GeoMX-155Mbps。GeoMX 系统应用混合精度传输的各维度具体指标对比如表 4-1 所示。应用 FP16 后，对于每个节点，上下行传输数据量从原本的 93.95MB 缩减为 46.98MB，这直接减少了原方案 GeoMX-155Mbps 一半的单轮次运行时间。此外，实验还显示，半精度方案在一定程度上优化了算法收敛性，减少了约 7%的收敛所需轮数。最终，实验显示半精度方案较好地维持了模型的收敛精度，并且有效减少了 52%的收敛时间，效率增益明显。

GeoMX 系统在应用混合精度传输技术后，虽然同等带宽条件下的训练效率得到有效提高，收敛时间从 37.3h 减少到 17.8h，但相比在单数据中心内理想千兆局域网环境中运行的 GeoMX-1Gbps，收敛时间 17.8h 仍不及单数据中心环境的 10.6h。半精度量化方案的效率提升空间有限，跨数据中心的通信壁垒仍未被打破。

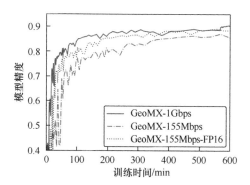

图 4-8 GeoMX 系统应用混合精度传输技术的精度增长曲线

表 4-1 GeoMX 系统应用混合精度传输的各维度具体指标对比

方案名称	收敛精度	收敛时间/h	收敛轮数	单轮次/s	原始传输数据量（单节点、单轮次）		实际传输数据量（单节点、单轮次）	
					上行/MB	下行/MB	上行/MB	下行/MB
GeoMX-1Gbps	90.8%	10.6	5270	7.24	93.95	93.95	—	—
GeoMX-155Mbps	90.8%	37.3	5270	25.45	93.95	93.95	—	—
GeoMX-155Mbps-FP16	**90.8%**	**17.8**	**4900**	**13.09**	**93.95**	**93.95**	**46.98**	**46.98**

2. 应用双向梯度稀疏化和混合精度传输

实验依次应用双向梯度稀疏化和混合精度传输技术，依据图 4-6，数据中心内以半精度（16 位浮点数）形式传输完整梯度张量，数据中心间以单精度（32 位浮点数）形式传输稀疏的关键梯度向量。

GeoMX 系统应用双向梯度稀疏化和混合精度传输的精度增长曲线如图 4-9所示。在有限带宽的跨数据中心广域网络中，应用双向梯度稀疏化（BiSparse）能实现更精细、更大力度的压缩效果，配合数据中心内压缩率为 50%的混合精度传输技术，二者的有机结合 GeoMX-155Mbps-BiSparse-FP16 甚至超越了单数据中心方案 GeoMX-1Gbps 的效率表现。GeoMX 系统应用双向梯度稀疏化和混合精度传输的各维度具体指标对比如表 4-2 所示。应用 BiSparse 后，域内参数服务器到全局参数服务器之间的上下行传输数据量锐减到 8.15MB、

9.9MB，继续应用 FP16 后更是降低到 4.95MB、6.7MB，传输总字节数的锐减将直接反应在单轮次运行时间，分别减少了 74%、85%。

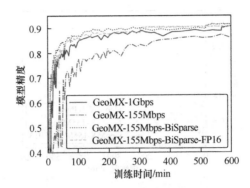

图 4-9　GeoMX 系统应用双向梯度稀疏化和混合精度传输的精度增长曲线

表 4-2　GeoMX 系统应用双向梯度稀疏化和混合精度传输的各维度具体指标对比

方案名称	收敛精度	收敛时间/h	收敛轮数	单轮次/s	原始传输数据量（单节点、单轮次）		实际传输数据量（单节点、单轮次）	
					上行/MB	下行/MB	上行/MB	下行/MB
GeoMX-1Gbps	90.8%	10.6	5270	7.24	93.95	93.95	—	—
GeoMX-155Mbps	90.8%	37.3	5270	25.45	93.95	93.95	—	—
GeoMX-155Mbps-BiSparse	90.8%	8.6	4720	6.58	93.95	93.95	8.15	9.9
GeoMX-155Mbps-BiSparse-FP16	**90.6%**	**5.8**	**5370**	**3.88**	**93.95**	**93.95**	**4.95**	**6.7**

当单独应用双向梯度稀疏化时，因为累积了残余梯度，无梯度信息丢失，GeoMX-155Mbps-BiSparse 的收敛精度未受到影响，同时实验显示还获得了一定程度的收敛性提升，减少了约 10% 的算法收敛轮数。最终，该方案以快于基准 GeoMX-1Gbps 的收敛时间 8.6h 达到相同的收敛精度。然而，当结合使用双向梯度稀疏化和混合精度传输技术时，由于数据中心内的半精度压缩传输存在梯度信息丢失，加剧了双向梯度稀疏化的残余梯度误差，致使算法收敛性被损伤，并伴随有 2‰ 的收敛精度下降。

尽管如此，两种技术的结合仍能在最短的时间 5.8h 内达到收敛，约为单数据中心方案 GeoMX-1Gbps 两倍的训练时间效率。在实践中，用 2‰ 的精度损伤换取同等带宽条件下 6 倍的训练加速（从 37.3h 降低到 5.8h），甚至实现相比数据中心内带宽条件下 2 倍的训练加速（从 10.6h 降低到 5.8h）是值得的，是模型性能与系统效率之间较好的折中。

3. 不同带宽条件下压缩加速效果的变化情况

上述方法的压缩加速效果与诸多因素紧密相关，例如，集群规模、压缩率设置、带宽条件等。在以下实验中，我们着重探究跨数据中心广域/专用网络带宽与数据中心内局域网络带宽之比对加速效果的影响规律。实验将同时启用双向梯度稀疏化和混合精度传输技术，默认数据中心内为千兆局域网络环境，数据中心之间则分别限制带宽为 $\{155, 100, 50, 10\}$ Mbps。我们仍然定义 GeoMX-1Gbps 为单数据中心方案，即整合多数据中心的训练数据，仅在一个数据中心内部署 GeoMX 系统并进行分布式训练。

不同广域/专用网络带宽条件下的压缩加速效果如图 4-10 所示。在数据中心间网络带宽大于 50Mbps 时，压缩加速效果均较为明显，至少与基准单数据中心方案趋同，此时广域网络、局域网络的带宽比值为 1∶20。随后，当带宽比值继续下降到 1∶100 时，广域网络带宽仅为 10Mbps。即便传输的模型数据量已减少约 90%，需要传输的总字节量仍会对过于紧张的广域网络带宽造成较大压力，使得加速效果不尽如人意。但随着数据中心专用网络线路的使用，数据中心之间的网络质量得以改善，1∶20 的带宽比值更容易被满足。

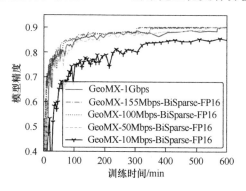

图 4-10　不同广域/专用网络带宽条件下的压缩加速效果对比

表 4-3 具体给出了 GeoMX 系统应用双向梯度稀疏化和混合精度传输时不同

带宽条件下的压缩加速效果对比。从整体变化趋势来看，随着数据中心之间广域网络可用带宽的减少，这两个时间指标都呈现出指数增长趋势。这种现象是合理的，因为更少的带宽资源必定导致更长的模型同步时间，相应的单轮次运行时间也会更长。由于带宽多少不影响收敛性，在给定的收敛轮数内，训练收敛所需的时间也会更长。

表4-3　GeoMX系统应用双向梯度稀疏化和混合精度传输时不同带宽条件下的压缩加速效果对比

方案名称	收敛时间/h	单轮次/s	原始传输数据量（单节点、单轮次）		实际传输数据量（单节点、单轮次）	
			上行/MB	下行/MB	上行/MB	下行/MB
GeoMX-1Gbps	10.6	7.24	93.95	93.95	/	/
GeoMX-155Mbps-BiSparse-FP16	**5.8**	**3.88**	**93.95**	**93.95**	**4.95**	**6.7**
GeoMX-100Mbps-BiSparse-FP16	6.6	4.43	93.95	93.95	4.95	6.7
GeoMX-50Mbps-BiSparse-FP16	10	6.4	93.95	93.95	4.95	6.7
GeoMX-10Mbps-BiSparse-FP16	33.9	22.73	93.95	93.95	4.95	6.7

4. 跨数据中心GeoMX系统与单数据中心MXNET系统对比

为凸显GeoMX系统相比传统分布式机器学习系统如MXNET[14]的突出优势，以及展现跨数据中心分布式机器学习的巨大潜力，以下实验在单数据中心内千兆局域网环境部署MXNET系统（MXNET-1Gbps），在跨数据中心间155Mbps专用网络环境部署GeoMX系统（GeoMX-155Mbps），二者的集群规模相同。在表2-2中，我们已经展现了朴素GeoMX（HiFS）系统比MXNET系统的优越表现，所以本实验直接测试启用双向梯度稀疏化BiSparse和混合精度传输FP16后的总体性能增益。GeoMX系统与MXNET系统的总体性能对比如图4-11所示，可以看出，跨数据中心部署的GeoMX系统的模型精度增长明显快于单数据中心部署的MXNET系统。GeoMX系统与MXNET系统的各维度具体指标对比如表4-4所示。当训练收敛时，GeoMX系统的收敛时间仅为MXNET系统的25%。

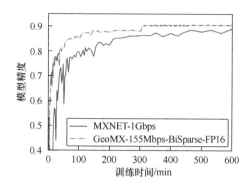

图 4-11　GeoMX 系统与 MXNET 系统的总体性能对比

表 4-4　GeoMX 系统与 MXNET 系统的各维度具体指标对比

方案名称	收敛精度	收敛时间/ h	收敛轮数	单轮次/s
MXNET-1Gbps	90.8%	22.8	5270	15.57
GeoMX-155Mbps-BiSparse-FP16	**90.6%**	**5.8**	**5370**	**3.88**

4.5　本章小结

　　在跨数据中心分布式机器学习系统中，通信瓶颈一方面源于数据中心之间有限的带宽资源，另一方面源于大模型周期性的数据同步。压缩传输是减少传输模型数据量，缓解通信瓶颈的有效手段。因此，基于稀疏化和量化的思想，本章分别从减少需要传输的梯度数量和传输数值的比特位数着手，提出双向梯度稀疏化和混合精度传输技术。这两种压缩传输技术既可以单独应用，也可以相互兼容。本书称集成了各章节通信优化技术构建的整体系统为 GeoMX。实验表明，即便仅应用本章的两种压缩传输技术，GeoMX 系统在跨数据中心的训练效率仍可达到单数据中心部署 MXNET 系统的四倍，且仅有 2‰的可忽略不计的微小精度损失。上述结果表明，GeoMX 系统确实打破了多数据中心之间的通信壁垒，实现了超越局域的加速表现，为多算力云的高效资源整合提供了可行思路，具有重要的借鉴与指导意义。

本章参考文献

[1] ZHOU A C, GONG Y, HE B, et al. Efficient process mapping in geo-distributed cloud data

centers[C]. In Proceedings of the International Conference for High Performance Computing, Networking, Storage and Analysis (SC), 2017: 1-12.

[2] DENG J, DONG W, SOCHER R, et al. Imagenet: A large-scale hierarchical image database[C]. In 2009 IEEE Conference on Computer Vision and Pattern Recognition (CVPR), 2009: 248-255.

[3] DEVLIN J, CHANG M W, LEE K, et al. Bert: Pre-training of deep bidirectional transformers for language understanding[C]. In Proceedings of 2019 Annual Conference of the North American Chapter of the Association for Computational Linguistics: Human Language Technologies (NAACL-HLT), 2019: 4171-4186.

[4] RAFFEL C, SHAZEER N, ROBERTS A, et al. Exploring the limits of transfer learning with a unified text-to-text transformer[J]. Journal of Machine Learning Research (JMLR), 2020, 21: 1-67.

[5] BROWN T, MANN B, RYDER N, et al. Language models are few-shot learners[C]. In Proceedings of 33rd Conference on Neural Information Processing Systems (NeurIPS), 2020: 1877-1901.

[6] YUAN S, ZHAO H, ZHAO S, et al. A Roadmap for Big Model[J]. arXiv preprint arXiv:2203.14101, 2022.

[7] LIN Y, HAN S, MAO H, et al. Deep gradient compression: Reducing the communication bandwidth for distributed training[C]. In International Conference on Learning Representations (ICLR), 2018: 1-14.

[8] 李宗航, 虞红芳, 汪漪. 地理分布式机器学习：超越局域的框架与技术[J]. 中兴通讯技术, 2020, 26(05): 16-22.

[9] STROM N. Sparse connection and pruning in large dynamic artificial neural networks[C]. In 5th European Conference on Speech Communication and Technology (EUROSPEECH), 1997: 1-4.

[10] STROM N. Scalable distributed dnn training using commodity gpu cloud computing[C]. In 16th Annual Conference of the International Speech Communication Association (ISCA), 2015: 1-5.

[11] HARDY C, MERRER E L, SERICOLA B. Distributed deep learning on edge-devices: feasibility via adaptive compression[C]. In IEEE 16th International Symposium on Network Computing and Applications (NCA), 2017: 1-8.

[12] CHEN CY, CHOI J, BRAND D. Adacomp: Adaptive residual gradient compression for data-parallel distributed training[C]. In Proceedings of the AAAI Conference on Artificial Intelligence (AAAI), 2018, 32(1): 2827-2835.

[13] CALDAS S, KONECNÝ J, MCMAHAN H B, et al. Expanding the reach of federated learning by reducing client resource requirements[J]. arXiv preprint arXiv:1812.07210, 2018: 1-12.

[14] CHEN T, LI M, LI Y, et al. Mxnet: A flexible and efficient machine learning library for heterogeneous distributed systems[C]. In Proceedings of 29th Conference on Neural Information

Processing Systems (NeurIPS), Workshop on Machine Learning Systems, 2016: 1-6.

[15] SEIDE F, FU H, DROPPO J, et al. 1-bit stochastic gradient descent and its application to data-parallel distributed training of speech dnns[C]. In 15th Annual Conference of the International Speech Communication Association (ISCA), 2014: 1058-1062.

[16] WEN W, XU C, YAN F, et al. Terngrad: Ternary gradients to reduce communication in distributed deep learning[C]. In Proceedings of 30th Conference on Neural Information Processing Systems (NeurIPS), 2017: 1-11.

[17] ALISTARH D, GRUBIC D, LI J, et al. Qsgd: Communication-efficient sgd via gradient quantization and encoding[C]. In Proceedings of 30th Conference on Neural Information Processing Systems (NeurIPS), 2017: 1-12.

[18] MICIKEVICIUS P, NARANG S, ALBEN J, et al. Mixed precision training[C]. In International Conference on Learning Representations (ICLR), 2018: 1-12.

[19] HE K, ZHANG X, REN S, et al. Deep residual learning for image recognition[C]. In Proceedings of the IEEE Conference on Computer Vision and Pattern Recognition (CVPR), 2016: 770-778.

[20] XIAO H, RASUL K, VOLLGRAF R. Fashion-mnist: a novel image dataset for benchmarking machine learning algorithms[J]. arXiv preprint arXiv:1708.07747, 2017: 1-6.

第 5 章
梯度传输协议

在跨数据中心分布式机器学习中，计算节点在训练中间过程产生的梯度需要被周期性传输到全局参数服务器以支持模型同步[1-2]。高频次、大数据量的梯度传输给承载物理网络带来周期性、突发性的数据流量，不可避免地产生网络拥塞[2]。在带宽受限、链路可靠性低的数据中心间广域网络[3-4]上，网络拥塞增加了梯度传输中数据重传的尾流延迟，从而增加了梯度传输的通信开销[5]。为了降低精确梯度传输产生的高通信开销，有研究提出利用机器学习算法对不完整梯度的容忍性对梯度进行近似传输，允许一定比例的梯度在传输中丢失而不重传，从而降低尾流延迟[5-6]。不论是精确传输还是近似传输，这些研究对梯度块中的不同参数提供的都是无差别的端到端梯度传输服务。

本章指出，在近似传输中，为所有梯度提供无差别的端到端传输服务是不够的，会对机器学习训练产生不利影响。首先，不同梯度对模型收敛的贡献不同。并且，随着模型的收敛，它们的差异变得更加明显。其次，具有更高贡献的梯度需要更高的传输可靠性。相反，适当地降低低贡献梯度的传输可靠性可以减小梯度传输的通信开销。最后，具有更高贡献的梯度需要较低的传输延迟，优先传输贡献更大的梯度能尽快提升模型精度。因此，对梯度进行差异化传输有利于降低跨广域网络传输模型梯度的通信开销，提升模型训练效率。

本章首先阐述为梯度提供差异化传输服务的研究动机。在此基础上，本章提出差异化梯度传输协议。该协议的基本思路是，按梯度对模型收敛的贡献进行量化、分级后，给予不同重要度级别的梯度差异化可靠性和优先级的传输服务。接着，本章详细阐述差异化梯度传输协议中近似梯度分类算法和差异化梯度传输协议的设计，随后阐述差异化梯度传输协议的实现与部署，并对所述技术进行实验与性能评估。最后，对本章内容进行总结。

5.1 研究动机

1. 为什么需要差异化梯度传输？

（1）梯度对模型收敛的贡献不同。

事实上，不同的梯度对模型收敛有不同的影响[7]。梯度的绝对值越大，对应模型参数的变化幅度就越大。如果梯度的绝对值接近于零，则对应模型参数几乎不改变。因此，丢失绝对值较小的梯度对模型收敛的影响较小。事实上，许多梯度在训练过程中都接近于零，文献[8]证实了这一结论，发现不同模型参数会以不同的迭代次数收敛到它们的最佳值，这种特性称为非均匀收敛。本章将梯度的绝对值定义为其对模型收敛的贡献。因此，我们认为梯度对模型收敛有差异化的贡献。

（2）具有更高贡献的梯度需要更高的传输可靠性。

Xia 等人[5]通过实验表明基于随机梯度下降的分布式机器学习算法可以容忍梯度的有界丢失。本章实验也验证了他们在 GoogleNet 和 AlexNet 上的结论：当梯度以不同的概率随机丢失时，分布式机器学习的性能表现会有所不同。当丢失概率低于容忍界限时，机器学习模型可以收敛到相同的精度，但收敛到指定精度的时间会更长，这是因为需要更多的迭代轮次才能达到收敛。

随机梯度丢失意味着所有梯度具有相同的传输可靠性，即所有梯度在发生网络拥塞时被丢弃的概率相同。考虑到梯度对模型收敛有差异化贡献，本章提出基于贡献的梯度丢失，贡献较小的梯度的传输可靠性低，在网络拥塞时将被优先丢弃。图 5-1 展示了随机梯度丢失和基于贡献的梯度丢失两种模式下，收敛所需的归一化迭代次数。P 和 P^* 分别标记了与无丢失方案的收敛迭代次数相同时，两种丢失模式可容忍的最大丢失概率。在两种网络模型上，基于贡献的梯度丢失策略可容忍的最大丢失概率 P^* 均明显高于随机梯度丢失策略 P，容忍界限提高了 259%～480%。可以看出，基于贡献的梯度丢失策略更为有效，具有更高贡献的梯度需要更高的传输可靠性。

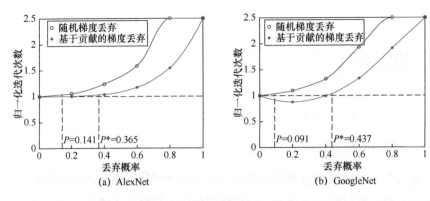

图 5-1　两种丢失模式下收敛所需的归一化迭代次数

（3）具有更高贡献的梯度需要更低的传输延迟。

基于随机梯度下降的分布式机器学习算法是随机优化算法，对梯度延迟有一定容忍性[9-10]，即在可容忍的延迟轮数 τ 内，将第 i 轮产生的模型梯度用于更新第 $\tau+i$ 轮的模型参数不会明显影响收敛性。到目前为止，已经有很多工作利用这个特性来加速分布式机器学习。例如，异步算法[11-12]利用该特性来松弛计算节点之间的严格同步，允许慢节点的梯度延迟更新到模型，显著提高了分布式机器学习的系统效率。

此外，一些工作[9-10]还证明，以低通信延迟将高贡献梯度更新到全局模型有利于模型快速收敛。例如，梯度稀疏化技术[10]及时将绝对值大于预定义阈值的梯度更新到全局模型，并缓存小梯度直到它们的累积值大于阈值。换个角度来看，梯度稀疏化实际上是根据梯度的贡献来差异化梯度更新到全局模型的延迟。因此，当网络资源有限时，优先传输贡献较大的梯度可以在全局模型上获得更好的收敛增益。因此，我们认为具有更高贡献的梯度需要更低的传输延迟。

综上所述，不同的梯度需要不同的传输质量保证，如传输可靠性和传输延迟。当网络资源有限时，区分梯度的传输质量可以最大限度地提高网络利用率和分布式机器学习的性能。

2. 现有方案缺乏为梯度提供差异化传输服务的能力

现有梯度传输服务[5,6,13]并未考虑梯度之间差异化的传输需求，而是给予所有梯度相同的数据传输服务。具体地讲，本章根据传输服务的可靠性将已有梯度传输服务分为两类。

（1）精确传输服务。目前的分布式机器学习系统[13-14]普遍采用精确传输服务，无差别地将所有梯度从发送端完整地传输到接收端，如 TCP 和 RoCE，其优点在于不会丢失梯度信息，缺点在于当网络拥塞时，会由于梯度重传引发长尾流延迟。

（2）近似传输服务[5-6]。近似传输服务利用随机梯度下降算法对有界梯度丢失的容忍性，在发送端主动丢弃部分梯度，或者被动忽略在传输中丢失的部分梯度，以提高梯度传输效率。然而，近似传输服务执行的是随机梯度丢失策略，未考虑不同梯度贡献的差异性。

从以上分析可以知道，已有方案缺乏对梯度提供差异化传输服务的能力。

5.2　协议设计及其挑战

在本章中，我们认为区分梯度的重要程度（即梯度的贡献）并为它们提供差异化的传输服务有益于跨数据中心网络中的梯度传输。这一见解促使本章提出差异化梯度传输（Differentiated Gradient Transfer，DGT）协议[15]。这是一种专为分布式机器学习设计的梯度贡献度感知的梯度传输协议，可用于跨数据中心场景下，数据中心之间通信高效的梯度同步。

DGT 的核心思想是根据梯度对模型收敛的贡献为梯度提供差异化的传输服务。具体地讲，在每次训练迭代的梯度传输步骤，DGT 会优先传输高贡献梯度以使其尽早更新到模型，同时主动降低低贡献梯度的传输质量以减轻通信开销。DGT 有多个传输通道，它们具有不同的传输可靠性和优先级。DGT 设计概览如图 5-2 所示。对于待传输的梯度张量，发送方首先对其解构，然后对梯度的重要程度进行量化和评估，依据评估的贡献度，将梯度分为两类：重要梯度和不重要梯度。重要梯度被调度到可靠通道进行精确传输。不重要梯度通过低优先级的不可靠通道"尽力而为"传输。接收方将接收到的梯度重构为结构化张量，然后递交给上层应用程序，执行后续的参数更新。在图 5-2 中，白色数据块表示在不可靠传输通道中的丢包或未能及时抵达的梯度块。

在构建 DGT 的过程中，存在以下挑战。

（1）如何评估与分类梯度？精确、细粒度的梯度评估与分类具有极高的计算和通信复杂度，同时，分类阈值的设定也会影响 DGT 的性能表现。针对该问题，我们将在 5.3 节进行详细讨论。

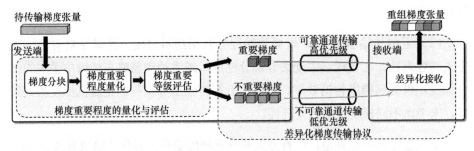

图 5-2　DGT 设计概览

（2）如何对梯度进行差异化传输？方案需要设计一个高效且易用的传输协议，在保证训练模型精度不折损的同时，尽可能提高跨数据中心的梯度传输效率。针对该问题，我们将在 5.4 节进行详细讨论。

5.3　近似梯度分类算法

在本节中，我们具体阐述梯度的评估与分类方法，给出近似梯度分类算法的整体设计，并提出一种分类阈值的启发式更新方法。

5.3.1　算法设计

梯度的贡献可以通过其绝对值来估计[9,16]。由于梯度的数量通常可以达到数百兆个以上，对梯度张量的每个维度进行细粒度的准确估计和分类不仅面临极高的计算复杂度，而且需要为每个梯度赋予额外的位置索引属性以便接收端重构，这也会带来较高的通信复杂度。所以，对每个梯度分别进行分类和传输在实践中并不可行。本节提出一种启发式的近似梯度分类（Approximate Gradient Classification，AGC）算法来降低梯度分类的复杂度，该算法以梯度块为粒度，估计梯度块的整体贡献并对其进行分类传输。AGC 算法的伪代码描述如算法 5-1 所示。

算法 5-1 近似梯度分类（AGC）算法

输入： 梯度张量 $G_{k,\tau}$，块大小 n，分类阈值 p，迭代轮数 τ。

1. 根据块大小 n 将梯度张量 $G_{k,\tau}$ 切分为一组子梯度块 $[G_{k,\tau}^1, G_{k,\tau}^2, \cdots, G_{k,\tau}^m]$；

2. 更新每个子块 $G_{k,\tau}^l$ 的贡献 $C_k^l(\tau)$：

$$C_k^l(\tau) \leftarrow \alpha C_k^l(\tau-1) + (1-\alpha)\frac{1}{n}\sum_{i=1}^n |g_i|, g_i \in G_{k,\tau}^l$$

其中 $C_k^l(0) = 0$，$\alpha(0 \le \alpha \le 1)$ 是常数动量因子；

3. 如果子块 $G_{k,\tau}^l$ 的贡献 $C_k^l(\tau)$ 在所有子块中是前 $p\%$ 大，则 $G_{k,\tau}^l$ 中的梯度被标记为重要的；否则，标记为不重要的

AGC 算法的工作流程如图 5-3 所示，主要包含三个步骤。

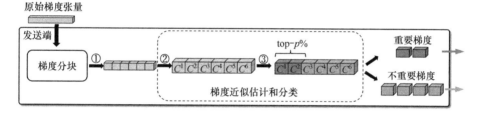

图 5-3　AGC 算法的工作流程

①　划分梯度张量为一组梯度子块。首先以卷积层为例，卷积层的梯度即卷积核的梯度。研究表明[17-18]，当且仅当输入数据包含关注的特征时，卷积核才会被激活。图 5-4 可视化了 AlexNet 网络模型中第一个卷积核的梯度值分布，图中每一行是 1×5×5 卷积核的向量，该卷积核深度为 64。图 5-4（a）～图 5-4（d）分别是迭代轮数为 10、1000、4000、8000 时的梯度值分布。从图中可以看出，经过迭代训练后，梯度值的大小呈现出条纹状的分布。这些条纹还原为卷积核后，呈现出块状分布。因此，AGC 算法将卷积核深度维度上的每个 5×5 矩阵视为一个块，对应的梯度矩阵则称为梯度块，块大小即卷积核的空间维度尺寸。

全连接层也是常用的神经网络结构。理论上，较大的梯度块能减小评估和分类的复杂度，但粗粒度的分类也会影响收敛速率，所以需要合理设置梯度块的大小，在复杂度和收敛速率之间取得较好折中，以获得最佳的整体训练效率。我们以精确传输方案的任务完成时间（Job Completion Time, JCT）为基准，对 DGT 不同块大小设置下的 JCT 进行归一化，AlexNet 全连接层在不同

块大小设置下的任务完成时间如图 5-5 所示。当梯度块太小时，细粒度的梯度处理和传输的复杂度很高，使得 JCT 反而更差，适得其反；相反，当梯度块过大时，粗粒度的梯度分类不能较好地区分重要和不重要梯度，使得收敛需要更多的通信轮次，差异化传输的优势没有得到充分体现。2048 是块大小较好的折中值，相比精确传输方案的 JCT（归一化后值为 1.0）有最明显的时间缩减。

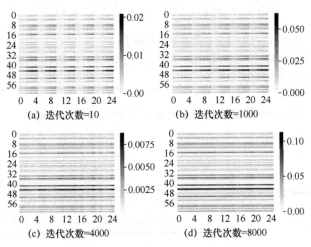

(a) 迭代次数=10　　(b) 迭代次数=1000

(c) 迭代次数=4000　　(d) 迭代次数=8000

图 5-4　AlexNet 网络模型中第一个卷积核的梯度值分布

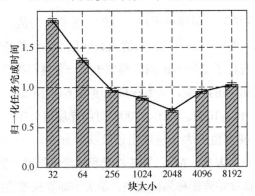

图 5-5　AlexNet 全连接层在不同块大小设置下的任务完成时间

　　② 评估梯度块贡献。给定大小为 n 的梯度块，AGC 算法估计该梯度块的 1 范数作为其对模型收敛的贡献度。同时，AGC 算法借鉴动量梯度下降算法[19]，加权融合历史贡献和当前贡献，以避免瞬时梯度波动的干扰，更准确地评估梯度贡献。

③ 分类梯度块的重要等级。对于某个神经网络层，将其所有梯度块根据它们的贡献进行排名。贡献最高的前 $p\%$ 个梯度块被分类为重要梯度，其余则归为不重要梯度。分类阈值 p 决定重要梯度的数量。

5.3.2　分类阈值动态衰减技术

分类阈值 p 是 AGC 算法的一个关键参数。一方面，合适的静态阈值不容易确定。更高的分类阈值意味着精确传输更多的梯度。在极端情况下，当 $p=100\%$ 时，DGT 退化为精确传输方案，在网络拥塞时伴有较长的尾流延迟；而较低的分类阈值让更多梯度不可靠传输，在网络拥塞时丢包率较高，训练模型需要更多次迭代才能收敛，严重时甚至会破坏收敛精度。另一方面，静态阈值不是最佳的。值得注意的是，在训练的不同阶段，模型对梯度丢失的容忍度会变化。具体地说，在训练初期，模型的大部分参数都在快速调整，此时大部分梯度都是重要的，我们希望分类阈值 p 较大；而在训练后期，大部分参数已经收敛，梯度张量越发稀疏，此时大部分梯度是不重要的，我们希望分类阈值 p 较小。静态阈值设置没有考虑在训练的不同阶段的梯度传输需求的变化，所以不是最佳的阈值设置策略。

基于以上考虑，本节提出在训练过程中动态衰减分类阈值。在第 τ 次迭代时，分类阈值 p_τ 通过下式衰减：

$$p_\tau = p_0 \times \frac{\text{loss}_{\tau-1}}{\text{loss}_0} \tag{5-1}$$

式中，p_0 是初始分类阈值，默认设置为 100%；loss_0 是初始损失函数值；$\text{loss}_{\tau-1}$ 是第 $\tau-1$ 次迭代时的损失函数值，我们用 $\text{loss}_{\tau-1}/\text{loss}_0$ 表征模型的收敛趋势[20]，$\text{loss}_{\tau-1}/\text{loss}_0$ 越小，表示训练模型越接近收敛，从而对分类阈值 p_τ 进行衰减。随着训练的进行，分类阈值 p_τ 逐渐减小，更多的梯度将被标记为不重要的。

5.4　差异化梯度传输协议的设计

本节讨论差异化梯度传输（DGT）协议的设计，包括基于优先级的差异化传输和差异化接收方法。

5.4.1 基于优先级的差异化传输

为了设计高效且易于使用的差异化梯度传输协议，我们避免设计全新的传输层协议，而是利用当前操作系统广泛支持的传输层协议，在应用层和传输层之间添加一个通信中间件来执行差异化传输。具体地讲，通信中间件建立多个不同传输可靠性的端到端传输通道。可靠的传输通道提供可靠的传输服务，如 TCP，该通道精确完整地传递梯度。不可靠的传输通道提供不可靠的传输服务，如 UDP，该通道中的梯度在丢包后不重传。此外，DGT 利用区分服务[21]实现多个传输通道之间差异化的传输优先级。

发送端根据传输通道的数量将待传输的梯度张量分成几组。根据贡献排序，前 $p\%$ 的梯度被标记为重要梯度，被调度到具有最高传输优先级 P_0 的可靠传输通道。其余梯度则被标记为不重要梯度，并进一步划分为 M 个不同优先级的组 $\{P_1, P_2, \cdots, P_M\}$。假设这些组的优先级 $P_0 > P_1 > \cdots > P_M$，对于各个组，发送端将组内梯度调度到相应优先级的传输通道进行传输。每个通道在其 IP 头中设置 DSCP 字段来启用数据包的传输优先级。基于优先级的差异化传输工作流程如图 5-6 所示。以不可靠传输通道仅有一个的情况（$M = 1$）为例，其中，可靠传输通道中数据包的 DSCP 标记为 8，不可靠传输通道中数据包的 DSCP 为 0。

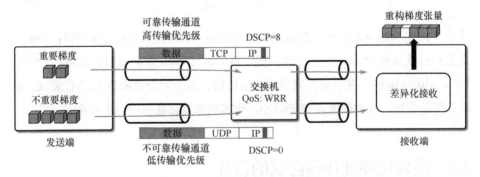

图 5-6　基于优先级的差异化传输工作流程示意图

对于 DGT 所使用的交换机，我们只要配置商用交换机的已有功能，而无须更改内核和硬件。DGT 利用商业交换机中常见的优先级队列来区别对待数据包，这些交换机优先调度高优先级的数据包。DGT 采用加权轮询调度（Weighted Round Robin，WRR）技术，这是一种服务质量（Quality of Service，QoS）调度模式，它在传输队列之间使用轮询调度算法，可以避免在发生拥塞时，优先级低的传输队列长时间得不到服务。我们为每个传输队列定义了加权值，为它们分配不同的服务时间。我们建议可靠传输通道中传输队列的加权值至少是不可靠传输通道的两倍，不可靠传输通道中传输队列的加权值则根据优先级顺序递减。

基于优先级的差异化传输有三个优势。

（1）在最坏的情况下，即便不重要的梯度都被丢弃，也不明显影响训练模型的精度表现。

（2）保证重要梯度的传输尽快完成，当与差异化接收方法一起使用时，可显著减少单轮迭代中的通信完成时间。

（3）当网络发生拥塞时，可以无顾虑地丢弃贡献较小的梯度，缓解网络拥塞。

5.4.2　差异化接收方法

重要梯度由于具有更高的传输优先级，所以会更早完成传输，这意味着绝大多数不重要梯度会延迟到达。如何处理延迟的不重要梯度也是一个挑战。不重要梯度的数据包可以丢失，也可以延迟，但这些数据包的状态对接收端而言是不可预测的，接收端无法预测不重要梯度的传输完成时间，这使其陷入长时间的等待。盲目等待会延缓重要梯度及时更新到模型中，然而，盲目丢弃延迟的不重要梯度也不可取，一方面增加梯度信息丢失，影响收敛速率，另一方面占用了网络资源却被接收端丢弃，造成网络资源的极大浪费。

针对不重要梯度的延迟到达问题，本节设计了一种差异化接收方法。该方法遵循"重要梯度应及时用于模型更新，不重要梯度可延迟用于更新"的原则。在接收端收齐重要梯度后，接收端立即从接收缓冲区中读取数据重构梯度张量，并递交给上层应用程序。对于延迟到达的不重要梯度，接收端将它们存入梯度缓冲区，并将它们合并到下一轮迭代的梯度张量中。差异化接收方法的功能流程图如图 5-7 所示，不同的通道接收引擎从通道缓冲区解封装消息，并将梯度写入梯度缓冲区。在接收到所有重要梯度后，接收端读取缓冲区梯度，并重构梯度张量。这种设计与在发送端缓存梯度的方法类似，但在接收端缓存梯度能够缓解"梯度过时"的问题[9]。实验数据表明，梯度的平均延迟轮数仅为 1。总体而言，差异化接收方法使接收到的梯度可以及时用于模型更新，并且使得延迟梯度能够以最小的"过时"更新到模型中，从而加速模型收敛。

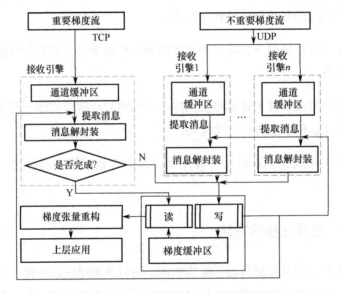

图 5-7　差异化接收方法的功能流程图

5.5　实现和部署

5.5.1　DGT 通信中间件的功能实现

在本节中，我们讨论 DGT 在真实系统中的实现、部署与应用方式。为构建高效易用的实现，我们以中间件的形式实现 DGT 的差异化梯度传输服务，并将 DGT 通信中间件插入到分布式机器学习计算与通信引擎和基础通信库之间。DGT 通信中间件的实现遵循以下原则。

（1）兼容默认的精确梯度传输服务。

（2）中间件的所有功能模块对上层透明。

（3）提供方便简洁的接口，方便上层分布式通信库调用。

（4）提供便捷的配置方式，方便用户启用/关闭 DGT 功能。

DGT 通信中间件的功能模块架构如图 5-8 所示，采用了分层和模块化的设计理念，由五个主要功能模块组成，包括 DGT 配置模块、梯度分块模块、梯度分类模块、差异化传输调度模块及差异化接收模块。下面简要介绍各模块的功能。

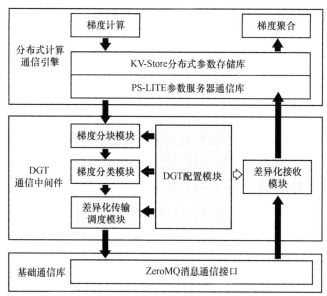

图 5-8　DGT 通信中间件的功能模块架构

（1）DGT 配置模块：该模块负责 DGT 中配置参数的管理和配置。在分布式系统初始化过程中，该模块依次为其他模块配置参数，并在节点之间建立传输通道。此外，该模块利用文件消息传递获取历史损失函数值，以在每次迭代时调整分类阈值。

（2）梯度分块模块：该模块负责将待传输的梯度张量划分为一组梯度子

块。该模块将为每个梯度子块附加额外的头信息，即梯度子块的位置偏移量和序列号，以保证接收端能够重构这些子块为结构化梯度张量。

（3）梯度分类模块：该模块根据 AGC 算法估计梯度的贡献，并标记梯度为重要梯度或不重要梯度。在神经网络模型中，每个网络层的可训练参数张量都维护有一个贡献矩阵，该贡献矩阵由相应的梯度张量更新。贡献矩阵的元素即子块的贡献值，子块贡献以（张量标识符，子块标识符）标识。

（4）差异化传输调度模块：该模块根据梯度的重要等级，调度梯度数据到不同可靠性和优先级的传输通道中。首先，通道调度器为每个梯度子块选择一个传输通道，然后将它放入该通道的发送队列。随后，发送引擎从发送队列中读取梯度数据，将它们封装成消息发送出去。在本节实现中，梯度的生成和传输是异步执行的，这使得梯度传输过程不会阻塞梯度生成，从而保证调度效率。

（5）差异化接收模块：该模块位于接收端，负责将接收缓冲区中的梯度重构为结构化张量，然后递交给上层应用程序。对于重要梯度和延迟到达的不重要梯度，该模块执行不同的接收策略。

本节描述的 DGT 通信中间件的实现方案适用于 PS-LITE[22]等常用分布式机器学习通信库，因此也适用于基于这些通信库的分布式机器学习系统，如 MXNET[13]以及本书所描述的 GeoMX[23]系统。由于 DGT 是在应用层实现的，它不需要对系统内核做任何修改，适合于大规模扩展部署。在开源系统[23-24]中，作者分别在 GeoMX 和 MXNET 两个系统中集成了 DGT，用户只需设置环境变量 ENABLE_DGT=1，即可启用差异化梯度传输服务。

5.5.2 DGT 通信中间件的跨数据中心部署

以第 2 章所述的分层参数服务器通信架构为例，本节列举 DGT 在跨数据中心分布式机器学习中的部署与应用方式。理论上，DGT 既可以在数据中心内部署使用，也可以在数据中心间部署使用。考虑到数据包丢失主要发生在带宽有限、可靠性低的跨数据中心广域网络，最好的选择是将 DGT 应用于数据中心之间的梯度交互，能最大限度显示出 DGT 的通信优势。

图 5-9 所示为在跨数据中心部署 DGT 示意图。由于数据中心网络具有大带宽、低延迟、高可靠等优势，参与数据中心内仍沿用默认的精确传输服务，保证计算节点群的梯度张量完整递交给域内参数服务器，避免产生梯度损失。但在域内参数服务器和全局参数服务器的梯度交互中，启用 DGT 传输服务，保证小比例的重要梯度跨广域网络完整可靠传输，不重要梯度允许其丢失而不重传，从而减少丢包重传的长尾流延迟，提高梯度传输效率。

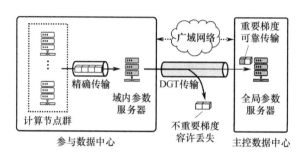

图 5-9　在跨数据中心部署 DGT 示意图

5.6　实验与性能评估

在本节中，我们使用多个机器学习模型和数据集，在真实的分布式集群上对 DGT 进行性能验证与评估。实验选择三种梯度传输协议作为对比方案，比较分析 DGT 对分布式机器学习的加速效果。随后，实验验证 DGT 中关键技术及其超参数设置对系统性能的影响。

1. 实验环境设置

为凸显 DGT 自身的通信加速效果，实验默认使用基于传统参数服务器通信架构的 MXNET 系统，在 12 个计算节点、4 个交换机和千兆带宽网络的机器学习集群上进行实验验证。实验选择三个典型神经网络模型 GoogleNet[25]、AlexNet[26]、VGG11[27]，两个开源图像分类数据集 Fashion-MNIST[28]、Cifar10[29]，以及两种训练方法 SSGD[30]、FedAvg[31]，并使用以下三种梯度传输方案进行对比。

（1）精确梯度传输（Baseline，基准方案）：MXNET 系统默认的梯度传输机制，所有梯度都基于可靠的传输服务，进行精确完整的传输。

（2）发送端随机丢弃（Sender-based random Dropping，SD）：主动丢弃方法，基于给定的丢失容忍度，SD 在发送端随机丢弃一定比例的梯度，其余梯度则使用可靠的传输服务进行传输[5]。

（3）近似传输协议（Approximate Transmission Protocol，ATP）：被动丢弃方法，基于给定的丢失容忍度，ATP 设置最大丢失率，所有梯度都基于不可靠的传输服务进行近似传输。当实际丢失率高于最大丢失率时，ATP 重传部分丢失的梯度，直至实际丢失率低于最大丢失率[6]。

对于每一种梯度传输方案，实验调优超参数以使其发挥出最佳性能，并测试训练模型收敛到指定精度时的任务完成时间。

2. 任务完成时间对比

下面对 DGT 与 Baseline、SD、ATP 三种方案的任务完成时间进行对比。

（1）三种网络模型上的性能对比。实验首先测试了四种梯度传输方案在 GoogleNet、AlexNet 和 VGG11 三种网络模型上的任务完成时间（JCT）。实验采用 Fashion-MNIST 数据集，该数据集在计算节点上的数据分布服从独立同分布。三种神经网络模型上 DGT 与 Baseline、SD、ATP 三种方案的任务完成时间对比如图 5-10 所示，与 Baseline 方案相比，DGT 方案只需精确传输极少量的重要梯度，所以能够大幅加速梯度传输。在 GoogleNet 上，DGT 方案的任务完成时间减少 19.4%，在 AlexNet 上减少 34.4%，在 VGG11 上减少 36.5%，并且容易看出该加速效果明显好于 SD 和 ATP 方案。

AlexNet 模型上四种传输方案的迭代次数、平均单轮通信时间和任务完成时间对比如图 5-11 所示。在 SD 和 ATP 方案中，梯度被无差别、等概率地丢弃，蕴含大信息量的梯度容易丢失，模型收敛性被破坏，训练达到指定精度需要更多的迭代次数。而 DGT 方案根据梯度的重要等级，以不同的传输可靠性对梯度进行差异化传输，保证蕴含大信息量的重要梯度完整送达，最小化梯度信息的损失，使得模型收敛性得以维持。这是 DGT 取得如图 5-10 所示优势的原因。

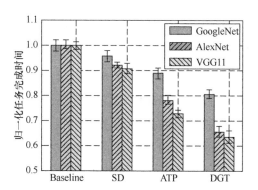

图 5-10　三种神经网络模型上 DGT 与 Baseline、SD、ATP 三种方案的任务完成时间对比

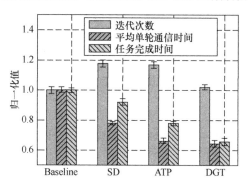

图 5-11　AlexNet 模型上四种传输方案的迭代次数、平均单轮通信时间和任务完成时间对比

对于每轮梯度传输的平均通信时间，SD、ATP、DGT 三种方案都实现了传输时间的大幅缩减，ATP 和 DGT 方案的传输效率更优。引起这种现象的根本原因是尾流延迟。在 SD 方案中，发送端筛选出的梯度需要可靠传输，这些梯度数据包可能在网络中丢失，触发超时重传，因而有一定的尾流延迟。而在 ATP 方案中，只要丢失率低于容忍值，就不会触发重传。虽然 DGT 方案也需要可靠传输重要梯度，但这些重要梯度会被赋予高传输优先级，使得它们不容易被丢包。ATP 和 DGT 方案有效解决了梯度可靠传输的尾流延迟问题，因而具有比 SD 方案更高的传输效率。

综上所述，DGT 方案的收敛迭代次数较少，平均单轮通信时间最短，整体的任务完成时间也最短。上述实验结果证明了 DGT 方案比 Baseline、SD、ATP 方案更优越。

（2）不同数据集及数据分布上的性能对比。为评估 DGT 方案在较困难任务上的表现，实验使用难度更高的图像分类数据集 Cifar10，并尝试使用更复杂的非独立同分布数据来开展实验。实验使用的 Cifar10 和 Fashion-MNIST 数据集在 12 个计算节点上的数据分布如表 5-1 所示。DGT 与 Baseline、SD、ATP 三种方案在 IID（左）和 Non-IID（右）两种分布的 Fashion-MNIST 和 Cifar10 数据集上的任务完成时间对比如图 5-12 所示。实验采用 AlexNet 作为测试模型，其在独立同分布（IID）数据上的加速效果如图 5-12（a）所示。容易看出，DGT 方案在两个数据集上的加速效果均优于其他梯度传输方案。并且，在更困难的 Cifar10 数据集上，DGT 方案取得的加速增益更大。这是因为，在难度更高的 Cifar10 数据集上，训练收敛所需的通信轮数更多，而得益于分类阈值动态衰减技术，DGT 方案需要精确传输的梯度的总体比例更小，所以 DGT 方案在收敛越久的训练任务上加速效果越显著。图 5-12（b）比较了上述实验在非独立同分布（Non-IID）数据上的加速效果，所得结论与独立同分布（IID）的情况相同。

表 5-1　Cifar10 和 Fashion-MNIST 数据集在 12 个计算节点上的数据分布

	计算节点	1	2	3	4	5	6	7	8	9	10	11	12
独立同分布（IID）	Cifar10	0-9:4166	0-9:4166	0-9:4166	0-9:4166	0-9:4166	0-9:4166	0-9:4166	0-9:4166	0-9:4166	0-9:4166	0-9:4166	0-9:4174
	Fashion-MNIST	0-9:5000	0-9:5000	0-9:5000	0-9:5000	0-9:5000	0-9:5000	0-9:5000	0-9:5000	0-9:5000	0-9:5000	0-9:5000	0-9:5000
非独立同分布（Non-IID）	Cifar10	1:1250 2:1000 5:714 8:714	0:1250 1:1250 4:1666 5:714	0:1250 3:714 8:714 9:1250	0:1250 3:714 5:714 7:1000	2:1000 5:714 6:2500 7:1000	4:1666 6:2500 8:714 9:1250	3:714 4:1666 7:1000 9:1250	2:1000 3:714 7:1000 8:714	0:1250 2:1000 3:714 9:1250	3:714 5:714 7:1000 8:714	1:1250 3:714 5:714 8:714	1:1250 2:1000 5:714 8:714
	Fashion-MNIST	1:1500 2:1200 5:857 8:857	0:1500 1:1500 4:2000 5:857	0:1500 3:857 8:857 9:1500	0:1500 3:857 5:857 7:1200	2:1200 5:857 6:3000 7:1200	4:2000 6:3000 8:857 9:1500	3:857 4:2000 7:1200 9:1500	2:1200 3:857 7:1200 8:857	0:1500 2:1200 3:857 9:1500	3:857 5:857 7:1200 8:857	1:1500 3:857 5:857 8:857	1:1500 2:1200 5:857 8:857

注：$X:Y$ 表示数据集中类别为 X 的 Y 个样本被切分到该列对应的超节点中。

（3）不同同步周期上的性能对比。分布式机器学习有两种常用算法：一种是每次本地训练迭代后就执行同步的 SSGD 算法；另一种则是每隔 E 个本地训练迭代后才同步执行的 FedAvg 算法。简而言之，SSGD 算法的同步周期是 1，FedAvg 算法的同步周期是 E。为测量 DGT 方案在不同同步周期时的加速效果，实验设置 FedAvg 算法的同步周期 $E=5$，并比较应用 SSGD 和 FedAvg 算法时四种梯度传输方案的表现。实验沿用 AlexNet 作为测试模型以及独立同分布的 Fashion-MNIST 数据集。不同同步周期的 SSGD 和 FedAvg 算法的任务完成时间如图 5-13 所示，图中对四种梯度传输方案的任务完成时间进行了对比。

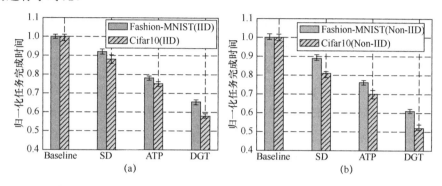

图 5-12　四种梯度传输方案在 IID 和 Non-IID 两种分布下的任务完成时间对比

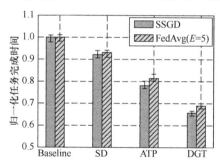

图 5-13　不同同步周期的 SSGD 和 FedAvg 算法的任务完成时间

结果表明，相比其他三种梯度传输方案，DGT 方案在 SSGD 和 FedAvg 两种算法上的加速效果都是最优的。但是，由于 FedAvg 算法传输的"模型梯度"实际上是模型更新，可以看作多次本地训练迭代产生梯度的累计求和，所以模型更新的张量数值更为稠密，这使得 DGT 方案需要可靠传输的梯度更多，因而会耗费更长的梯度传输时间。另外，根据上文给出的结论，DGT 方案在收敛越久的训练任务上加速效果越显著，而 FedAvg 算法具有较强的收敛性，收敛只需要很少的通信轮数，分类阈值动态衰减技术的效果没有被完全发挥，所以也会导致 DGT 方案在 FedAvg 算法上的加速效果不如 SSGD 算法。

3. 关键技术及参数的评估

为验证 DGT 方案所采用关键技术的有效性，以下实验分别针对各个关键技术，单独验证与评估这些关键技术及其超参数对 DGT 方案整体表现的影响。

（1）分类阈值动态衰减技术性能评估。为验证分类阈值动态衰减（Classification Threshold Dynamic Decay，CTDD）技术的有效性，本实验比较分类阈值的静态设置与动态衰减方法。在静态设置方法中，分类阈值由用户指定，并且在训练过程中不被改变。为排除数据包丢失的随机性，实验假设一种最坏情况，即网络非常拥塞，不重要梯度会由于低优先级被全部丢包。实验设置静态阈值 p 分别为 100%、80%、60%、40%；设置 CTDD 的动态阈值初始值为 100%，并依据式（5-1）对初始阈值执行衰减。实验比较任务完成时间、平均单轮通信时间、收敛迭代次数三个主要指标，并依据精确梯度传输（当 $p=100\%$ 时）为基准进行归一化。结果如图 5-14 所示，图中对 DGT 方案使用静态阈值设置（p 分别为 100%、80%、60%、40%）和动态阈值设置时的归一化任务完成时间、平均单轮通信时间和收敛迭代次数进行了对比。

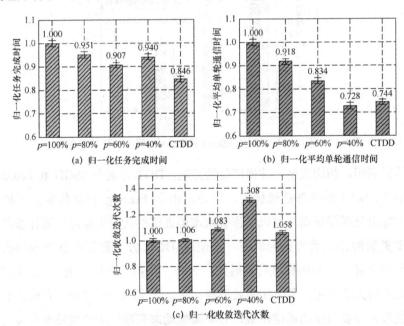

图 5-14　静态和动态阈值设置下的 DGT 性能对比

　　从图 5-14（a）中可以看出，与静态阈值设置相比，CTDD 具有最短的任务完成时间，表现出了最佳的加速效果。图 5-14（b）和图 5-14（c）剖析了产生该现象的原因，它们分别显示出，随着静态阈值的降低，虽然更少梯度被精确传输减少了梯度的传输时间，但较低的静态阈值使得更多梯度被丢包，造成更多的梯度信息损失，破坏了模型收敛性，因而需要更多轮次的通信迭代才能达到收敛。总体来看，静态阈值设置方法的平均单轮通信时间呈现线性下降趋势，而收敛迭代次数呈现指数上升趋势，所以二者的乘积（任务完成时间）呈现出先降后升的趋势。因此，如果要使用静态阈值设置，则必须谨慎调优分类阈值，使传输效率和收敛效率实现较好平衡。

　　然而，调优静态阈值是复杂耗时的工程，我们建议使用 CTDD 的动态阈值设置方法，只需使用推荐的默认初始阈值设置，就能够自适应调整分类阈值，在传输效率和收敛效率之间实现理想的平衡，最终实现比静态阈值方法更优越的加速表现。在训练初期，CTDD 可以避免不合理的低阈值将重要梯度误分类为不重要梯度，缓和模型收敛性受到的损害；而在训练后期，梯度越来越稀疏，CTDD 自适应地降低分类阈值，仅更少的重要梯度需要被可靠传输，从而持续降低通信代价。上述数据和结论证明了 CTDD 的动态阈值设置方法的有效性和优越性，因此 DGT 方案默认使用 CTDD 来设置分类阈值。

　　（2）基于优先级的差异化传输技术性能评估。本实验的目的是验证 DGT 方案中基于优先级的差异化传输的有效性。实验对比了在以下三种设置下，分布式训练任务的任务完成时间、平均单轮通信时间以及收敛迭代次数。

　　① 精确梯度传输（Baseline，基准方案）：MXNET 系统默认的梯度传输机制，所有梯度都基于可靠的传输服务，进行精确完整的传输。

　　② 差异通道传输（相同优先级、差异可靠性，$N\{1,1\}$）：基于 DGT 方案的梯度传输方案，建立一个可靠传输通道和一个不可靠传输通道，不设置通道优先级。

　　③ 差异优先级传输（差异优先级、差异可靠性，$Y\{x,y\}$）：基于 DGT 方案的梯度传输方案，建立 x 个可靠传输通道和 y 个不可靠传输通道，不同通道具有不同的优先级。

　　三种传输方案的归一化性能指标如图 5-15 所示，图中对 DGT 方案采用不同通道、数量及优先级在 AlexNet 和 GoogleNet 模型上的归一化任务完成时间、平均单轮通信时间和收敛迭代次数进行了对比。通过对比精确梯度传输（Baseline）和差异通道传输（$N\{1,1\}$）方案，后者并未取得明显的加速效果。可以看出，只区分传输可靠性以保证重要梯度不丢包，却不优先调度传输重要梯度，不为重要梯度的数据包分配更多的通信资源，对提升梯度传输效率是没有意义的。当 DGT 方案区分不同传输通道的优先级后，重要梯度得到更多通信资源，在网络中被优先调度传输，从而更快到达接收端完成传输。图 5-15（a）显示，差异优先级传输方案（$Y\{1,1\}$）的任务完成时间大幅缩减，取得明显优势。

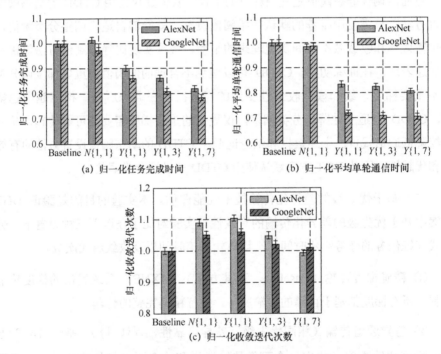

(a) 归一化任务完成时间

(b) 归一化平均单轮通信时间

(c) 归一化收敛迭代次数

图 5-15　采用不同通道、数量及优先级时的 DGT 性能对比

　　随着不可靠传输通道的数量从 1 增加至 7，任务完成时间进一步缩短。如图 5-15（b）所示，不可靠传输通道的数量对平均单轮通信时间没有明显影响，但图 5-15（c）显示通道数量的增加能有效减少收敛所需的迭代次数。究其原因，更多的不可靠传输通道意味着更细粒度的传输优先级划分，这些通道具有递

减的传输优先级。不重要梯度虽然不能使用可靠传输服务，但更高的传输优先级让它们不容易在网络中丢失，从而增强模型收敛性，减少收敛所需的迭代次数。

总体而言，图 5-15（a）表明，使用 7 条不可靠传输通道、启用差异优先级传输的 $Y\{1,7\}$ 方案，相比只使用 1 条不可靠传输通道、不区分传输优先级的 $N\{1,1\}$ 方案，在 GoogleNet 模型上的任务完成时间减少 10.6%，在 AlexNet 模型上减少 17.2%。上述结果证明了基于优先级的差异化传输技术的有效性。

（3）差异化接收技术性能评估。针对接收端差异化接收方法（Diff-Reception），实验设置两个对比策略：默认接收策略（等待收齐所有梯度数据包，Baseline）、启发式丢弃策略（简单丢弃延迟到达的梯度数据包，Heuristic Dropping）。为简化对比条件，实验使用静态分类阈值 $p=60\%$，采用双通道（一个可靠传输通道，一个不可靠传输通道）、差异优先级传输方案 $Y\{1,1\}$。DGT 方案采用不同接收端梯度接收策略时，在 AlexNet 和 GoogleNet 模型上的归一化任务完成时间、平均单轮通信时间和收敛迭代次数对比如图 5-16 所示。

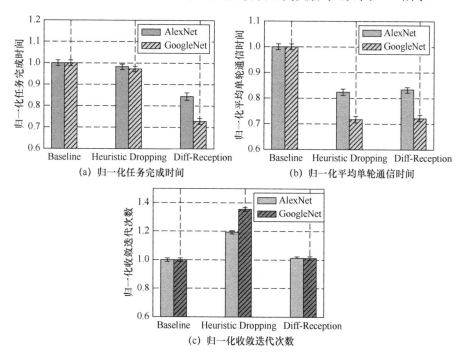

图 5-16 采用不同接收端梯度接收策略时的 DGT 性能对比

从图 5-16 中可以看出，启发式丢弃策略虽然靠丢弃延迟到达的梯度减少了梯度传输完成的时间，但因不重要梯度信息的大量丢失增加了收敛所需的迭代次数，使得总体的任务完成时间没有表现出明显的加速效果。这说明延迟到达的梯度不能被简单丢弃，否则会破坏模型收敛性，得不偿失。基于此发现，差异化接收策略提出缓存延迟到达的梯度，并合并到下一轮的重构梯度张量中，避免梯度信息的损失。如图 5-16（b）所示，差异化接收策略保持了与启发式丢弃策略相近的梯度传输效率，但同时也保持了与默认接收策略相近的收敛效率，因而可实现最大的加速效果。相比默认接收策略，差异化接收策略在 GoogleNet 模型上可减少 8.9%的任务完成时间，在 AlexNet 模型上更为有效，可减少 20.9%。

4. DGT 在跨数据中心网络中的加速效果

为验证 DGT 在跨数据中心分布式机器学习中的加速效果，实验模拟一个主控数据中心和两个参与数据中心，每个参与数据中心内部署有 4 个计算节点，依照图 2-1 搭建 GeoMX 系统。为单独验证 DGT 的加速效果，GeoMX 系统禁用本章以外的所有通信优化技术。实验设置数据中心之间可用带宽为 155Mbps，并如图 5-9 所示在数据中心之间启用 DGT。实验使用 AlexNet 作为测试模型，使用独立同分布的 Fashion-MNIST 作为数据集。GeoMX 系统启用/关闭 DGT 的平均单轮运行时间如图 5-17 所示。

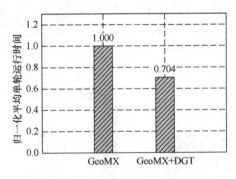

图 5-17 GeoMX 系统启用/关闭 DGT 的平均单轮运行时间

结果显示，DGT 也能很好地工作在跨数据中心的梯度传输。在 155Mbps 的广域/专用网络中，跨数据中心分布式机器学习在每个训练轮次的平均运行时间缩短了约 30%，各个主要指标的表现与图 5-11 相似，能够有效加速跨数据中心的梯度传输。

5.7 本章小结

本章基于实验观察和分析，提出分布式机器学习需要精细的差异化梯度传输服务。为了填补现有数据传输机制无法提供差异化梯度传输这一研究空白，本章提出差异化梯度传输（DGT）协议，该协议评估待传输梯度对模型收敛的贡献，根据梯度的贡献为其提供差异化的传输服务。具体地讲，贡献大的梯度将被赋予更高的传输可靠性和优先级，并被优先更新到全局模型。实验使用多种模型、数据集、训练算法验证了 DGT 在真实分布式集群上的有效性。大量实验表明，相比传统的精确梯度传输方案，DGT 显著提高了梯度传输效率，缩短了任务完成时间，并在与两种梯度传输方案的对比中获得了胜利。我们以通信中间件的形式实现了 DGT 的核心功能，并将其部署应用于本书所描述的跨数据中心分布式机器学习系统 GeoMX 中。实验结果表明，DGT 能有效加速跨数据中心的梯度传输。

本章参考文献

[1] LI M, ANDERSEN D G, SMOLA A J, et al. Communication efficient distributed machine learning with the parameter server[C]. In Proceedings of 27th Conference on Neural Information Processing Systems (NeurIPS), 2014: 1-9.

[2] LUO L, NELSON J, CEZE L, et al. Parameter hub: A rack-scale parameter server for distributed deep neural network training[C]. In Proceedings of the ACM Symposium on Cloud Computing (SoCC), 2018: 41-54.

[3] HSIEH K, HARLAP A, VIJAYKUMAR N, et al. Gaia: Geo-distributed machine learning approaching lan speeds[C]. In 14th USENIX Symposium on Networked Systems Design and Implementation (NSDI), 2017: 629-647.

[4] KONEČNÝ J, MCMAHAN H B, RAMAGE D, et al. Federated optimization: Distributed machine learning for on-device intelligence[J]. arXiv preprint arXiv:1610.02527, 2016: 1-38.

[5] XIA J, ZENG G, ZHANG J, et al. Rethinking transport layer design for distributed machine learning[C]. In Proceedings of the 3rd Asia-Pacific Workshop on Networking (APNet), 2019: 22-28.

[6] LIU K, TSAI S Y, ZHANG Y. ATP: A datacenter approximate transmission protocol[J]. arXiv preprint arXiv:1901.01632, 2019: 1-16.

[7] STROM N. Scalable distributed dnn training using commodity gpu cloud computing[C]. In 16th Annual Conference of the International Speech Communication Association (ISCA), 2015: 1-5.

[8] DEKEL O, GILAD-BACHRACH R, SHAMIR O, et al. Optimal distributed online prediction using mini-batches[J]. Journal of Machine Learning Research (JMLR), 2012, 13(1): 165-202.

[9] LIN Y, HAN S, MAO H, et al. Deep gradient compression: Reducing the communication bandwidth for distributed training[C]. In International Conference on Learning Representations (ICLR), 2018: 1-14.

[10] AJI AF, HEAFIELD K. Sparse communication for distributed gradient descent[C]. In 2017 Conference on Empirical Methods in Natural Language Processing (EMNLP), 2017: 1-6.

[11] NIU F, RECHT B, RE C, et al. Hogwild!: A lock-free approach to parallelizing stochastic gradient descent[C]. In Proceedings of 24th Conference on Neural Information Processing Systems (NeurIPS), 2011: 1-9.

[12] XING EP, HO Q, DAI W, et al. Petuum: A new platform for distributed machine learning on big data[J]. IEEE Transactions on Big Data, 2015, 1(2): 49-67.

[13] CHEN T, LI M, LI Y, et al. Mxnet: A flexible and efficient machine learning library for heterogeneous distributed systems[C]. In Proceedings of 29th Conference on Neural Information Processing Systems (NeurIPS), Workshop on Machine Learning Systems, 2016: 1-6.

[14] ABADI M, BARHAM P, CHEN J, et al. TensorFlow: A system for large-scale machine learning[C]. In Proceedings of the 12th USENIX Symposium on Operating Systems Design and Implementation (OSDI 16), 2016: 265-283.

[15] ZHOU H, LI Z, CAI Q, et al. DGT: A contribution-aware differential gradient transmission mechanism for distributed machine learning[J]. Future Generation Computer Systems (FGCS), 2021, 121: 35-47.

[16] HARDY C, MERRER E L, SERICOLA B. Distributed deep learning on edge-devices: feasibility via adaptive compression[C]. In IEEE 16th International Symposium on Network Computing and Applications (NCA), 2017: 1-8.

[17] ZEILER M D, FERGUS R. Visualizing and understanding convolutional networks[C]. In European Conference on Computer Vision (ECCV), 2014: 818-833.

[18] KETKAR N, SANTANA E. Deep learning with Python[M]. Berkeley Apress, 2017.

[19] QIAN N. On the momentum term in gradient descent learning algorithms[J]. Neural Networks, 1999, 12(1): 145-151.

[20] XU J, ZHANG Z, FRIEDMAN T, et al. A semantic loss function for deep learning with symbolic knowledge[C]. In International Conference on Machine Learning (ICML), 2018: 5502-5511.

[21] HUGHES M A, O'KEEFFE D M, LOUGHRAN K, et al. TCP control packet differential service[P]. Google Patents, 2008.

[22] LI M. A light and efficient implementation of the parameter server framework[CP/OL]. (2015). https://github.com/dmlc/ps-lite.

[23] LI Z, ZHANG Z, ZHOU H, et al. A geo-distributed machine learning framework across data centers[CP/OL].(2021). https://github.com/inet-rc/geomx.

[24] ZHOU H. An implementation of dgt protocol on mxnet[CP/OL]. (2020). https://github.com/zhouhuaman/dgt.

[25] SZEGEDY C, LIU W, JIA Y, et al. Going deeper with convolutions[C]. In Proceedings of the IEEE Conference on Computer Vision and Pattern Recognition (CVPR), 2015: 1-9.

[26] KRIZHEVSKY A, SUTSKEVER I, HINTON G E. Imagenet classification with deep convolutional neural networks[C]. In Proceedings of 25th Conference on Neural Information Processing Systems (NeurIPS), 2012: 1-9.

[27] SIMONYAN K, ZISSERMAN A. Very deep convolutional networks for large-scale image recognition[C]. In International Conference on Learning Representations (ICLR), 2015: 1-14.

[28] XIAO H, RASUL K, VOLLGRAF R. Fashion-mnist: a novel image dataset for benchmarking machine learning algorithms[J]. arXiv preprint arXiv:1708.07747, 2017: 1-6.

[29] KRIZHEVSKY A, HINTON G. Learning multiple layers of features from tiny images[J]. University of Toronto, 2012: 1-58.

[30] ZINKEVICH M, WEIMER M, LI L, et al. Parallelized stochastic gradient descent[C]. In Proceedings of 23rd Conference on Neural Information Processing Systems (NeurIPS), 2010: 1-9.

[31] MCMAHAN B, MOORE E, RAMAGE D, et al. Communication-efficient learning of deep networks from decentralized data[C]. In International Conference on Artificial Intelligence and Statistics (AISTATS), 2017: 1273-1282.

第6章
流量传送调度

跨数据中心分布式机器学习通过反复迭代优化模型参数，在每次训练迭代中，计算节点本地训练模型，并通过通信网络交换模型参数以保证模型一致性。每个迭代轮次的模型同步通信包含下行模型分发和上行模型聚合两个主要通信步骤。模型分发是指全局参数服务器下发最新模型参数给计算节点的过程。模型聚合是指计算节点上传本地模型参数给全局参数服务器的过程。在跨数据中心场景下，模型的分发和聚合都需要通过数据中心间的广域网络和数据中心内的局域网络。由于通信瓶颈主要出现在数据中心间的广域网络，所以本章聚焦于多数据中心之间的模型同步通信加速，探索有效的流量传送调度方法。

对于分布式机器学习中的模型分发与聚合，常用的参数服务器通信架构[1]广泛使用中心辐射式（Hub-and-Spoke）的星形拓扑[2-3]，其中参数服务器与计算节点直接传输模型参数。在这种通信模式中，参数服务器是唯一的模型发送者和唯一的模型接收者，会周期性地产生突发的一对多或多对一流量。不同计算节点的模型流量将不可避免地争夺参数服务器的有限带宽，导致严重的网络拥塞。这种现象被称为通信的 In-cast 问题[4]，该问题将增加模型分发和聚合的完成时间，导致低模型同步效率。第 2 章提出的分层参数服务器通信架构在数据中心之间沿用了上述参数服务器通信架构，所以也存在上述 In-cast 问题。并且，跨数据中心的广域网络资源更为有限，In-cast 问题将造成更为严峻的同步低效。

一方面，在数据中心之间基于通用运营商广域网进行互联的场景下，广域网络设备难以修改，传统基于网络设备协助的流量传送调度[5]无法适用。已有一些工作提出基于计算节点协助的流量传送调度（即通信覆盖）可以适用于这种场景。其基本思路是，在模型分发过程中，由一些计算节点协助作为中继将模型分发给其他计算节点；在模型聚合过程中，一些计算节点协助接收其他计算节点的模型，在本地执行局部聚合后，再将聚合后的模型传送到参数服务器中。文献[6]和文献[7]根据计算节点的位置提出基于两层树结构的通信覆盖，文献[3]则提出通用的基于树的 MLNET 通信覆盖方案，根据计算节点的规模启发式地构建基于正则生成树的通信逻辑拓扑，如基于二叉树的通信覆盖。尽管这些通信覆盖可以减少模型分发与聚合的通信完成时间，但遗憾的是，它仅适用于静态和同构的网络。由于差异化配置和来自其他互联网服务的资源竞争的影响，跨数据中心的网络资源和计算资源异构分布且动态时变，致使上述静态的基于规则树的通信覆盖在这种复杂网络中难以发挥其优势。为此，亟须针对跨数据中心的复杂网络设计高效的通信覆盖机制。

另一方面，当数据中心之间基于专用光广域网进行互联时，如谷歌的 B4 网络[8]和微软的 SWAN 网络[9]，这些专用光广域网可以通过软件定义网络（Software Defined Network，SDN）进行集中控制，以全局视角灵活配置网络。例如，将光纤上的波长配置到相邻的光纤以改变网络拓扑。光广域网的可重构特性允许其根据应用需求灵活调度流量传送，从而减少流完成时间[10]。已有研究针对批量数据传送任务提出网络拓扑与流量传送调度的联合优化方案[11-12]，这些方案可以为加速跨数据中心的模型同步流量传送提供借鉴，但是它们不能直接应用于分布式机器学习。这是因为这些方案的优化目标是实现批量数据传输任务的流完成时间最小化或在有限时间内流完成数量最大化，与分布式机器学习的流传送需求不一致[13]。另外，这些方案的优化算法仅为单阶段流传输任务而设计，而最小化分布式机器学习的多阶段任务的流完成时间不同于最小化单阶段数据传输的流完成时间，因此，它们不适用于分布式机器学习。为此，需要针对跨数据中心分布式机器学习，研究光广域网下的高效流量传送调度机制。

针对传统广域网络和专用光广域网络互联的多个数据中心，本章首先提出基于动态通信调度的通信覆盖机制，根据模型分发与模型聚合的参数传送模式的差异，分别建模它们的动态通信调度问题，并设计相应的通信调度协议。接着，本章提出光广域网中的在线流量调度，对任务内和任务间两个子问题分别设计流量调度算法。最后，对本章内容进行总结。

6.1 基于动态通信调度的通信覆盖机制

本节首先阐述基于动态通信调度的通信覆盖机制的研究动机。然后讲解模型分发和模型聚合的动态通信调度问题，并在此基础上设计面向模型分发与模型聚合的通信调度协议。最后，给出所提技术的实现方案，描述其在跨数据中心场景中的部署方法，并实验测试以验证通信加速效果。

6.1.1 研究动机

在跨数据中心网络中，参数服务器系统的高效通信覆盖应该具有以下三个特征：（1）可以根据计算节点之间的资源异构性自适应地构建通信逻辑路径；（2）可以根据实时的网络状态自适应地优化通信逻辑路径；（3）除了优化通信逻辑路径，还可以调度通信顺序，进一步加速模型通信。基于以上考虑，本节研究网络感知的动态通信调度机制，该机制调度模型分发和模型聚合中参数服务器与计算节点之间的模型传送，以期实现高效的通信覆盖。

1. 基于动态通信调度的模型分发机制研究动机

三种模型分发模式的通信逻辑和通信时间如图 6-1 所示。图 6-1 对 Hub-and-Spoke 模式、二叉树通信覆盖模式和动态通信调度方案的模型分发通信时间进行了对比。其中，s 代表参数服务器，其他是计算节点。假设模型大小为 1 个单位，每个计算节点的出口带宽为 1 单位每秒。圆圈内的数字表示模型传送的阶段，不同阶段的模型流量不会争夺带宽。箭头旁的数字表示模型传送的可用带宽。模型分发的效率可以用计算节点收到下发模型参数的平均时间来衡量，本节定义该平均时间为模型分发的通信时间，通过最小化平均通信时间以使各个计算节点尽快收到下发的模型参数。在 Hub-and-Spoke 模式下，所有节点的模型流量共享参数服务器的出口带宽。每个节点的模型流量的可用出口带宽为 1/6 单位每秒，所以模型分发的通信时间是 6s。在二叉树通信覆盖下，参数服务器首先在阶段①将模型参数发送给节点 1、2，然后节点 1、2 在阶段②将收到的模型参数继续下发给它们的子节点。由于父节点的出口带宽由两条流量共享，每条流量的可用带宽为 1/2 单位每秒，所以模型分发的通信时间为 3.3s。而在动态通信调度方案下，阶段①，首先调度从参数服务器到节点 1 的模型传送；随后在阶段②，调度从参数服务器到节点 2 的模型传送，与此同时，调度从节点 1 到节点 4 的模型传送；最后在阶段③，同时调度从参数服务器到节点 3、从节点 4 到节点 5，以及从节点 2 到节点 6 的模型传送。在上述调度方案中，每条流量独占节点的出口带宽，三个传送阶段最多只需要 3s 的传送时间，而平均通信时间更是缩减到 2.3s。这证明动态通信调度方案理论上是可行的。

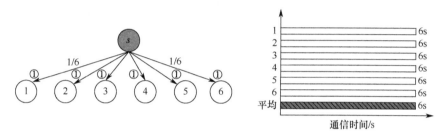

(a) Hub-and-Spoke模式进行模型分发的通信逻辑（左）与通信时间（右）

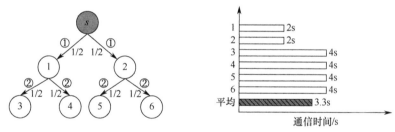

(b) 二叉树通信覆盖模式进行模型分发的通信逻辑（左）与通信时间（右）

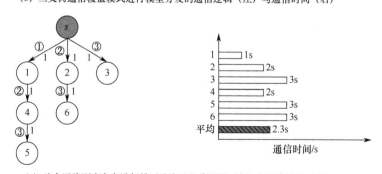

(c) 动态通信调度方案进行模型分发的通信逻辑（左）与通信时间（右）

图 6-1　三种模型分发模式的通信逻辑和通信时间

2. 基于动态通信调度的模型聚合机制研究动机

三种模型聚合模式的通信逻辑和通信时间如图 6-2 所示。图 6-2 对 Hub-and-Spoke 模式、二叉树通信覆盖模式和动态通信调度方案的模型聚合通信时间进行了对比。其中，s 代表参数服务器，其他是计算节点。假设模型大小为 1 个单位，每个计算节点的出口带宽为 1 单位每秒。圆圈内的数字表示模型传送的阶段，不同阶段的模型流量不会争夺带宽。箭头旁的数字表示模型传送的可用带宽。由于模型聚合操作需要加和计算节点的模型参数，参数服务器必须收齐所有模型参数后才能执行聚合以及后续步骤，所以本节定义模型聚合的通信时间为参数服务器最晚收到模型参数的时间。为简化说明，图 6-2 假设计算节点都已完成模型计算。在 Hub-and-Spoke 模式下，计算节点的上行模型流量共享参数服务器的入口带宽，每条流量的可用带宽为 1/6 单位每秒，模型聚合的通信时间是 6s。在二叉树通信覆盖模式下，首先节点 1 和节点 2 分别同时接收其子节点的模型参数，在进行局部聚合后，继续将聚合参数上传到参数服务器。由于父节点的入口带宽由两条模型流量共享，每条流量的可用带宽为 1/2 单位每秒，所以模型聚合的通信时间为 4s。进而在动态通信调度方案下，阶段①并行调度节点 4、5、6 到它们父节点 1、2、3 的模型传送，并在父节点处完成局部聚合；随后在阶段②，调度节点 1 到参数服务器的模型传送，与此同时，调度节点 2 到节点 3 的模型传送，并执行局部聚合；最后，阶段③调度节点 3 到参数服务器的模型传送，并在参数服务器完成所有模型参数的全局聚合。在整个上行传送的过程中，不同阶段的模型传送在时间和空间维度上互不重叠，所以每次传送时都将独占父节点的入口带宽。因此，模型聚合的通信时间取决于最长传送路径的长度。在上述例子中，动态通信调度方案将模型聚合的通信时间从 6s 缩减到 3s，证明了该方案的可行性。

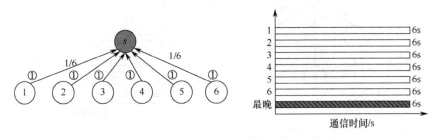

(a) Hub-and-Spoke模式进行模型聚合的通信逻辑（左）与通信时间（右）

图 6-2 三种模型聚合模式的通信逻辑和通信时间

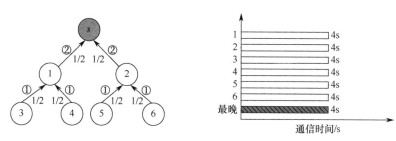

(b) 二叉树通信覆盖模式进行模型聚合的通信逻辑（左）与通信时间（右）

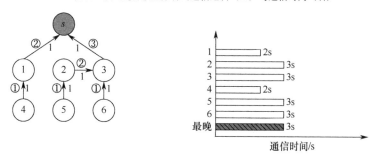

(c) 动态通信调度方案进行模型聚合的通信逻辑（左）与通信时间（右）

图 6-2　三种模型聚合模式的通信逻辑和通信时间（续）

6.1.2　问题建模

6.1.2.1　模型分发的动态通信调度问题

一次模型分发是将大小为 V 的模型参数从参数服务器 s 下发到计算节点群 D 的多播传输过程。为了减小计算节点对参数服务器出口带宽的竞争，可以调度已收到模型参数的计算节点成为新的发送者。假设计算节点 $i \rightarrow j$ 的可用路径为 $P_{i,j}$，$P_{i,j}$ 中第 k 条子路径为 $P_{i,j,k}$，$b_{i,j,k}$ 表示子路径 $P_{i,j,k}$ 上的可用带宽，$e \in P_{i,j,k}$ 表示子路径 $P_{i,j,k}$ 包含链路 e 且 c_e 是链路 e 的最大负载。0-1 变量 $x_{i,j,k}$ 表示模型参数在子路径 $P_{i,j,k}$ 上传输。自参数服务器 s 开始模型分发时起，变量 t_j 表示计算节点 j 收到模型参数的时间，变量 $t_{i,j}^{\text{send}}$ 表示计算节点 i 启动模型传送的时间。优化目标为最小化所有计算节点收到模型参数的平均通信时间。模型分发的动态通信调度可以建模为以下整数线性规划（Integer Linear Programming，ILP）问题：

$$\text{minimize} \quad \sum_{j \in D} t_j$$

$$\begin{aligned}
\text{s.t.} \quad & t_j = \sum_{i,j,k} x_{i,j,k} (t_{i,j}^{\text{send}} + \frac{V}{b_{i,j,k}}), \forall j \in D, i \in \{s\} \cup D, i \neq j \\
& t_{i,j}^{\text{send}} \geq t_i, \forall i \in D, j \in D, i \neq j \\
& t_{s,j}^{\text{send}} \geq 0, \forall j \in D \\
& \sum_{i,j,k} x_{i,j,k} = 1, \forall j \in D \\
& \sum_{i,j,k} x_{i,j,k} b_{i,j,k} \leq c_e, \forall e \in p_{i,j,k}
\end{aligned} \quad (6\text{-}1)$$

离线求解上述 ILP 问题存在三个挑战。

（1）感知节点间可用带宽开销大。机器学习模型训练通常需要很多次迭代才能达到理想的模型精度，在此期间，广域网络可用资源也会时刻变化[7]。在每次迭代中重新测量网络实现实时网络感知，将引入庞大的网络测量成本[14]，拖慢问题求解。

（2）问题求解伴有高开销。上述 ILP 问题是一个 NP 难问题，不能在多项式时间内求解。

（3）求解结果过时。离线的求解方案假设网络在决策周期内是静态的，由此解得的决策结果在实际的动态时变的广域网络中是过时的，因而不可用。

基于上述考虑，本节研究一种在线调度协议，在可接受的时间内获得对线性规划方程组的近似最优解，以实现模型分发的高效调度。

6.1.2.2 模型聚合的动态通信调度问题

一次模型聚合是将大小为 V 的模型参数从计算节点群 D 多对一地传输到参数服务器 s 的过程。为了减小计算节点对参数服务器入口带宽的竞争，可以调度计算节点成为新的接收者，以代替参数服务器接收其他计算节点的模型参数并完成局部聚合。假设计算节点 $i \rightarrow j$ 的可用路径为 $P_{i,j}$，$P_{i,j}$ 中第 k 条子路径为 $P_{i,j,k}$，$b_{i,j,k}$ 表示子路径 $P_{i,j,k}$ 上的可用带宽，$e \in P_{i,j,k}$ 表示子路径 $P_{i,j,k}$ 包含链路 e 且 c_e 是链路 e 的最大负载。0-1 变量 $x_{i,j,k}$ 表示模型参数在子路径 $P_{i,j,k}$ 上传输。自首个计算节点开始上传模型参数时起，变量 t_j 表示计算节点 j 从它的子节点收到模型参数的时间，变量$t_{i,j}^{\text{send}}$表示计算节点i开始上传模型参数的时间。优化目标是最小化参数服务器s收齐所有模型参数的最晚时间t_s。模型聚合的动态通信调度也可以表述为 ILP 问题：

$$\text{minimize} \quad t_s$$

$$\text{s.t.} \quad t_j = \max\{x_{i,j,k}(t_{i,j}^{\text{send}} + \frac{V}{b_{i,j,k}})\}, \forall i \in D, j \in \{s\} \cup D, i \neq j$$

$$t_{i,j}^{\text{send}} \geq t_i, \forall i \in D, j \in \{s\} \cup D, i \neq j$$

$$t_i \geq 0, \forall i \in \{s\} \cup D \quad\quad (6\text{-}2)$$

$$\sum_{i,j,k} x_{i,j,k} = 1, \forall i \in D$$

$$\sum_{i,j,k} x_{i,j,k} b_{i,j,k} \leq c_e, \forall e \in p_{i,j,k}$$

与模型分发类似，模型聚合的 ILP 问题求解也面临网络感知开销大、求解开销高、求解结果过时等挑战。此外，由于硬件配置不同以及其他计算服务的算力竞争，计算节点必须使用异构且时变的计算资源完成模型计算。这种异构性和动态性使得计算节点完成模型计算的时间变化大，难以预测，增加了离线调度的难度。因此，我们研究一种在线调度协议来实现模型聚合的高效调度。

6.1.3　通信覆盖机制设计

本节首先介绍基于动态通信调度的通信覆盖机制 TSEngine[15]的设计和总体架构，然后分别介绍面向模型分发和模型聚合的动态通信调度协议。

6.1.3.1　设计和架构概述

下面以跨数据中心场景为例概览 TSEngine 的总体架构。基于动态通信调度的通信覆盖机制 TSEngine 的总体架构如图 6-3 所示。多个参与数据中心通过广域网络与主控数据中心互联。为统一方法描述，下文仍将参与数据中心视为"计算节点"角色，将主控数据中心视为"参数服务器"角色。TSEngine 的核心思想是，鼓励计算节点参与协助模型传送，并动态调度参数服务器与计算节点之间、计算节点与计算节点之间的通信逻辑和通信顺序，从而实现跨数据中心的高效通信覆盖，最小化模型分发与聚合的通信时间。TSEngine 主要包含一个全局调度器以及部署在所有节点上的本地代理。TSEngine 本地代理拦截参数服务器和计算节点之间的直接模型传送，由 TSEngine 全局调度器在线调度 TSEngine 本地代理之间的通信逻辑和通信顺序。

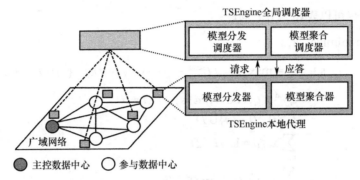

图 6-3　基于动态通信调度的通信覆盖机制 TSEngine 的总体架构

具体地说，对于模型分发，当 TSEngine 本地代理的模型分发器获得模型参数时，它会主动请求作为新的模型发送者参与分发调度（假设 TSEngine 本地代理有可用存储空间缓存分发模型）。TSEngine 全局调度器的模型分发调度器在线为每个分发请求决策一个模型接收者，然后模型发送者将其缓存的模型参数发送给指定接收者。本节提出具有低网络感知开销的自动学习通信调度协议（Auto-Learning Communication Scheduling Protocol，AL-CSP）来实现模型分发的高效通信覆盖。AL-CSP 根据已完成模型传送的反馈，即通信吞吐率，自动学习计算节点之间的网络状态，并迭代优化通信逻辑和通信顺序。

对于模型聚合，当 TSEngine 本地代理的模型聚合器获得本地训练后的模型参数时，会主动发送一个聚合请求，通知 TSEngine 全局调度器其已准备好上传模型参数以进行聚合。模型聚合调度器在线为每个聚合请求决策一对聚合节点（模型发送者，模型接收者），它规定了哪两个计算节点应执行局部聚合，以及模型传送的方向（假设 TSEngine 本地代理有可用的缓存来执行局部聚合）。本节提出低网络感知开销的最小等待延迟通信调度协议（Minimal-Waiting-Delay Communication Scheduling Protocol，MWD-CSP）来实现模型聚合的高效通信覆盖。MWD-CSP 根据聚合请求的到达顺序感知网络异构性，并优先将两个聚合请求相邻的计算节点调度为一个聚合对，以减少局部聚合的等待延迟。此外，MWD-CSP 根据两个 TSEngine 本地代理之间的可用带宽来确定模型传送的方向。

6.1.3.2 自动学习通信调度协议

分布式机器学习训练是以迭代方式执行的，它需要重复执行模型分发步骤。为了减少网络探测的开销，TSEngine 不是通过额外的探测流来测量计算节点之间的可用带宽，而是利用分布式机器学习的迭代特性，根据计算节点已完成的模型传送的反馈，即通信吞吐率，来近似估计它们之间的可用带宽。本节设计自动学习通信调度协议（AL-CSP）来动态感知网络状态，并根据实时网络状态迭代优化通信逻辑和通信顺序。下面详细描述 AL-CSP 的调度过程和调度算法。

1. 分发调度过程

AL-CSP 的调度流量模型如图 6-4 所示，AL-CSP 协议主要包括五个操作原语。

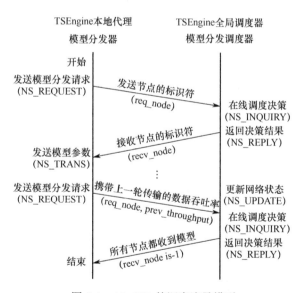

图 6-4 AL-CSP 的调度流量模型

（1）NS_REQUEST 原语：某个计算节点在从计算层或其他节点获得待分发的模型参数后，其 TSEngine 本地代理模型分发器向 TSEngine 全局调度模型分发调度器发起模型分发请求，请求调度决策接收其分发模型参数的接收节点。在第一次通信迭代中，请求消息只携带发送节点的标识符（req_node）；在后续通信迭代中，请求消息还附加携带上一轮传输的数据吞吐率

（prev_throughput）。

（2）NS_UPDATE 原语：TSEngine 全局调度器用请求携带的数据吞吐率（prev_throughput）更新其记录的网络状态矩阵 A。在矩阵 A 中，元素值 a_{ij} 表示计算节点 $i \rightarrow j$ 的估计网络带宽，$a_{ij} = -1$ 表示当前网络带宽未知。

（3）NS_INQUIRY 原语：TSEngine 全局调度器使用用户指定的调度算法为请求决策一个接收方。为辅助判断模型分发过程的停止条件，TSEngine 全局调度器维护一个分发向量 b，其元素值 b_i 表明计算节点 i 是否已获得分发的模型参数。当分发向量 b 的元素值全为 1 时，所有计算节点都已收到分发的模型参数，此时接收节点的标识符（recv_node）置为 -1。

（4）NS_REPLY 原语：TSEngine 全局调度器反馈接收节点的标识符（recv_node）给发起请求的计算节点的本地代理。

（5）NS_TRANS 原语：模型发送方收到反馈的接收节点的标识符（recv_node）后，将待分发的模型参数发送给该接收节点，并测量此次模型传送的数据吞吐率（prev_throughput，即模型参数的总字节数除以传送时间），该值将作为评估网络状态的依据，在下一次发起模型分发请求时附带该信息以更新全局调度器的网络状态。

模型发送方将重复上述原语，直至 NS_REPLY 原语返回 -1，此时模型分发过程结束。表 6-1 简要描述了 AL-CSP 的五个操作原语。

表 6-1　AL-CSP 的五个操作原语

操作原语	描　　述
NS_REQUEST	发送方向 TSEngine 全局调度器询问发送对象，并报告最新网络状态
NS_UPDATE	TSEngine 全局调度器更新网络状态矩阵 A
NS_INQUIRY	TSEngine 全局调度器根据用户指定的调度算法决策接收节点
NS_REPLY	TSEngine 全局调度器反馈决策结果给查询的发送方
NS_TRANS	发送方发送模型参数给指定的接收方，并测量网络状态

2. 自动学习调度算法

针对 NS_INQUIRY 原语的算法实现，下面提出一种结合路径探索和贪心选择的在线自动学习调度算法（Auto-Learning Scheduling Algorithm，AL-SA），如算法 6-1 所示，给定网络状态矩阵 A 和分发向量 b，以及发起请求的模型发送节点标识符 req_node，AL-SA 通过以下步骤确定接收节点标识符 recv_node。

算法 6-1 自动学习调度算法（AL-SA）

输入：网络状态矩阵 A，分发向量 b，模型发送节点标识符 req_node。

输出：接收节点标识符 recv_node。

1.　**if** 所有计算节点都已收到模型参数 **do**
2.　　　**return** recv_node $\leftarrow -1$；
3.　　计算集合 $\mathcal{B}_1 \leftarrow \{i | b_i = 0, \forall i\}$ 及其大小 TOTs $\leftarrow |\mathcal{B}_1|$；
4.　　在集合 $\mathcal{B}_1$ 中，随机选择一个计算节点 k；
5.　　计算集合 $\mathcal{B}_2 \leftarrow \{i | b_i = 0, A_{\text{req\_node},i} \neq -1, \forall i\}$ 及其大小 SN $\leftarrow |\mathcal{B}_2|$；
6.　　从集合 $\mathcal{B}_2$ 中，选择计算节点 $k^* \leftarrow \underset{i \in \mathcal{B}_2}{\arg\max} \{A_{\text{req\_node},i}\}$；
7.　　以概率 $p \leftarrow \min\{\text{SN/TOTs}, p_{\max}\}$ 令 recv_node $\leftarrow k^*$，否则令 recv_node $\leftarrow k$；
8.　**return** recv_node

若所有计算节点都已收到模型参数，则直接返回 -1，模型分发过程结束。否则，遍历分发向量 b，找出尚未收到模型参数的集合 $\mathcal{B}_1$，从中随机选择一个计算节点 k。随后，继续从集合 $\mathcal{B}_1$ 中，筛选出与发送节点标识符 req_node 之间网络状态已知的集合 $\mathcal{B}_2$，从中选择可用带宽最大的接收节点 k^*。以概率 p 执行贪心选择策略，返回最佳接收节点 k^*；否则，执行路径探索策略，返回随机接收节点 k，探测新路径 req_node $\to k$ 的网络状态，以期找到更优的传送路径。

上述探索利用概率 $p = \min\{\text{SN/TOTs}, p_{\max}\}$，TOTs 是集合 $\mathcal{B}_1$ 的大小，SN 是集合 $\mathcal{B}_2$ 的大小，$p_{\max}$ 是执行贪心选择策略的最大概率。在训练前期，TSEngine 全局调度器掌握的网络状态信息较少，AL-SA 以较大的概率执行路径探索策略。随着模型分发步骤反复迭代，AL-SA 自动完成对网络状态的感知，网络状态矩阵 A 逐步探测完成（SN 增大），于是将更倾向于执行贪心选择策略，以最小化此次模型传送的通信时间。与此同时，还在等待模型参数的计算节点越来越少（TOTs 减小），AL-SA 优先执行贪心选择策略，以尽快完成模型分发。但是，当 SN/TOTs $= 1$ 时，AL-SA 将总是执行贪心选择策略。为在动态网络中能够及时更新网络状态矩阵 A，该算法设置执行贪心选择策略的最大概率 $p_{\max}$，以动态感知网络变化，调整调度策略，避免该算法陷入局部极优。

6.1.3.3　最小等待延迟通信调度协议

对于模型聚合过程，类似于 AL-CSP，TSEngine 可根据已完成的模型传送的网络状态反馈，记录或更新计算节点之间的可用带宽。另外，由于跨数据中心广域网络的资源异构性，不同计算节点上传模型参数的就绪时间存在较大差异，时间差由计算节点收到分发模型参数的时刻和模型计算时间共同决定。为了缩短就绪时间差带来的模型聚合等待延迟，下面设计最小等待延迟通信调度协议（MWD-CSP）来感知网络状态以及估计计算节点的就绪时间，并动态调度已就绪的计算节点执行局部聚合。下面将详细描述 MWD-CSP 的调度过程和调度算法。

1. 聚合调度过程

MWD-CSP 的调度流量模型如图 6-5 所示，MWD-CSP 协议主要包括六个操作原语。

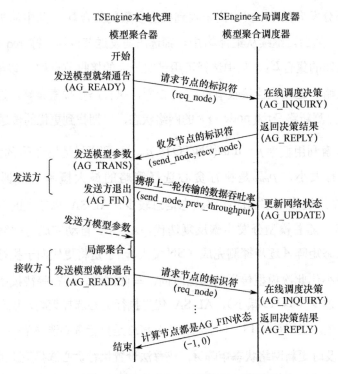

图 6-5　MWD-CSP 的调度流量模型

（1）AG_READY 原语：计算节点完成模型计算或局部聚合后，缓存待传送的模型参数，通知 TSEngine 全局调度器自己已就绪，可参与调度。

（2）AG_INQUIRY 原语：TSEngine 全局调度器将两个已就绪的计算节点调度为一对聚合节点，确定其中一个节点是发送方（send_node），另一个节点是接收方（recv_node）。

（3）AG_REPLY 原语：TSEngine 全局调度器反馈聚合调度策略(send_node, recv_node)给相应的计算节点。

（4）AG_TRANS 原语：发送方发送模型参数给接收方，以供接收方完成局部聚合，如将收到的模型参数累计求和到本地模型参数。

（5）AG_FIN 原语：完成模型传送后，发送方向 TSEngine 全局调度器报告本次传输的数据吞吐率（prev_throughput），随后退出调度过程。

（6）AG_UPDATE 原语：TSEngine 全局调度器用 AG_FIN 消息携带的数据吞吐率（prev_throughput）更新网络状态矩阵 A。

在发送方执行 AG_TRANS 原语后，接收方收到发送方的模型参数并执行局部聚合，随后继续执行 AG_READY 原语加入调度队列。上述过程将重复，直至所有计算节点都执行过 AG_FIN 原语，此时 TSEngine 全局调度器返回 $(-1, 0)$，表示没有计算节点再向参数服务器（标识符为 0）发送模型参数，模型聚合过程结束。表 6-2 简要描述了 MWD-CSP 的六个操作原语。

表 6-2 MWD-CSP 的六个操作原语

操作原语	描　　述
AG_READY	计算节点通知 TSEngine 全局调度器自己已就绪，可参与聚合调度
AG_INQUIRY	TSEngine 全局调度器根据用户指定的调度算法决策聚合节点对
AG_REPLY	TSEngine 全局调度器反馈决策结果给对应的发送方和接收方
AG_TRANS	发送方发送模型参数给指定的接收方，并测量网络状态
AG_FIN	发送方上报最新网络状态，并申请退出调度过程
AG_UPDATE	TSEngine 全局调度器更新网络状态矩阵 A

2. 最小等待延迟调度算法

由于跨数据中心广域网络的带宽和计算等资源都是差异分布的，且随时在变化，不同计算节点的就绪时间差异较大，这致使已就绪的计算节点被阻塞以等待其他节点就绪。这种长时间的阻塞等待是由不合理的聚合调度策略所引起的，针对该问题，下面提出在线的最小等待延迟调度算法（Minimal-Waiting-Delay Scheduling Algorithm，MWD-SA），该算法优先调度两个就绪时间相邻的计算节点执行局部聚合。

MWD-SA 的调度示例如图 6-6 所示。每当一个节点通告就绪，该算法就将该节点标识放入聚合调度队列 Q，Q 是一个先入先出队列。当队列长度不小于 2 时，队头两个节点出队，组成聚合节点对(send_node, recv_node)。如果出队的两个节点中有参数服务器（标识符为 0），则参数服务器应作为接收方（recv_node），另一节点作为发送方（send_node）。若不存在参数服务器，则该算法将具有更高可用带宽的传送方向作为局部聚合的方向，例如，在图 6-6 中，路径2→1的可用带宽比路径1→2的高，所以确定节点 2 为发送方，节点 1 为接收方。通过重复执行 MWD-SA，所有计算节点的模型参数最终都将汇聚到参数服务器中。上述过程的伪码实现如算法 6-2 所示。

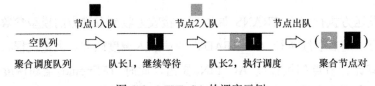

图 6-6　MWD-SA 的调度示例

算法 6-2 最小等待延迟调度算法（MWD-SA）

输入：网络状态矩阵 A，聚合调度队列 Q，请求节点标识符 req_node。

输出：聚合节点对(send_node,recv_node)。

1.　　将请求节点标识符 req_node 加入聚合调度队列 Q；

2.　　**if** Q.size ≥ 2 **do**

3.　　　　$k_1, k_2 \leftarrow Q.\text{pop}(2)$；

4.　　　　**if** $k_1 = 0$ **or** $k_2 = 0$ **do**　　// 两个节点中有一个是参数服务器

5.　　　　　　send_node $\leftarrow \max(k_1, k_2)$；recv_node $\leftarrow 0$；

6.　　　　**else do**

7.　　　　　　**if** $A_{k_1,k_2} = -1$ **or** $A_{k_2,k_1} = -1$ **do**　　// k_1, k_2 之间存在未探索的路径

8.　　　　　　　　随机选择 k_1, k_2 中的一个作为发送方 send_node，另一个作为接收方 recv_node；

9.	**else do**	// 选择可用带宽最大的方向进行传输	
10.	**if** $A_{k_1,k_2} > A_{k_2,k_1}$ **do**	send_node $\leftarrow k_1$; recv_node $\leftarrow k_2$;	
11.	**else do** send_node $\leftarrow k_2$; recv_node $\leftarrow k_1$;		
12.	**return** (send_node, recv_node)		

6.1.4 实现和部署

在本节中，我们将描述 TSEngine 在参数服务器系统的架构实现中所处的层级，阐述 TSEngine 的主要接口及实现，并概览 TSEngine 如何部署应用于跨数据中心场景下的分布式机器学习系统。

1. TSEngine 传输调度层结构

PS-LITE[16]是参数服务器（PS）通信架构的一个轻量且高效的实现。本节以 PS-LITE 为例，展示 TSEngine 在 PS 层次架构中的位置及功能。TSEngine 在 PS-LITE 架构中的层级结构如图 6-7 所示。TSEngine 被实现为 KVApp 会话层和 VAN 传输层之间的调度层，可被集成于 PS-LITE 库中[17]。具体地讲，在计算节点侧，神经计算层训练模型参数，将模型参数以键值对的形式存于 KVStore 存储层。当需要同步模型参数时，KVApp 会话层为模型传送赋予身份标识，利用 TSEngine 调度模型分发与聚合的发送节点和接收节点及其通信顺序，最后通过 VAN 传输层完成在广域通信网络中的模型传输。由于 TSEngine 调度层靠近通信栈底层，其对上层计算和同步是透明的，也便于调度消息的轻量加解封装和快速传输。

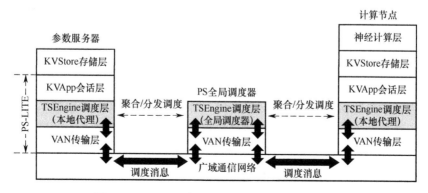

图 6-7 TSEngine 在 PS-LITE 架构中的层级结构

2. TSEngine 主要接口功能

TSEngine 调度层提供了两个主要接口供上层调用：TS_PULL 和 TS_PUSH。

（1）TS_PULL 接口：在 PS-LITE 原生模型拉取接口（PULL）的实现中，计算节点主动向参数服务器发起 PULL 请求，参数服务器被动响应模型参数。原生实现仅适用于 Hub-and-Spoke 通信拓扑，无法在模型分发过程中实现流量调度。为此，TSEngine 调度层向下兼容 VAN 传输层接口，并向上提供专用功能接口 TS_PULL。传统模型拉取接口与 TSEngine 模型拉取接口的对比如图 6-8 所示。在 TS_PULL 实现中，实际的发送者是模型分发器。在 TSEngine 全局调度器的协调下，各节点的模型分发过程由它们的模型分发器自动完成，其中计算节点的模型分发器可以作为中继，协助参数服务器完成主动模型分发。计算引擎则直接从其模型分发器拉取模型参数（阻塞直至模型分发器收到模型参数）。

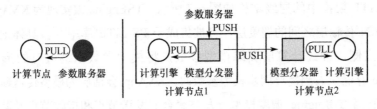

图 6-8　传统模型拉取接口（左）与 TSEngine 模型拉取接口（右）的对比

（2）TS_PUSH 接口：PS-LITE 原生模型推送接口（PUSH）仅能将模型参数直接传送给参数服务器，不能借助计算节点之间的链路资源进行灵活调度。为实现模型推送中继，TSEngine 实现了 TS_PUSH 接口，为上层提供通信流量调度能力，以实现高效的模型聚合。传统模型推送接口与 TSEngine 模型推送接口的对比如图 6-9 所示。在 TS_PUSH 接口的实现中，计算引擎将待聚合的模型参数推送给它的模型聚合器，在 TSEngine 全局调度器的协调下，由模型聚合器代为执行模型参数的推送与聚合。例如，计算节点 1 的模型聚合器可以向另一计算节点 2 的模型聚合器推送模型参数，再由计算节点 2 的模型聚合器完成接收模型参数和本地模型参数的聚合。推送请求（PUSH）中设计有一个字段，记录了已完成聚合的计算节点标识，参数服务器可以根据该字段确定模型聚合过程是否完成。

注意，在图 6-8 和图 6-9 中，为简化图例和描述，图中省略了拉取和推送请求的确认反馈，该反馈用于接收方告知发送方模型已收到。

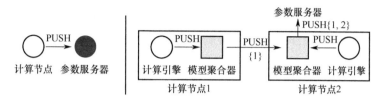

图 6-9　传统模型推送接口（左）与 TSEngine 模型推送接口（右）的对比

作者在基于参数服务器通信架构的 MXNET 和 GeoMX 两个系统中集成了 TSEngine 传输调度层[17-18]，可通过设置环境变量 ENABLE_TS=1 启用。

3. TSEngine 在 GeoMX 系统中的跨数据中心部署

上文中，我们以参数服务器通信架构中的参数服务器节点和计算节点为例，阐述了它们的工作原理和技术实现。在本书描述的 GeoMX 系统中，TSEngine 依照图 6-3 在跨数据中心场景部署。在 GeoMX 系统中，域内参数服务器将代表参与数据中心参与 TSEngine 的流量传输调度。简而言之，我们可将技术描述中的"计算节点"理解为每个参与数据中心的域内参数服务器，而将"参数服务器"理解为主控数据中心的全局参数服务器，从而理解 GeoMX 系统如何利用 TSEngine 实现跨数据中心的流量传送调度。

6.1.5　实验与性能评估

本节实验评估 TSEngine 的总体训练加速效果，以及在不同模型大小和集群规模下，验证所提通信调度协议 AL-CSP 和 MWD-CSP 的有效性。实验使用相同迭代次数下训练时间的缩减率来衡量 TSEngine 的加速效果。值得注意的是，TSEngine 不会影响收敛精度和收敛迭代次数，这是因为 TSEngine 只涉及模型分发与聚合过程的逻辑通信拓扑和传送顺序，没有信息损失，所以不改变算法逻辑，也就不影响收敛表现。该特点使我们只需关心 TSEngine 的通信加速表现即可。

1. 实验环境设置

实验模拟了 13 个数据中心的测试平台，包括 1 个主控数据中心，12 个参与数据中心，以及伴随主控数据中心部署的全局调度器。每个数据中心运行在一个 Docker 容器中，配置有 8 个 CPU 核心、12GB 内存以及 1 张 NVIDIA GeForce GTX1080Ti 计算卡。为了模拟跨数据中心的受限广域/专用网络环境，实验使用流量控制工具 TC[19]来限制数据中心（Docker 容器）之间的网络带宽，将可用带宽随机分布在 155~455Mbps 之间，同时动态改变带宽限制，以模拟广域网络带宽资源的异构分布和动态变化。为模拟不同数据中心的差异、变化算力，实验对参与数据中心的模型计算施加不同程度的延迟。

为展现 TSEngine 传输调度的通信加速优势，实验选用 PS-LITE 的默认通信覆盖（Hub-and-Spoke）[16]、分层静态通信覆盖（RACK，父节点入度为 7）[3]以及二叉树通信覆盖（BINARY）[3]作为对比方案。训练数据集采用 Fashion-MNIST 图像分类数据集[20]，训练样本被均匀划分到 12 个参与数据中心中。实验使用 AlexNet[21]和 MobileNet[22]两个不同大小的深度学习模型，占用空间分别为 218MB 和 12MB，以观察不同通信负载下的通信加速效果。为简化实验设置，突出 TSEngine 的性能增益，实验将数据中心视为"超节点"。在同步训练模式下，这些"超节点"用 Adam 优化器[23]训练本地模型，设置学习率为 0.001，批数据大小为 32。实验总计运行 780 次本地训练迭代，默认每 $E=1$ 次迭代执行一次模型参数同步。

2. TSEngine 的总体训练加速效果对比

AlexNet 和 MobileNet 模型上四种通信模式的总体训练效率对比如图 6-10 所示，在 AlexNet 模型上，对比方案 Hub-and-Spoke、RACK 和 BINARY 分别需要 2156min、2014min、1717min 完成训练，而 TSEngine 仅需要 905min，总体训练效率提升 1.95~2.38 倍。这是因为 TSEngine 通过动态调度数据中心协助模型的分发和聚合，减轻了 Hub-and-Spoke 方案中 In-cast 问题带来的低通信效率。同时，TSEngine 根据实时网络状态动态调度通信逻辑和通信顺序，相比于静态通信覆盖方案 RACK 和 BINARY，进一步缩减了通信时间。TSEngine 在参数量小的 MobileNet 模型上也取得了类似的表现，但训练效率增益不及 AlexNet 模型，仅提升 1.15~1.55 倍，这表明 TSEngine 在大模型上更为有效。

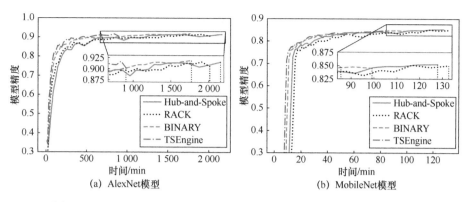

图 6-10　AlexNet 和 MobileNet 模型上四种通信模式的总体训练效率对比

基于 AlexNet 模型，表 6-3 所示为不同同步间隔 E 下的四种通信模式的训练时间对比。数据表明，随着同步间隔从 1 增长至 100，TSEngine 相对基准方案 Hub-and-Spoke 的训练时间缩减比例从 58% 降低至 45%，加速效果逐渐减弱。究其原因，同步间隔的增大会优化训练算法的收敛率，使得模型训练只需要更少的通信迭代，而这让 TSEngine 没有足够的迭代次数来学会好的传输调度策略。所以，TSEngine 更适合通信迭代多的分布式训练算法。

表 6-3　不同同步间隔 E 下四种通信模式的训练时间对比　　　　单位：min

同步间隔 E	Hub-and-Spoke	RACK	BINARY	TSEngine
1	2156	2014	1717	**905（↘58%）**
10	223	213	138	**105（↘53%）**
100	20	19	13	**11（↘45%）**

从上文可知，TSEngine 不改变收敛精度和收敛所需的迭代次数。究其本质，TSEngine 通过加速模型分发和聚合的通信过程实现整体的训练加速。因此，模型分发与聚合的通信时间是实现训练加速的关键所在。以下分别对模型分发和模型聚合两个过程所使用的通信调度协议做对比分析。

3. AL-CSP 的模型分发加速效果

本实验单独评估自动学习通信调度协议（AL-CSP）的模型分发加速效果。根据式（6-1），定义 R 轮模型分发的总通信时间为 C：

$$C = \frac{1}{RN} \sum_{r=1}^{R} \sum_{j=1}^{N} t_j^r \tag{6-3}$$

式中，t_j^r 是数据中心 j 在第 r 个模型分发轮次时收到模型参数的时间；N 是参与数据中心的数量。C 的值越小意味着模型分发的通信效率越高。由于模型分发过程不涉及模型计算，所以式（6-3）不包含模型计算时间。

（1）模型分发的通信时间效率对比。本实验模拟 $N=128$ 个参与数据中心节点，对 AlexNet 和 MobileNet 的模型参数分别执行 $R=300$ 次模型分发，并测量总通信时间 C。我们对每种通信模式都重复五次实验以计算 C 的平均值、最大值和最小值，AlexNet 和 MobileNet 模型上四种通信模式的模型分发的总通信时间对比如图 6-11 所示。以 AlexNet 模型的测量结果为例，Hub-and-Spoke 模式下总通信时间为 262.3s，而 AL-CSP 只需要 13.2s，用于模型分发的总通信时间缩减了约 95%。与静态通信覆盖方案 BINARY 和 RACK 相比，AL-CSP 能够自动感知网络状态及其变化，灵活且动态调整流量调度策略，从而更充分地利用空闲带宽加速模型传送。测量结果也表明 AL-CSP 的模型分发效率明显高于 RACK 和 BINARY 方案。我们在 MobileNet 模型上也得到了一致结论，这证明了所提 AL-CSP 的有效性。

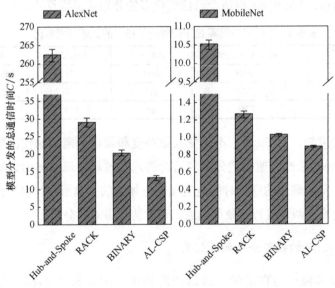

图 6-11　AlexNet 和 MobileNet 模型上四种通信模式的模型分发的总通信时间对比

（2）数据中心数量对 AL-CSP 可扩展性的影响。本实验沿用 AlexNet 模型，设置不同数量的参与数据中心节点来评估 AL-CSP 的可扩展性。不同节点规模下模型分发的总通信时间的增长趋势对比如图 6-12 所示，随着参与数据中心节点数量从 16 扩展至 256，AL-CSP 的模型分发的总通信时间近似呈现线性增长趋势，且与其他三种方案相比拥有最小的增长率。这说明，在同等规模集群中，AL-CSP 总是表现出最高的模型分发效率。因此，AL-CSP 具有良好的可扩展性。

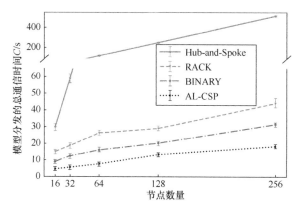

图 6-12   不同节点规模下模型分发的总通信时间的增长趋势对比

（3）理解自动学习调度算法（AL-SA）的学习过程。给定一个模型分发调度策略，定义时间累积分布函数（CDF）为在不同时刻收到分发模型参数的参与数据中心的比例。CDF 达到 1 所需的时间越短，表示调度策略越好。为展示 AL-SA 的学习能力，即算法在不同阶段的调度策略优劣，实验固定学习 $\{2, 10, 20, 30, 60, 100, 200\}$ 轮时 AL-SA 的状态（如网络状态矩阵 A）。不同学习轮次下 AL-SA 取得的 CDF 分布曲线对比如图 6-13 所示。由于训练早期 AL-SA 掌握的集群网络状态不完整，更多地在执行随机路径探索，所以调度策略表现不佳。但随着 AL-SA 学习轮次的增加，网络状态矩阵 A 逐步完善，算法更倾向于选择最高带宽路径加速模型传送，整体 CDF 分布曲线向左偏移，意味着参与数据中心全部收到分发模型参数所需的时间越短，调度策略表现越好。综合上述分析，CDF 分布曲线向左偏移佐证了 AL-SA 在持续学习。

4. MWD-CSP 的模型聚合加速效果

本实验单独评估最小等待延迟通信调度协议（MWD-CSP）的模型聚合加速效果。根据式（6-2），定义 R 轮模型聚合的总通信时间为 G：

$$G = \frac{1}{R} \sum_{r=1}^{R} \max \left\{ t_j^r | \forall j \in [1,N] \right\} \tag{6-4}$$

式中，t_j^r 是参数服务器在第 r 个模型聚合轮次时收到数据中心 j 的模型参数的时间；N 是参与数据中心的数量。G 的值越小意味着模型聚合的通信效率越高。由于 MWD-CSP 工作在通信网络中，不涉及对模型计算的优化，为探索更大规模集群下协议的表现，实验通过设置动态的休眠延迟来模拟模型计算时间。总体来看，MWD-CSP 模型聚合协议的性能表现与 AL-CSP 模型分发协议相似。

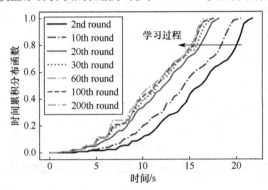

图 6-13　不同学习轮次下 AL-SA 取得的 CDF 分布曲线对比

（1）模型聚合的通信时间效率对比。本实验模拟 $N = 128$ 个参与数据中心节点，对 AlexNet 和 MobileNet 的模型参数分别执行 $R = 300$ 次模型聚合，并测量总通信时间 G。我们对每种通信模式都重复五次实验以计算 G 的平均值、最大值和最小值，AlexNet 和 MobileNet 模型上四种通信模式的模型聚合的总通信时间对比如图 6-14 所示。在 AlexNet 模型上，基准方案 Hub-and-Spoke 的总通信时间为 267s，而 MWD-CSP 只需要 17s，用于模型聚合的总通信时间缩减了约 94%。与静态通信覆盖方案 BINARY 和 RACK 相比，MWD-CSP 能够自动感知网络状态，动态调整通信逻辑以减少聚合等待延迟和模型传送时间，因而其加速表现也更优。MobileNet 模型上的实验结论与在 AlexNet 模型上的相同。上述结论证明了所提 MWD-CSP 的有效性。

（2）数据中心数量对 MWD-CSP 可扩展性的影响。本实验沿用 AlexNet 模型，设置不同数量的参与数据中心节点来评估 MWD-CSP 的可扩展性。不同节点规模下模型聚合的总通信时间的增长趋势对比如图 6-15 所示，随着参与数据中心节点数量从 16 扩展至 256，MWD-CSP 的模型聚合的总通信时间近似呈现线性增长趋势，并且与其他三种方案相比拥有最小的增长率。这说明，在同等规模集群中，MWD-CSP 总是表现出最高的模型聚合效率，所以具有良好的可扩展性。

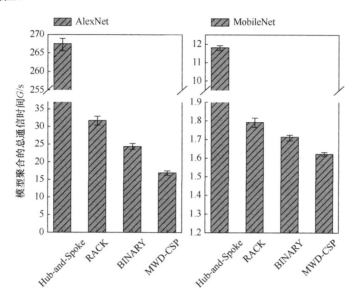

图 6-14　AlexNet 和 MobileNet 模型上四种通信模式的模型聚合的总通信时间对比

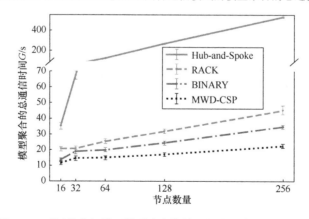

图 6-15　不同节点规模下模型聚合的总通信时间的增长趋势对比

综合上述实验分析，有以下结论。

（1）TSEngine 传输调度可显著缩短跨数据中心的模型分发与模型聚合时

间，总体训练效率可提升至基准方案的 2.38 倍。

（2）在计算和网络资源异构分布且动态变化的复杂广域环境中，TSEngine 比已有静态通信覆盖方案有更优的通信加速效果。

（3）TSEngine 适用于大模型、频繁同步通信的复杂分布式训练任务。

（4）AL-CSP 模型分发协议和 MWD-CSP 模型聚合协议是 TSEngine 传输调度实现训练加速的关键，二者均可缩减模型分发与聚合时间约 95%，并且都具有良好的可扩展性。

6.2　光广域网中的在线流量调度

现代的广域网是建立在光网之上的，每个数据中心面向网络的路由器都通过标准短波长连接到可重构光分插复用器（Reconfigurable Optical Add-Drop Multiplexer，ROADM），数据中心之间通过光纤连接。在可重构光器件的帮助下，任意光纤都可以通过向邻居光纤借用波长达到增加带宽的效果[11,24]。也就是说，现代光广域网其实是可重构的。通过对光层的重新配置，可以改变网络层路由器端口的连通性，从而改变网络层拓扑结构。

光广域网拓扑重构示意图如图 6-16 所示，R 表示数据中心网络路由器，M 表示 ROADM。左侧图中不同灰度的实线代表不同的波长，对应的网络层拓扑结构见右侧图。假设每个波长可承载 1 个单位带宽，当数据中心 3 要发送 2 个单位数据到数据中心 4 时，初始光层配置方案需要 2 个单位时间。重新配置光层后，数据中心 1、3 之间的一个波长转移到数据中心 3、4 之间，数据中心 2、4 之间的一个波长转移到数据中心 1、2 之间，对应的网络拓扑被重构。此时，新配置方案下所需时间降为 1。因此，根据上层应用的流量需求合理重构光器件，可改变网络拓扑，提升上层应用性能。在实际应用中，ROADM 能以低至数十毫秒的时间重新配置波长[11]，它的可重构时间只占据数据传输时间的很小一部分，所以光广域网非常适合大模型的分布式机器学习训练。而且，随着 ROADM 的发展，ROADM 的重新配置时间将越来越短。

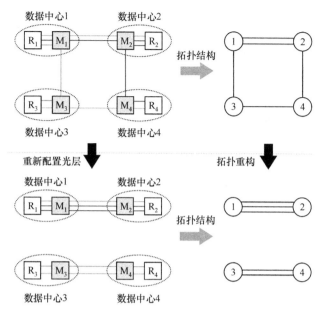

图 6-16　光广域网拓扑重构示意图

对于跨数据中心的分布式机器学习，受限广域网带宽已经成为训练性能的主要瓶颈之一。虽然本书已针对广域网受限带宽提出数种训练加速方案，但它们都是在现有广域网拓扑之上实现的，而没有考虑到广域网拓扑的可重构特性。可重构光器件的使用使得建立在光层之上的广域网拓扑变得可重构，这为在跨数据中心的广域网络上进行分布式机器学习训练带来了新的机遇。虽然已有一些研究利用可重构光广域网改进单阶段数据传输的传输性能[11,24]，但跨数据中心分布式机器学习是多阶段数据传输任务，数据传输之间存在依赖关系，最小化多阶段任务的完成时间与最小化单阶段数据传输的完成时间是不同的[13]，因此这些研究不适合跨数据中心分布式机器学习这样的多阶段任务。此外，在实际的生产环境中还需要考虑多个分布式训练任务共存的问题，合理地考虑多任务调度将更有利于训练性能的提升。

本节针对多个共存的跨数据中心分布式机器学习训练任务，提出网络层和可重构光层的联合优化[25]。对于任务内调度，首先证明它是 NP 难问题，然后提出基于确定性舍入的新算法，通过重新配置光器件来动态改变拓扑结构，为每条同步流分配路径和速率，并从理论上证明算法性能的界限。对于任务间调度，提出基于优先级的多任务调度算法，优先级由权重和任务剩余完成时间定义。仿真结果表明，在网络层调度中合理利用拓扑的可重构特性，可显著降低全局模型同步时间及加权任务完成时间，有效加快训练过程。

6.2.1 研究动机

底层可重构的光广域网为优化跨数据中心分布式机器学习训练带来了新机会。然而，现有的很多优化分布式机器学习训练的方案都没有考虑到光广域网的可重构特性。同时，最近的光广域网相关研究工作也探索并强调了拓扑的可重配置特性对上层应用性能提升的潜力和优势。下面通过一个简单的例子来说明跨数据中心分布式机器学习在静态光广域网和动态可重构光广域网中的性能对比。

静态和可重构拓扑中的流量传送示例如图 6-17 所示。考虑图 6-17（a）中具有 8 个数据中心节点的光广域网，每条黑色边代表数据中心间光纤上的一个波长。假设网络中有两个分布式训练任务，其信息如表 6-4 所示，其中的计算时间表示数据中心内部模型更新的计算时间和同步时间之和。假设一个波长的带宽为 1，节点 5 是两个任务的主控数据中心，$\{1,2,3,4\}$ 和 $\{1,6,7,8\}$ 分别是两个任务的参与数据中心。在静态光广域网中（方案 A，仅调度），每条流的路径如图 6-17（b）和图 6-17（c）所示。与模型传输时间相比，模型聚合时间很短，因此可以忽略，另外，假设全局模型聚合（从参与数据中心到主控数据中心）和模型分发（从主控数据中心到参与数据中心）使用相同的路径，则方案 A 需要 $2\cdot\max\left\{\frac{1+1}{1},\frac{1+1}{1},\frac{1}{1},\frac{1}{1}\right\}=4$ 个单位时间执行全局模型同步，两个任务的完成时间分别为 12 和 16 个单位时间。

在可重构的光广域网中，两个任务对应的路径分别如图 6-17（d）和图 6-17（e）所示（方案 B，调度与动态拓扑）。显然，由于波长的重配置，链路 $1\leftrightarrows2$、$1\leftrightarrows5$、$3\leftrightarrows5$ 的带宽都变成了 2。因此，两个任务都将只需要 $2\cdot\max\left\{\frac{1+1}{2},\frac{1+1}{2},\frac{1}{1},\frac{1}{1}\right\}=2$ 个单位时间执行全局模型同步，方案 B 的任务完成时间分别缩减为 6 和 8 个单位时间。

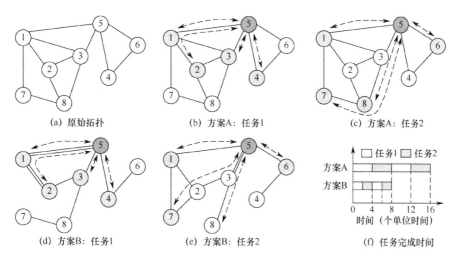

图 6-17 静态和可重构拓扑中的流量传送示例

表 6-4 两个分布式训练任务的信息

任务 ID	迭代次数	计算时间	模型大小	权重
1	2	1	1	1
2	2	2	1	3

从图 6-17（f）中可以看出，任务在光广域网中的加权任务完成时间（Weighted Job Completion Time，WJCT）比在静态网络中低 $\frac{64-34}{64} \times 100\% \approx 47\%$。这说明网络拓扑对训练时间有较大影响。因此，联合网络层调度和拓扑层的可重构特性可以有效提升跨数据中心分布式机器学习的训练性能。

6.2.2 任务内调度

6.2.2.1 网络模型

将光广域网抽象为一个无向图 $G = (\mathbb{N}, \mathbb{E})$，其中节点 $\mathbb{N}$ 和边 $\mathbb{E}$ 分别表示连接到数据中心的 ROADM 和连接 ROADM 间的光纤。节点 $v(v \in \mathbb{N})$ 能携带的最大波长数为 Z_v，包括接收和发送波长。每条光纤 $e(e \in \mathbb{E})$ 可容纳的波长数量为 R_e。由于光纤可以在相反的方向有两个链接，下面引入两个虚拟的定向链接，且波长分配给这两个定向链接的总和不大于该光纤的容量。与其他跨数据中心的广域网中的多 Coflow 流量调度[26-28]相似，在同一时刻，网络中只调度一个任务，同时把剩余的链路分配给其他任务，这样可以达到工作保持特性。

假设数据中心之间采用同步更新方式，尽管每个数据中心的计算能力和数据量不同，会导致掉队者（Straggler）问题，但可以使用 3.3.3 节的方案来解决。因此，可以假设各参与数据中心启动全局模型同步的时刻相近。对于每个训练任务，每轮全局模型同步传输的数据量是相同的，与模型参数的总字节数相同。本节以第 2 章分层参数服务器通信架构为例，对任务内调度问题进行建模。一旦任务部署完成，就确定了跨光广域网的全局模型同步数据流，于是可以使用本节算法来确定底层拓扑，并为这些流分配路径和速率。

假设全局模型聚合和全局模型分发对应的流使用相同的路径和速率，即两个过程的完成时间相同。因此，为了使任务内调度问题的模型同步时间最小化，只需要对全局模型聚合过程进行建模，数学模型如下所示，其中主要符号说明如表 6-5 所示。

表 6-5　主要符号说明

符　　号	描　　述
$\mathbb{J} = \{1, 2, \cdots, J\}$	流集合
$\mathbb{E} = \{1, 2, \cdots, E\}$	边集合
$\mathbb{N} = \{1, 2, \cdots, N\}$	节点集合
$\mathbb{L} = \{1, 2, \cdots, L\}$	有向链路集合
J	流的数量
C	一个波长的带宽容量
E	边的数量
N	节点数量
L	有向链路的数量
S	模型大小
R_e	边 $e \in \mathbb{E}$ 可容纳的波长数
Z_v	节点 $v \in \mathbb{N}$ 可容纳的波长数
P_j	流 $j \in \mathbb{J}$ 的路径集合
P_j^k	流 $j \in \mathbb{J}$ 的第 k 条路径上的链路集合
Q_j^k	流 $j \in \mathbb{J}$ 的第 k 条路径上的节点集合
h_l	分配给链路 $l \in \mathbb{L}$ 的波长数
g_j	流 $j \in \mathbb{J}$ 的传输速率
x_j^k	0-1 变量，$x_j^k = 1$ 表示流 j 使用第 k 条路径传输
T	流的完成时间

$$\text{minimize } T \tag{6-5}$$

$$\text{s.t.} \quad T = \max\left\{\frac{S}{g_j}\right\}, \forall j \in \mathbb{J} \tag{6-6}$$

$$\sum_{l \in \mathbb{L}} I\,(l \in e) h_l \leqslant R_e, \forall e \in \mathbb{E} \tag{6-7}$$

$$\sum_{j \in \mathbb{J}} \sum_{k \in P_j} g_j x_j^k I\,(l \in P_j^k) \leqslant h_l C, \forall l \in \mathbb{L} \tag{6-8}$$

$$\sum_{j \in \mathbb{J}} \sum_{k \in P_j} g_j x_j^k I\,(v \in Q_j^k) \leqslant Z_v C, \forall v \in \mathbb{N} \tag{6-9}$$

$$\sum_{k \in P_j} x_j^k = 1, \forall j \in \mathbb{J} \tag{6-10}$$

$$x_j^k \in \{0,1\}, \forall j \in \mathbb{J}, \forall k \in P_j \tag{6-11}$$

如式（6-5）所示，目标是最小化所有汇聚流的完成时间 T。若将模型聚合过程和分发过程看作相同的过程，则单次同步迭代的通信时间为 $2T$。式（6-6）表示 T 等于最后到达的流的完成时间；式（6-7）保证了通过边 e 上的有向链路的波长总和不超过 e 的容量；式（6-8）和式（6-9）分别表示每条链路和节点上的负载不会超过链路和节点容量，其中指示函数 $I\,(l \in P_j^k)$ 表示流 j 的第 k 条路径是否经过链路 l，$I\,(v \in Q_j^k)$ 表示流 j 的第 k 条路径是否经过节点 v。式（6-10）表示一条流只使用一条路径。

命题 6-1： 式（6-5）是 NP 难问题。

证明： 考虑一个特殊场景，即当每个节点没有容量约束且每条边上的两条定向链路均分边上的波长，即当 R_e 为偶数时，每条链路的容量都为 $R_e/2 \times C$；当 R_e 为奇数时，定向链路的容量分别为 $(R_e + 1)/2 \times C$、$(R_e - 1)/2 \times C$。而且，可以把汇聚流看作一个 Coflow 流。此时，该特殊场景下的问题就变成了 NP 难的整数多商品流问题[29-30]。因此，式（6-5）也是 NP 难的。

6.2.2.2　松弛变换

NP 难问题在数学上是很难快速解决的。因此下面基于确定性舍入思想设计了一种高效的启发式算法。注意，由于式（6-6）不是线性的，引入变量 $f = 1/T$，则可得到：

$$\text{maximize } f \tag{6-12}$$

$$\text{s.t.} \quad f \leqslant \frac{g_i}{S}, \forall j \in \mathbb{J} \tag{6-13}$$

$$\text{式（6-7）}\sim\text{式（6-11）}$$

然而，式（6-12）中仍然有 0-1 变量 x_j^k，因此对式（6-11）进行松弛，即 $x_j^k \in [0,1]$，则可得到：

$$\text{maximize } f \tag{6-14}$$

$$\text{s.t.} \quad x_j^k \in [0,1], \forall j \in \mathbb{J}, \forall k \in P_j \tag{6-15}$$

$$\text{式（6-13），式（6-7）}\sim\text{式（6-10）}$$

值得注意的是，式（6-8）和式（6-9）中有两个变量的乘积，使得原模型是非线性的，因此引入变量 $y_j^k = fx_j^k$，并把式（6-13）代入式（6-8）和式（6-9），可得到以下线性模型：

$$\text{maximize } f \tag{6-16}$$

$$\text{s.t.} \quad \sum_{j \in \mathbb{J}} \sum_{k \in P_j} S y_j^k I(l \in P_j^k) \leqslant h_l C, \forall l \in \mathbb{L} \tag{6-17}$$

$$\sum_{j \in \mathbb{J}} \sum_{k \in P_j} S y_j^k I(v \in Q_j^k) \leqslant Z_v C, \forall v \in \mathbb{N} \tag{6-18}$$

$$\sum_{k \in P_j} y_j^k = f, \forall j \in \mathbb{J} \tag{6-19}$$

$$y_j^k \geqslant 0, \forall j \in \mathbb{J}, \forall k \in P_j \tag{6-20}$$

$$\text{式（6-7）}$$

现在，式（6-16）可以有效地通过线性求解器（如 GUROBI 和 CPLEX）求解。因为 x_j^k 是被松弛过的，根据式（6-16）得到的式（6-12）的解可能是小数，不是可行解。因此，为了找到式（6-12）的可行解，我们提出光广域网中的路由和速率分配（Routing and rate allocation in optical WAN，RoWAN）算法，下面详细描述该算法的设计思想。

6.2.2.3 路由和速率分配算法

在光广域网中的路由和速率分配（RoWAN）算法中，一旦有新的分布式机器学习任务到达光广域网，则将建立模型式（6-5）并松弛为线性规划问题式（6-16），利用线性规划求解器求解式（6-16），然后利用确定性舍入技术获得式（6-5）的可行解。RoWAN 算法的基本思想是：首先根据式（6-16）的解为每条流选择传输路径，然后使用这些路径来指导拓扑构建和速率分配。算法 6-3 展示了 RoWAN 算法的主要思想，算法首先初始化所有 $x_j^k = 0$，然后求解式（6-16）得到 y_j^k。接着，为第 j 条流选择第 k' 条路径，即 $x_j^{k'} = 1$，其中 $y_j^{k'} = \max_k \{y_j^k\}$。然后把 x_j^k 代入式（6-12）并求得每条流的速率 g_j、每条链路分配的波长数 h_l 及 f。最后，计算 $T = 1/f$。由此，通过 RoWAN 算法可以得到汇聚流的完成时间 T，单次全局模型同步的完成时间为 $2T$。

算法 6-3　光广域网中的路由和速率分配（RoWAN）算法

输入：$S, C, \mathbb{J}, \mathbb{E}, \mathbb{N}, \mathbb{L}, R_e, Z_v, P_j, P_j^k, Q_j^k$。

输出：g_j, h_l, x_j^k, T。

1.　初始化;

2.　**for** 流 $j \in \mathbb{J}$ **do**

3.　　　$x_j^k \leftarrow 0$;

4.　求解式（6-16），得到解 y_j^k;

5.　**for** 流 $j \in \mathbb{J}$ **do**

6.　　　$k' \leftarrow \arg\max_k y_j^k$;

7.　　　$x_j^{k'} \leftarrow 1$;

8.　根据 5～7 行得到的 x_j^k 求解式（6-12），得到 f, g_j, h_l;

9.　$T \leftarrow 1/f$;

10.　**return** (g_j, h_l, x_j^k, T)

6.2.3　任务间调度

下面首先给出跨数据中心分布式机器学习多任务调度问题的离线模型，以便于读者更好地理解多个分布式训练任务共存的调度问题。在该数学模型中，每个分布式训练任务 i 都有一个代表其重要程度的权值 ω_i，问题的求解目标是最小化加权任务完成时间 WJCT。以下内容证明了上述问题是强 NP 难的，然后给出建议的任务间调度算法。

6.2.3.1 离线模型

在分布式机器学习训练中，单次模型同步的时间包括计算时间和通信时间，计算时间即计算节点运行本地模型训练的时间，通信时间即计算节点与参数服务器之间的模型分发与聚合时间。在跨数据中心分布式机器学习中，这里定义参与数据中心的计算时间实际为它准备好待同步的模型参数的时间，定义通信时间实际为参与数据中心和主控数据中心之间运行模型分发与聚合的时间。当有新任务到达时，利用 RoWAN 算法可以得到其每次迭代的通信时间 P_i。此外，假设每个任务的迭代次数是预先给定的，这是合理的，因为机器学习模型训练可以设定最大迭代次数。于是，任务间的调度问题可建模成以下数学模型，其中使用的主要符号说明如表 6-6 所示。

表 6-6　主要符号说明

符　号	描　述
$\mathbb{R} = \{1, 2, \cdots, R\}$	R 个任务的集合
$\mathbb{K}_i = \{1, 2, \cdots, K_i\}$	任务 i 的迭代集合
R	分布式机器学习训练任务数量
T_i	任务 i 的计算时间
K_i	任务 i 的迭代次数
P_i	由 RoWAN 算法得到的单次迭代的通信时间
ω_i	任务 i 的权重
M	一个很大的数，应大于所有任务完成时间之和
J_i	任务 i 的完成时间
C_i^k	任务 i 的第 k 次迭代的通信完成时间
S_i^k	任务 i 的第 k 次迭代的通信开始时间
y_{ij}^{hg}	0-1 变量，当任务 i 的第 h 次迭代在任务 j 的第 g 次迭代之前完成时，$y_{ij}^{hg} = 1$，否则 $y_{ij}^{hg} = 0$

$$\text{minimize} \sum_i \omega_i J_i \tag{6-21}$$

$$\text{s.t.} \quad J_i = C_i^{K_i}, \forall i \in \mathbb{R} \tag{6-22}$$

$$C_i^k = S_i^k + P_i, \forall i \in \mathbb{R}, \forall k \in \mathbb{K}_i \tag{6-23}$$

$$S_i^k \geqslant C_i^{k-1} + T_i, \forall i \in \mathbb{R}, \forall k \in \mathbb{K}_i \tag{6-24}$$

$$C_i^h + P_j \leqslant C_j^g + M\left(1 - y_{ij}^{hg}\right), \forall i < j \in \mathbb{R},$$
$$\forall h \in \mathbb{K}_i, \forall g \in \mathbb{K}_j \tag{6-25}$$

$$C_j^g + P_i \leqslant C_i^h + M y_{ij}^{hg}, \forall i < j \in \mathbb{R},$$
$$\forall h \in \mathbb{K}_i, \forall g \in \mathbb{K}_j \tag{6-26}$$

$$S_i^k \geqslant T_i, \forall i \in \mathbb{R}, \forall k \in \mathbb{K}_i \tag{6-27}$$

$$y_{ij}^{hg} = \{0, 1\}, \forall i < j \in \mathbb{R}, \forall h \in \mathbb{K}_i, \forall g \in \mathbb{K}_j \tag{6-28}$$

$$C_i^k \geqslant 0, \forall i \in \mathbb{R}, \forall k \in \mathbb{K}_i \tag{6-29}$$

式（6-21）是调度目标。式（6-22）定义了任务的完成时间，等于最后一次迭代的通信完成时间。式（6-23）表明，对于每一次迭代，通信完成时间都等于通信开始时间加上通信时间。式（6-24）保证了第 k 次迭代的通信开始时间大于或等于第 $k-1$ 次迭代的通信完成时间加上计算时间。式（6-25）和式（6-26）是析取约束，即要么任务 i 的第 h 次迭代在任务 j 的第 g 次迭代之前完成，要么在它之后完成。式（6-27）表示通信开始时间总是不大于计算时间。式（6-28）和式（6-29）是整数和非负约束。

命题 6-2：式（6-21）是强 NP 难的。

证明：考虑一个特殊场景，每个任务只包含一次迭代，则每个任务的计算时间 T_i 可看作任务的发布时间。并且，把光广域网看作一台机器，每个任务的通信阶段看作需要在这台机器上的处理阶段，即通信时间 P_i 看作处理时间。此场景是强 NP 难问题[31]，即在一台机器上调度具有任意发布日期的任务的问题，其目的是最小化总的加权完成时间。因此，式（6-21）也是强 NP 难的。

离线任务间调度是强 NP 难的，且使用 CPLEX 或 GUROBI 求解混合整数线性规划问题的速度很慢。另外，在任务训练过程中，可能会加入新的任务。为此，我们提出一种基于延迟最短加权剩余时间（Delayed Shortest Weighted Remaining Time，Delayed SWRT）的多任务在线调度算法，下面详细描述该算法的设计思想。

6.2.3.2　任务间在线调度算法

分布式机器学习任务的通信和计算阶段相互交错，当一个任务完成通信阶段转换为计算阶段时，就立即执行 Delayed SWRT 算法（见算法 6-4）。而传统的任务调度算法通常是新任务到达或离开时才执行一次，这也是该算法与传统算法的主要区别。

算法 6-4 基于延迟最短加权剩余时间（Delayed SWRT）的多任务在线调度算法

输入： R 个任务的集合 $\mathbb{R}$。

输出： 加权任务完成时间 WJCT。

1.　初始化 currentTime ← 0；WJCT ← 0；

2.　**while** $\mathbb{R} \neq \emptyset$ **do**

3.　　　// 从可调度任务中选择最高优先级任务

4.　　　job, currentTime ← Available-Highest-Priority-Job $(\mathbb{R}, \text{currentTime})$；

5.　　　job 的剩余迭代次数减 1；

6.　　　**if** job 的剩余迭代次数为 0 **do**

7.　　　　　completionTime ← currentTime + job.commTime；

8.　　　　　WJCT ← WJCT + job.weight × completionTime；

9.　　　　　从任务集合 $\mathbb{R}$ 中移除任务 job；

10.　　　**else do**

11.　　　　　job 的可调度时间 ← $\max \left\{ \begin{array}{l} \text{currentTime} + \text{job.commTime} + \text{job.compTime}, \\ \text{job.commTime} \times \text{job.currentIteration} \end{array} \right\}$；

12.　　　　　currentTime ← currentTime + job.commTime；

13.　**return** WJCT

Delayed SWRT 算法的基本思想是，当一个任务完成全局数据传输时，优先在所有可用任务中调度优先级最高的任务。可用的任务需要满足两个条件：（1）本地模型计算阶段已完成；（2）已完成的迭代次数和通信时间 P_i 的乘积不大于当前时间。这是受到延迟最短加权处理时间（Delayed SWPT）算法的启发，Delayed SWPT 算法是一个竞争比为 2 的、针对单机的任务调度的算法[32]。

任务的优先级需要考虑剩余完成时间 RT_i 和权重 ω_i。通过剩余迭代数 RIT_i、计算时间 T_i 和通信时间 P_i，可以很容易地计算出 RT_i，因为每次迭代的时间是相似的，所以：

$$RT_i = RIT_i \cdot P_i + (RIT_i - 1) \cdot T_i$$

任务的优先级为：

$$p_i = \frac{\omega_i}{RT_i}$$

Delayed SWRT 的伪码实现如算法 6-4 和算法 6-5 所示。

算法 6-5 Available-Highest-Priority-Job

输入：剩余可用任务集合 remainJobs，当前时间 currentTime。

输出：可用最高优先级任务 job，通信开始时间 startTime。

1.   jobList ← 从 remainJobs 选择可调度时间小于 currentTime 的任务；
2.   **if** jobList ≠ ∅ **do**
3.   选择最高优先级任务 job ← $\arg\max_i \left\{ p_i = \frac{\omega_i}{RT_i} | \forall i \in jobList \right\}$；
4.   startTime ← currentTime；
5.   **else do**
6.   目前没有可调度任务，选择可调度时间最小的任务 job；
7.   startTime ← job 的可调度时间；
8.   **return**（job, startTime）

饿死避免和工作保持：为了避免具有小权重和长完成时间的任务因等待而饿死，本方案设定一个时间阈值 Γ。如果有任务等待的时间大于 Γ，则会优先调度此任务而无须考虑其优先级。此外，本方案还追求工作保持，随机选择任务来充分利用空闲带宽传输数据。请注意，为简化伪码描述，上述机制没有在伪码实现中体现。

6.2.4 算法性能分析

下面通过理论分析展示 RoWAN 算法的性能及 Delayed SWRT 算法的复杂度。

命题 6-3（RoWAN 算法的下界）：假设式（6-5）的最小完成时间和基于式（6-16）的舍入 x_j^k 的完成时间分别为 T_o、T_R，则 $T_o \leqslant T_R$。

证明：通过求解式（6-16），结合确定性舍入得到 x_j^k，进而得到式（6-12）的可行解 h_i 和 g_j。接下来主要专注于证明确定性舍入后的 x_j^k 能满足式（6-5）的约束。

基于式（6-19）和 $y_j^k = f \cdot x_j^k$，可得到 $\sum\limits_{k \in P_j} y_j^k = \sum\limits_{k \in P_j} f \cdot x_j^k = f$。进而，$\sum\limits_{k \in P_j} x_j^k = 1$。另外，$x_j^k$ 被限制为 0 或 1，所以 x_j^k 满足式（6-10）。另外，h_l 和 g_j 是通过舍入后的 x_j^k 代入式（6-12）得到的，所以满足式（6-7）～式（6-9）。因此，x_j^k 是式（6-5）的可行解，T_R 是对应的目标值。而且，最优解肯定是优于可行解的，所以 $T_o \leqslant T_R$。

命题 6-4（RoWAN 算法的上界）： $T_R \leqslant \beta T_o, \forall \beta \geqslant 1$。

证明： 假设 f_{upper} 是式（6-16）的最优值，$C_o = 1/f_{\text{upper}}$，优于式（6-16）是通过式（6-5）松弛得到的，则 $f_{\text{upper}} > C_o$。在 RoWAN 算法中，为流 j 选择具有最大 $y_j^k = f_{\text{upper}} \cdot x_j^k$ 的路径 k，因此：

$$y_j^k \geqslant \frac{f_{\text{upper}}}{\beta} x_j^k, \forall \beta \geqslant 1$$

将上式代入式（6-17）和式（6-18），可得：

$$\sum_{j \in \mathbb{J}} \sum_{k \in P_j} S \frac{f_{\text{upper}}}{\beta} x_j^k I(l \in P_j^k) \leqslant \sum_{j \in \mathbb{J}} \sum_{k \in P_j} S y_j^k I(l \in P_j^k)$$
$$\leqslant h_l C$$

$$\sum_{j \in \mathbb{J}} \sum_{k \in P_j} S \frac{f_{\text{upper}}}{\beta} x_j^k I(v \in Q_j^k) \leqslant \sum_{j \in \mathbb{J}} \sum_{k \in P_j} S y_j^k I(v \in Q_j^k)$$
$$\leqslant Z_v C$$

当给定 x_j^k 时，f_{upper}/β 是式（6-12）的可行解，而 $1/T_R$ 此时是式（6-12）的最优解，因此：

$$\frac{1}{T_R} \geqslant \frac{f_{\text{upper}}}{\beta} \geqslant \frac{C_o}{\beta}$$

最终可得 $T_R \leqslant \beta T_o, \forall \beta \geqslant 1$。

Delayed SWRT 算法的复杂度分析： 寻找最高优先级、可调度任务的算法（见算法 6-5）的复杂度为 $O(R)$，R 是任务数量。因此，计算出任务的通信时间后，Delayed SWRT 算法的计算复杂度为 $O(RK)$，K 是所有任务的迭代次数之和。

6.2.5　仿真结果与分析

下面实现一个流级的离散事件模拟器来比较 RoWAN 算法、Delayed SWRT 算法与其他任务内和任务间的调度算法。

1. 仿真环境设置

（1）网络拓扑。在仿真中，使用了两个跨数据中心光广域网的真实网络拓扑：一个是谷歌的专用广域网 B4[8]，它连接了谷歌在世界各地的 12 个数据中心，有 19 条数据中心间链路；另一个是 ISP 公共网络 Internet2[24]，它有 9 个数据中心和 17 条数据中心间链路。首先，假设每条链路分配了 50Gbps 的初始容量，用于表示静态的拓扑配置。类似于文献[11]、[24]中的仿真设置，同时也设置每个波长可以携带 10Gbps 的带宽。此外，定义 γ 为链路容量重构率，表示通过借用相邻链路上的波长后本链路上的容量可超过初始容量的比例。本仿真允许链路最多比最初分配的波长增加 $\gamma = 60\%$。也就是说，除了测试 γ 对性能影响的实验外，每条链路的最大带宽可以为 80Gbps。

（2）任务内对比算法。下面使用以下任务内调度算法与 RoWAN 算法进行比较。

- 仅调度（Scheduling-only）：在静态拓扑中使用等价多路径路由（Equal-Cost Multi-path Routing，ECMP）调度所有的流，流的顺序是任意的。流的顺序不会影响性能，因为每条流的流大小是相同的（即模型大小）。它是任务内调度的基准算法。

- 仅路由（Routing-only）：在静态网络中，为每条流选定一条路径，以达到负载均衡，且所有流公平竞争链路带宽。

- 路由与调度（Routing+Scheduling）：在静态网络中，基于优化模型为每条流选择一条路径并分配带宽，这与跨数据中心的 PRO[26] 和 Rapier[29] 在概念上是相同的。通过与该算法比较，可以看到联合动态拓扑优化得到的性能提升。

- Owan：通过联合控制光广域网中的网络拓扑、路径和速率分配，利用 k 条路径传输批量数据[11]。该算法的核心思想是利用模拟退火算法在每个时隙中创建新的拓扑结构，而本方案使用基于确定性舍入的 RoWAN 算法。

- 松弛解决方案（Relaxed）：通过求解式（6-12）直接得到的值，为原式（6-5）的上界。与此值比较，可以看出 RoWAN 算法结果与上界之间的差距。

（3）任务间对比算法。下面使用以下任务间调度算法与 Delayed SWRT 算法进行比较。

- 先来先服务（First Come First Serve，FCFS）：根据任务的到达时间来安排任务，较早到达的任务被优先调度。它是任务间调度的基准算法。

- 最小剩余时间优先（Minimum Remaining Time First，MRTF）：当一个新任务到达或被调度中的任务完成时，选择剩余完成时间最小的任务进行调度，这是一种常用的任务或 Coflow 之间的调度方法。

- 最小加权剩余完成时间优先（Minimum Weighted Remaining Time First，MWRTF）：当新任务到达或被调度中的任务完成时，计算系统中每个任务的剩余完成时间与其权重的比率，并选择具有最小比率的任务进行调度。这是合理的，因为优先调度具有高权重和短完成时间的任务有助于减少 WJCT。

（4）工作负载。类似于文献[11]、[24]，本仿真同样使用人工合成模型来生成跨数据中心分布式机器学习的任务负载，如流的数量、模型大小和计算时间。一般来说，模型大小最多可以达到数百 GB，因此所有仿真随机选择 0.1~100GB 的模型大小。任务一旦部署，经过光广域网上的流就确定了。考虑到网络中数据中心节点和链路的数量有限，流的数量设置为 5~70。此外，根据模型的大小，计算时间设置为几秒到几分钟不等，网络中的最大任务数量为100。算法中不允许抢占，这意味着不能中断正在调度的流或任务。

（5）性能指标。对于任务内调度，只关注单次迭代通信时间（Single Iteration Communication Time，SICT），它表示一个任务的单次迭代的全局模型同步通信时间。对于任务间流量调度，使用 WJCT 来评估不同调度算法性能。此外，将算法 2 相对于算法 1 的性能改进定义为$(t_1 - t_2)/t_1 \times 100\%$，其中$t_1$表示作为基准算法的 SICT 或 WJCT，$t_2$为改进算法的结果。

2. 任务内调度算法与 RoWAN 算法对比

链路容量重构率γ对 SICT 的影响。实验测试了γ对 SICT 的影响。将γ从 0%逐步增大至 100%，这意味着每条链路的最大带宽容量可以在 50～100Gbps 之间变化。注意，如果一条链路得到更多的波长，则它相邻链路的波长将相应地减少。B4 和 Internet2 两种拓扑上不同链路容量重构率γ对 SICT 的影响如图 6-18 所示。

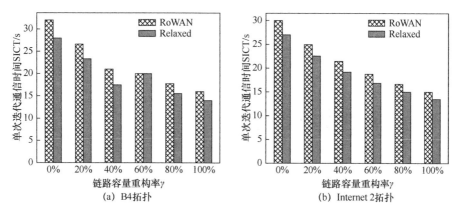

(a) B4拓扑　　　　　　　　　　(b) Internet 2拓扑

图 6-18　不同链路容量重构率对 SICT 的影响

可以看出，在静态拓扑$\gamma = 0\%$下的 SICT 大于可重构拓扑$\gamma > 0\%$下的 SICT，这验证了联合网络层和光层的调度方案比仅控制网络层的调度方案更能提高性能。此外，两种拓扑下的 SICT 均随γ的增加而减小。这是因为被选择的流的路径可以从相邻链路中借用更多的带宽，更有利于数据的传输。

流数量对 SICT 的影响。仿真对比了两种拓扑上不同流数量对 SICT 的影响，如图 6-19 和图 6-20 所示。在两种拓扑中，对于所有算法，当流数量增加时，SICT 也增加。这是因为更多的流竞争带宽，会延长任务的完成时间。除此之外，相对于基准算法仅调度（Scheduling-only），除了松弛方案（Relaxed），RoWAN 算法的性能总是大于其他算法的。并且除了一些波动外，当流数量很小时性能提升量呈现上升趋势，而随着流数量的继续增加呈现下降趋势。这是因为随着流数量的增加，更多的流将竞争有限的带宽，可重构拓扑能为每个流提供更少的可用波长。但是，随着流数量的增加，两种拓扑上 RoWAN 算法所获得的值越来越接近理论上界，这验证了 RoWAN 算法的有效性。总体而言，与仅调度（Scheduling-only）、仅路由（Routing-only）、路由与调度（Routing+Scheduling）以及 Owan 相比，在 B4 拓扑中，RoWAN 算法得到的 SICT 分别减少了约 48.2%、33.4%、27.9% 和 23%；在 Internet2 拓扑中，RoWAN 算法得到的 SICT 分别减少了约 35.69%、35.85%、28.75% 和 15.54%。

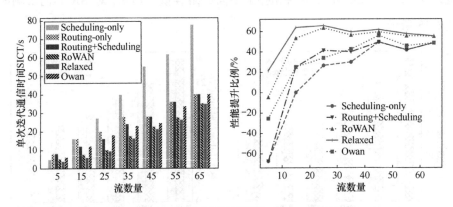

图 6-19　B4 拓扑上不同流数量对 SICT 的影响

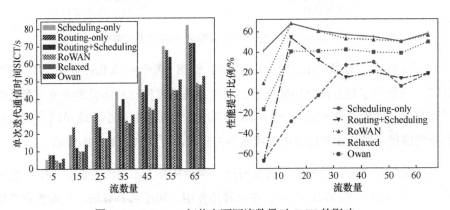

图 6-20　Internet2 拓扑上不同流数量对 SICT 的影响

3. 任务间调度算法与 Delayed SWRT 算法对比

迭代次数的影响。仿真评估了不同迭代次数对 WJCT 的影响，如图 6-21 所示。仿真按倍数改变每个任务的迭代次数，横坐标表示每个任务的原始迭代次数的倍数。可以看出，三个算法的 WJCT 随着迭代次数的增加而增加。这是因为迭代次数的增加意味着每个任务的完成时间增长，从而导致 WJCT 的增加。当迭代次数变成 2 倍时，Delayed SWRT 算法的 WJCT 比 FCFS、MRTF 和 MWRTF 算法的 WJCT 分别减少了约 59.2%、43.4% 和 27.5%。而当迭代次数是初始的 10 倍时，分别减少了约 60.03%、44.83% 和 28.76%。此外，随着迭代次数的增加，Delayed SWRT 算法与 FCFS 算法相比，其性能提升呈现稳定的上升趋势，且远远高于其他两种方案。这是因为 Delayed SWRT 算法能有效利用跨数据中心模型同步和数据中心内模型计算的交错特性来调度任务。

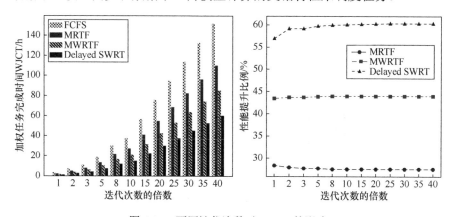

图 6-21　不同迭代次数对 WJCT 的影响

到达间隔的影响。为了测试 Delayed SWRT 算法的在线性能，我们对不同任务到达间隔进行仿真，不同到达间隔对 WJCT 的影响如图 6-22 所示。显然，Delayed SWRT 算法在所有情况下的性能都优于其他三种算法。值得注意的是，Delayed SWRT 算法与其他算法结果的差异随着到达间隔的增大而逐渐减小，当到达间隔为 150s 时，结果几乎是相同的。这是因为当任务到达间隔大于任务完成时间时，无论使用哪种算法，任务都将按照到达时间的顺序执行。当到达间隔从 5s 变化到 150s 时，性能的提升呈下降趋势，最终变为 0。

任务数量的影响。为了研究任务数量如何影响 Delayed SWRT 算法的性能，我们随机设置每个任务的到达时间和迭代次数，不同任务数量对 WJCT 的影响如图 6-23 所示。从该图中可以得出以下结论：（1）各算法的 WJCT 均随任务数量的增加而增加，但 Delayed SWRT 算法的增长远慢于 FCFS、MRTF 和 MWRTF 算法。例如，当任务数量为 90 时，与 FCFS、MRTF 和 MWRTF 算法相比，Delayed SWRT 算法的性能提升分别达到 62.89%、50.26%和 40.17%。（2）随着任务数量的增加，Delayed SWRT 算法的性能提升量基本保持稳定增长，且性能提升量始终大于其他两种算法。其原因是，当正在传输数据的任务切换到计算阶段时，就会立即执行 Delayed SWRT 算法，得到需要被调度的任务，这充分利用了任务处于计算阶段时的空闲网络资源。

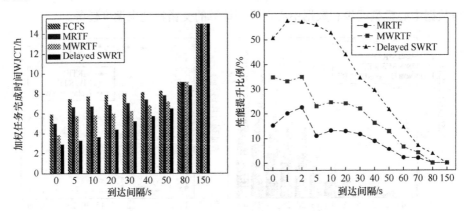

图 6-22　不同到达间隔对 WJCT 的影响

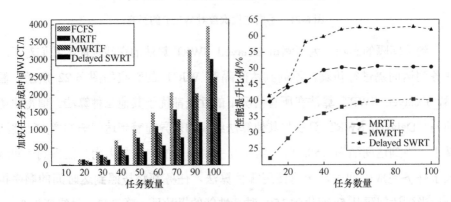

图 6-23　不同任务数量对 WJCT 的影响

6.3 本章小结

在跨数据中心分布式机器学习中，数据中心之间的广域网络存在带宽受限、资源异构分布且动态时变的复杂特性，使得通信瓶颈常出现在跨数据中心的模型同步过程。针对上述问题，本章聚焦于多数据中心之间的模型同步通信加速，探索有效的流量传送调度方法。面向传统广域网络，本章提出基于动态通信调度的通信覆盖机制 TSEngine，根据模型分发与模型聚合的参数传送模式的差异性，分别建立它们的数学模型并设计对应的传送调度协议。针对模型分发过程，设计了自动学习通信调度协议，结合路径探索和贪心选择两种策略来动态优化模型分发的传送路径。针对模型聚合过程，设计了最小等待延迟通信调度协议，在优化模型聚合的传送路径上，优先考虑降低局部聚合的等待延迟。实验结果表明，TSEngine 传输调度可显著缩短跨数据中心的模型分发与模型聚合时间，比静态通信覆盖方案拥有更好的通信加速效果。

面向现代光广域网络，利用光广域网络的可重构特性，根据跨数据中心分布式机器学习的流量需求合理配置光层，改变网络层拓扑结构，能够有效提升上层应用性能。基于上述特性，本章提出结合网络层调度和光层拓扑重构来优化多任务并存的跨数据中心分布式机器学习。首先，针对任务内调度问题，设计了基于确定性舍入的启发式算法即光广域网中的路由和速率分配（RoWAN）算法，用于确定任务对应的网络拓扑结构、路由和速率分配。然后，针对任务间调度问题，设计了基于延迟最短加权剩余时间（Delayed SWRT）的多任务在线调度算法，其基本思想是根据优先级进行调度，优先级由任务权重和剩余完成时间联合定义。最后，通过在 B4 和 Internet2 两种真实光广域网拓扑上的仿真结果表明，所提算法可以明显缩短跨数据中心模型同步的通信时间和多任务的整体完成时间。上述两种广域网络场景和流量调度技术相互补充，对跨数据中心分布式机器学习训练性能提升大有裨益。

本章参考文献

[1] LI M, ANDERSEN D G, PARK J W, et al. Scaling distributed machine learning with the

parameter server[C]. In 11th USENIX Symposium on Operating Systems Design and Implementation (OSDI), 2014: 583-598.

[2] KAIROUZ P, MCMAHAN HB, AVENT B, et al. Advances and open problems in federated learning[J]. Foundations and Trends in Machine Learning, 2021, 14(1-2): 1-210.

[3] MAI L, HONG C, COSTA P. Optimizing network performance in distributed machine learning[C]. In 7th USENIX Workshop on Hot Topics in Cloud Computing (HotCloud), 2015: 1-7.

[4] XIA J, ZENG G, ZHANG J, et al. Rethinking transport layer design for distributed machine learning[C]. In Proceedings of the 3rd Asia-Pacific Workshop on Networking (APNet), 2019: 22-28.

[5] LUO L, LIU M, NELSON J, et al. Motivating in-network aggregation for distributed deep neural network training[C]. In Workshop on Approximate Computing Across the Stack (WACAS), 2017: 1-3.

[6] LUO L, WEST P, NELSON J, et al. Plink: Discovering and exploiting locality for accelerated distributed training on the public cloud[C]. In Proceedings of Machine Learning and Systems (MLSys), 2020, 2: 82-97.

[7] HSIEH K, HARLAP A, VIJAYKUMAR N, et al. Gaia: Geo-distributed machine learning approaching lan speeds[C]. In 14th USENIX Symposium on Networked Systems Design and Implementation (NSDI), 2017: 629-647.

[8] JAIN S, KUMAR A, MANDAL S, et al. B4: Experience with a globally-deployed software defined WAN[J]. ACM SIGCOMM Computer Communication Review (CCR), 2013, 43(4): 3-14.

[9] HONG C Y, KANDULA S, MAHAJAN R, et al. Achieving high utilization with software-driven WAN[C]. In Proceedings of the ACM SIGCOMM Conference, 2013: 15-26.

[10] LIU L, YU H, SUN G, et al. Online job scheduling for distributed machine learning in optical circuit switch networks[J]. Knowledge-Based Systems (KBS), 2020, 201: 106002.

[11] JIN X, LI Y, WEI D, et al. Optimizing bulk transfers with software-defined optical WAN[C]. In Proceedings of the 2016 ACM SIGCOMM Conference, 2016: 87-100.

[12] LUO L, FOERSTER K T, SCHMID S, et al. Deadline-aware multicast transfers in software-defined optical wide-area networks[J]. IEEE Journal on Selected Areas in Communications (JSAC), 2020, 38(7): 1584-1599.

[13] TIAN B, TIAN C, DAI H, et al. Scheduling coflows of multi-stage jobs to minimize the total weighted job completion time[C]. In IEEE INFOCOM 2018-IEEE Conference on Computer Communications (INFOCOM), 2018: 864-872.

[14] KIM JC, LEE Y. An end-to-end measurement and monitoring technique for the bottleneck link capacity and its available bandwidth[J]. Computer Networks, 2014, 58: 158-179.

[15] ZHOU H, LI Z, CAI Q, et al. DGT: A contribution-aware differential gradient transmission mechanism for distributed machine learning[J]. Future Generation Computer Systems (FGCS), 2021, 121: 35-47.

[16] LI M. A light and efficient implementation of the parameter server framework[CP/OL]. (2015). https://github.com/dmlc/ps-lite.

[17] ZHOU H. TSEngine: An adaptive communication scheduler for efficient communication overlay in dml-wans[CP/OL].(2021). https://github.com/zhouhuaman/dgt.

[18] LI Z, ZHANG Z, ZHOU H, et al. A geo-distributed machine learning framework across data centers[CP/OL]. (2021). https://github.com/inet-rc/geomx.

[19] BERT HUBERT. Utilities for controlling TCP/IP networking and traffic[CP/OL]. (2020). https://man7.org/linux/man-pages/man8/tc.8.html.

[20] XIAO H, RASUL K, VOLLGRAF R. Fashion-mnist: a novel image dataset for benchmarking machine learning algorithms[J]. arXiv preprint arXiv:1708.07747, 2017: 1-6.

[21] KRIZHEVSKY A, SUTSKEVER I, HINTON GE. Imagenet classification with deep convolutional neural networks[C]. In Proceedings of 25th Conference on Neural Information Processing Systems (NeurIPS), 2012: 1-9.

[22] HOWARD A G, ZHU M, CHEN B, et al. Mobilenets: Efficient convolutional neural networks for mobile vision applications[J]. arXiv preprint arXiv:1704. 04861, 2017: 1-9.

[23] KINGMA D P, BA J. Adam: A method for stochastic optimization[C]. In International Conference on Learning Representations (ICLR), 2015, 5: 1-15.

[24] LUO L, FOERSTER K T, SCHMID S, et al. Dartree: Deadline-aware multicast transfers in reconfigurable wide-area networks[C]. In 2019 IEEE/ACM 27th International Symposium on Quality of Service (IWQoS), 2019: 1-10.

[25] LIU L, YU H, SUN G, et al. Job scheduling for distributed machine learning in optical WAN[J]. Future Generation Computer Systems (FGCS), 2020, 112: 549-560.

[26] GUO Y, WANG Z, ZHANG H, et al. Joint optimization of tasks placement and routing to minimize coflow completion time[J]. Journal of Network and Computer Applications (JNCA), 2019, 135: 47-61.

[27] LIU S, CHEN L, LI B. Siphon: Expediting inter-datacenter coflows in wide-area data analytics[C]. In 2018 USENIX Annual Technical Conference (USENIX ATC), 2018: 507-518.

[28] HUANG X S, SUN X S, NG T E. Sunflow: Efficient optical circuit scheduling for coflows[C]. In Proceedings of the 12th International on Conference on Emerging Networking Experiments and Technologies (CoNEXT), 2016: 297-311.

[29] ZHAO Y, CHEN K, BAI W, et al. Rapier: Integrating routing and scheduling for coflow-aware data center networks[C]. In IEEE INFOCOM 2015-IEEE International Conference on Computer Communications (INFOCOM), 2015: 424-432.

[30] CHEN Y, WU J. Multi-hop coflow routing and scheduling in data centers[C]. In 2018 IEEE International Conference on Communications (ICC), 2018: 1-6.

[31] LENSTRA J K, KAN A R, BRUCKER P. Complexity of machine scheduling problems[J]. In Annals of Discrete Mathematics, 1977, 1: 343-362.

[32] ANDERSON E J, POTTS C N. Online scheduling of a single machine to minimize total weighted completion time[J]. Mathematics of Operations Research, 2004, 29(3): 686-697.

第 7 章
异构数据优化算法

人工智能的发展离不开大数据的支撑，随着 5G 乃至 6G 的来临，数据中心内新生应用数据快速积累，为服务提供商训练高质量的人工智能模型提供了坚实的数据基础。这些大数据分布式存储在多个异地数据中心，相互隔绝形成数据孤岛。例如，抖音和 TikTok 虽然同属于字节跳动公司，但 TikTok 的数据中心建设在海外，以海外用户为主，抖音的数据中心建设在中国境内，以中国用户为主，形成多数据中心异地存储的格局。受不同用户群体、不同国家地区文化的影响，用户的喜好和行为模式存在差别，甚至迥然不同，这种偏好将直接反映在异地数据中心的用户数据分布上，并影响跨数据中心分布式机器学习的性能表现。

数据统计异构性不仅存在于异地数据中心间，也存在于数据中心内部。数据中心常将用户数据依据用户标识归类存储，而非依据训练任务关注的样本标签进行归类。因此，对于分布式机器学习而言，用户数据在数据中心内仍然是差异分布的。理论上，尽管可以将用户数据依据新的标识在数据中心内重新"洗牌"使其分布均匀，但在实际应用中，大规模的数据迁移不仅会拥塞数据中心网络，还会干扰核心业务的正常运行，所以此方法不适用于商业数据中心。因此，训练数据在数据中心间和数据中心内都是差异分布的。这种异构分布数据是引发跨数据中心分布式机器学习性能瓶颈的根本原因，如果处理不当，则异构分布数据将致使训练模型低能且低效[1]。在业界，研究者称上述问题为非独立同分布难题，该难题激发了异构联邦学习的研究热点，但一直没有较好地解决。

在异构联邦学习的研究领域中，研究者从多个方面着手，尝试解决异构分布数据致使的非独立同分布难题。虽然部分研究不能直接应用于跨数据中心场景，但它们仍具有重要的指导意义。下面，我们只简述旨在最小化数据分布差异的相关研究，因为数据分布差异是导致非独立同分布难题的根本原因。最小化数据分布差异的相关研究可分为两类：基于数据共享的方法和基于数据增广的方法。这些研究旨在通过扩充本地用户数据以使其具有同构的数据分布。例如，利用开放数据集[1]或激励内测用户贡献本地数据[2]，或者利用数据增广方法[3]、生成对抗模型[4]产生新的数据样本，来扩充数据样本较少的类别，以使本地数据分布均匀。这些方法显著提升了模型性能。然而，这些方法做出了参与机构无私且诚实的较强假设，涉及对用户数据的敏感操作（共享与修改），容易让用户数据暴露在隐私攻击的威胁中。例如，行为不端的参与机构可能滥用其他参与机构共享的用户数据，也可能滥用数据增广技术产生任意多的虚假样本替代真实用户数据参与训练。为了不将分布式训练过程暴露于安全风险中，应避免对数据本身的敏感操作，并以此为前提探索最小化数据分布差异的新型训练范式。

实际上，上述方法都旨在构建具有均匀分布本地数据的虚拟计算节点，以从根本上消除数据分布差异。在异地多数据中心场景中，计算节点在地理空间呈现出群簇的位置分布特征，即部分计算节点相互近邻成簇，而与其他计算节点簇相距较远。同时，在网络空间中，数据中心内的计算节点也近邻，相互可通过大带宽数据中心网络互联互通，因而天然成组。结合联邦学习标准协议中的节点采样步骤，一种可行的方案是，从数据中心（组）内选择一个最优的计算节点子集，使其构成数据同构分布的"超节点"参与数据中心（组）间的训练。然而，实现这个方案并非易事，还需克服两个技术难点。（1）上述组节点选择问题的数学模型是一个带解向量重量约束的 0-1 整数规划问题，其可以由朴素 0-1 整数规划问题经过多项式时间规约得到，所以该问题可被证明至少是 NP 完备的，难以在多项式时间内找到最优的选择策略。（2）即使通过组节点选择保证了"超节点"具有同构的数据分布，在构成这些"超节点"的计算节点子集中，计算节点之间的数据分布仍是异构的。换言之，我们只是将全局异构度分解为多个"超节点"内更小且更易解决的异构度，但是，如何克服"超节点"内的异构分布数据的影响仍是一个需要解决的难题。

针对跨数据中心场景下异构分布数据导致的非独立同分布难题，本章给出一种基于组节点选择的联邦组同步算法解决方案。该方案适用于数据中心此类计算节点具有地理群簇特征的场景，其训练过程对异构分布数据健壮。具体地讲，我们提出基于梯度的二元置换节点选择（Gradient-based Binary Permutation Client Selection，GBP-CS）算法来求解上述 NP 完备的组节点选择问题。GBP-CS 算法直接在 0-1 整数空间中运行约束保持的优化程序，能够在短时间内得到一个非常理想的选择策略。为克服"超节点"内的数据异构度，我们提出联邦组同步（Federated Group Synchronization，FedGS）算法。在 GBP-CS 算法构建的"超节点"的基础上，FedGS 算法集成了单步同步协议和多步同步协议来训练"超节点"内外的分布式机器学习模型。借助数据中心内的大带宽通信，"超节点"能利用单步同步协议换取对内部异构数据的健壮性，从而在非独立同分布数据上提升训练模型的性能表现。大量实验表明，FedGS 算法相比十种先进方法平均提高了 3.5% 的模型精度，减少了 59% 的训练轮次。实验结果证明了 FedGS 算法在非独立同分布数据上的显著效果[5]。

7.1   研究现状

传统分布式机器学习技术常用于单个数据中心，由于数据中心内带宽资源丰富，研究者倾向于 SSGD[6] 等高频同步算法。但在跨数据中心分布式机器学习中，数据中心之间带宽资源有限，高频同步算法会导致极高的通信开销，此时，研究者反而更倾向于低频同步算法。与跨数据中心分布式机器学习相类似的一个场景是联邦学习。在联邦学习中，用户终端通过广域网与云端服务器交换机器学习模型参数，也面临通信资源紧缺的问题。为此，McMahan 等人[7] 提出联邦平均（Federated Averaging，FedAvg）算法，通过在用户设备上执行多次本地更新，增加用户侧计算量，减小全局同步频率，从而降低通信开销。

然而，Yao 等人[2] 发现，FedAvg 算法中的多步本地更新会在模型聚合时引入梯度偏差，这种偏差在训练初期很小，但会随着本地更新次数的增加不断累积，并最终损伤模型精度。梯度偏差导致的精度损伤在非独立同分布数据上尤为显著。Zhao 等人[1] 发现，FedAvg 算法在极端非独立同分布数据上的精度损伤最高可达 55%。作者定义权重差异来量化精度损伤，并证明了权重差异的上界与本地数据分布和真实数据分布之间的推土距离[8]（Earth Mover's Distance，EMD）相关，这表明了数据分布差异是导致精度损伤的主要原因。理论与实验证明，数据分布差异的增大会引起权重差异的增大，从而导致更加严重的精度下降。这种现象被称为非独立同分布难题，相关解决方案可以分为三类：最小化数据分布差异的数据共享和增广方法，优化算法收敛性的超参调优方法，以及客户端和服务器端的自适应训练方法。

1. 最小化数据分布差异的数据共享和增广方法

这种方法旨在通过数据共享或增广来扩充计算节点的本地数据集，使其各个类型的样本数量均匀，从而最小化计算节点之间的数据分布差异。其中，基于数据共享的方法尝试利用开源数据集，或者用户贡献数据构建的共享数据集，来辅助弥补数据分布差异产生的影响。例如，Zhao 等人[1]建议分发小部分全局共享数据（如开源数据集）到用户终端以平衡本地数据分布。实验表明，即使仅共享 5%的全局数据，该方法在 CIFAR10 数据集上的模型精度也能提升30%。然而，适合的开源数据集不总是存在的，尤其在某些机密或特殊领域中，这限制了该方法的实用性。另外，还有一种获取共享数据集的方法是直接从用户终端收集数据，但这种方法涉嫌违规采集用户隐私数据，同时也违反数据不离开设备的原则。因此，为合理获得用户数据，这种方法需要雇用部分用户自愿分享数据。例如，Yao 等人[2]建议雇用部分用户参与内测以取得先验数据，基于该提议，Yao 等人提出一种可控的元更新方法 FedMeta。在每个训练轮次中，云端服务器会额外将全局聚合模型在其元数据集上再做一次梯度下降，通过合理调整元数据集的数据分布校正全局模型，消除其在异构用户数据上的偏见和不公平。在 FEMNIST 数据集[9]上，FedMeta 能够减少 FedAvg 的65%的通信次数，提高 4.76%的模型精度。但是，Yao 等人也表示，FedMeta对元数据集特别敏感，必须精心设计，这给实际应用又带来了新的难题。与之类似，Yoshida 等人[10]建议给内测用户赏金来激励他们共享数据，并提出Hybrid-FL。在每轮训练中，计算节点不仅要用本地数据训练本地模型，还可以上传本地数据到云端构建一个独立同分布的共享数据集，用以训练一个云端模型，该云端模型将与计算节点的本地模型一同聚合。Hybrid-FL 还提出了一种节点采样方法，即在有限的时间内，采样出预计耗时与数据分布偏差的乘积最小的部分节点参与训练。实验表明，即使仅有 1%的用户自愿共享数据，相比未考虑异构数据分布的采样方法 FedCS[11]，Hybrid-FL 在非独立同分布的 CIFAR10 和 Fashion-MNIST 数据集上分别可提升 13.5%和 12.5%的模型精度。但是，Hybrid-FL 在每轮中都要上传一批计算节点的本地数据，通信开销较大，尤其是当数据为视频等大文件时，云端服务器在有限时间内能采集到的数据量极为有限，将制约云端模型的表现，使其在与其他本地模型聚合后成为性能瓶颈。另外，虽然 FedMeta 和 Hybrid-FL 通过赏金鼓励用户自愿上传数据，但选择哪些数据上传的权力仍应掌握在用户手中。实际上，用户可以仅上传不包含隐私的数据，使得最终构建的共享数据集仍存在数据偏斜。

基于数据增广的方法尝试生成新的数据样本来扩充样本数量较少的类别。Duan 等人[3]发现除了异构数据分布外，各类别样本数量的不均衡也会导致精度损伤。于是，Duan 等人提出 Astraea，用常规数据增广方法来扩充较少样本的数据类别，如随机偏移、随机旋转、随机裁剪、随机缩放等。同时，Duan 等人提出对计算节点进行分组，使得各组的平均数据分布和均匀分布之间的相对熵距离（Kullback-Leibler Divergence，KL 距离）最小，以降低组之间的数据分布差异，缓解精度损伤。在不均匀且非独立同分布的 EMNIST 和 CINIC10 数据集上，Astraea 分别可取得 5.59%和 5.89%的精度提升。另一种产生新数据的方法是使用条件生成对抗网络[12]，Jeong 等人[4]提出共享一个条件生成网络模型，于是计算节点可以用该生成模型生成新的数据样本，增广本地数据集，使本地数据分布趋于独立同分布。但是，训练条件生成对抗网络仍需要使用用户共享的数据，并且，若使用不成熟的生成模型，可能使主训练过程过拟合于共享数据集。最后，基于数据增广的方法还容易诱发用户的不诚实行为。部分投机取巧的用户可以直接利用凭空产生的假数据参与训练，而隐藏自己原来的真实数据；只拥有贫瘠数据的用户可以滥用增广技术，谎称拥有大量优质数据，以骗取高额赏金。这些信任危机使得此种方法在实际应用中缺乏可信保障。因此，在用户侧，应避免将数据共享和增广等敏感操作交由不可信的用户来执行，以保护训练过程免受隐私和信任风险的威胁。

2. 优化算法收敛性的超参调优方法

超参数在促进机器学习训练收敛中起着重要的作用。Wang 等人[13]给出了 FedAvg 算法在非独立同分布数据上的收敛性证明，指出当可用资源（如时间、电耗等）无限制时，设置本地迭代次数 $I=1$ 能获得最优的收敛性能。但是，实际情况不允许我们这么做，这是因为高频的跨广域同步通信会导致高额的通信开销，因此研究者更倾向于设置 $I \gg 1$，但同时也面临着收敛性劣化的问题。针对该问题，已有研究通过学习率衰减、本地迭代次数调优、增加本地目标函数约束等方式保证 FedAvg 算法在非独立同分布数据上的收敛性。Li 等人[14]指出，在非独立同分布数据设置下，当本地迭代次数 $I>1$ 时，对 FedAvg 算法的学习率 η 进行衰减是必要的，否则所求解与最优解将相差 $\Omega(\eta(I-1))$。对于强凸和平滑的目标函数，应用学习率衰减后，FedAvg 算法在非独立同分布数据上可收敛到最优解，收敛率为 $O(1/T)$，其中 T 是单个节点执行 SGD 的总次数。Yu 等人[15]指出，对于深度学习这类非凸优化问题，选择合适的本地迭代次数 I 有利于算法收敛到最优解，且当取 $I = O(T^{1/4}/N^{3/4})$ 时，可保证收敛率为 $O(1/\sqrt{NT})$。Li 等人[16]在 FedProx 的本地目标函数中加入近端项约束本地更新，使本地模型尽量接近初始全局模型，以避免非独立同分布数据使本地模型过度发散。加入近端项约束后，FedProx 达到精度 ϵ 所需的同步轮次为 $O(1/\epsilon + 1/\epsilon^2)$，且在非独立同分布数据上比 FedAvg 算法可提高 22%的模型精度。上述方法提供了严格的收敛性证明，且具有方案通用、易实现的优点，为异构分布数据优化提供了借鉴与指导，具有重要参考价值。

3. 客户端和服务器端的自适应训练方法

本地模型参数因异构分布数据而具有个性化，在客户端，这类方法强调在优化本地知识的同时，应保留全局知识作为参考，自适应地训练本地模型。例如，Yao 等人[17]指出全局模型包含更多的全局知识，应该保留并作为参考，而不是简单地丢弃。基于这个想法，作者提出双流模型 FedMMD 算法，利用迁移学习将全局知识迁移到本地模型。通过最小化最大均值差异（Maximum Mean Discrepancy，MMD），FedMMD 算法可以从全局模型提取更多泛化特征并学习到更好的局部表征。随后，作者又提出一种特征融合方法 FedFusion[18]，使用 1×1 卷积、向量加权平均和标量加权平均三个算子来融合全局及本地特征。Rieger 等人[19]指出，客户端以不同的模式做数据表征，可能会使它们共享的知识在同步后产生混淆。于是，作者提出条件门控激活单元 CGAU，使客户端能够自适应调节它们自己的激活单元，从而更好地识别与调制全局特征。

在服务器端，这类方法探索了如何自适应地聚合本地模型以及如何自适应地优化全局模型。Yeganeh 等人[20]基于本地模型参数和平均模型参数之间距离的逆，在聚合时对本地模型参数进行加权。利用这种方法，离群的本地模型参数的权重将被压低，可使全局模型参数具有更低的方差。除了模型参数的距离外，作者也探索了与其他指标的组合，如训练精度和数据集大小。另外，受动量积累可以抑制振荡的启发[21]，Hsu 等人[22]将动量积累应用到服务器端以优化全局模型，并观察到收敛精度显著提高。随后，Reddi 等人[23]引入三个更先进的自适应优化器 Adagrad[24]、Adam[25]和 Yogi[26]，对应的自适应联邦优化器对不同梯度应用不同的学习率，实验结果表明它们取得了显著的性能提升。

7.2 系统模型

系统模型与流程概览如图 7-1 所示，给定 K 个数据中心，任意数据中心 k 内含 M^k 个计算节点，我们视这些计算节点为一个组。在任意数据中心 k 内，存在一个域内参数服务器（Internal Parameter Server，IPS），令其标识也为 k。在每次迭代中，IPS 仅选择小部分计算节点参与训练，这些被选中的计算节点构成的集合称为超节点。为克服 K 个超节点之间的非独立同分布难题，我们希望通过组节点选择使得这些超节点之间具有同构的数据分布，因此也称其为同构超节点。同构超节点通过大带宽、低延迟的数据中心网络连接到 IPS。随后，IPS 通过广域网或专用网连接到主控数据中心的全局参数服务器（Global Parameter Server，GPS）。

基于上述系统模型，一个标准的工作流程如下。在每个轮次 r 中，①IPS 在其数据中心内选择 L 个计算节点构建同构超节点，②被选中的计算节点利用本地数据集训练本地模型，③再由 IPS 聚合同步组内的这些本地模型参数。在循环执行①②③步骤I次后，GPS 聚合 K 个 IPS 的局部同步模型参数，更新全局模型参数，并同步最新全局模型参数给 IPS 和计算节点。重复上述过程R轮直至全局模型收敛。在 7.3 节中，我们将详细阐述这种数据异构性健壮的联邦组同步算法。

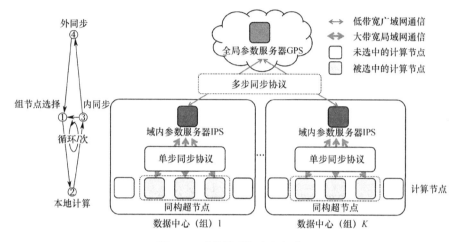

图 7-1   系统模型与流程概览

7.3   联邦组同步算法设计与实现

7.3.1   算法设计动机

7.2 节描述的系统模型需要解决两个问题：（1）在超节点内部，构成该同构超节点的计算节点子集中，计算节点之间的数据分布仍是异构的；（2）在超节点之间，虽然利用组节点选择满足了数据同质化，但它们跨广域网同步模型参数仍面临较大的通信开销。

假设 7-1：从拥有 M^k 个计算节点的任意数据中心k中，选择L个计算节点，其中计算节点m的本地数据集$\mathcal{D}_{k,m}$的类别分布服从概率分布$\mathcal{P}_{k,m}$，且对任意的$m_1 \neq m_2$，有$\mathcal{P}_{k,m_1} \neq \mathcal{P}_{k,m_2}$。假设现实中真实数据的分布$\mathcal{P}_{\text{real}}$等于全局数据的分布，且选中的$L$个计算节点的平均分布等于全局数据分布，即有 $\sum_{m=1}^{L} n_{k,m} \mathcal{P}_{k,m} / n_k = \mathcal{P}_{\text{real}}$，其中$n_{k,m}$是本地数据集$\mathcal{D}_{k,m}$的样本数量，$n_k = \sum_{m=1}^{L} n_{k,m}$

是 L 个计算节点上总的样本数量。

命题 7-1：令假设 **7-1** 成立，在 L 个计算节点上应用单步同步协议 SSGD 算法等价于在一个集中式计算节点上应用 L 倍批数据大小的 SGD 算法，且 SSGD 算法对异构数据分布健壮。

证明：令 ω^i 是第 i 个训练轮次时的全局模型参数，训练使用的小批量数据是 $\mathcal{D}^i_{k,m}$，批数据大小为 b，ε_t 是 $\mathcal{D}^i_{k,m}$ 中的第 t 个训练样本，$\mathcal{L}$ 是损失函数，η 是学习率。一个标准的 SSGD 优化步骤如下：

$$\omega^{i+1} \leftarrow \omega^i - \eta \sum_{m=1}^{L} \frac{1}{L} g(\omega^i, \mathcal{D}^i_{k,m}) \qquad \text{(SSGD)}$$

$$= \omega^i - \eta \sum_{m=1}^{L} \frac{1}{bL} \nabla_\omega \left[\sum_{\varepsilon_t \in \mathcal{D}^i_{k,m} \sim \mathcal{P}_{k,m}} \mathcal{L}(\omega^i, \varepsilon_t) \right]$$

$$= \omega^i - \eta \sum_{m=1}^{L} \sum_{\varepsilon_t \in \mathcal{D}^i_{k,m} \sim \mathcal{P}_{k,m}} \frac{1}{bL} \nabla_\omega \mathcal{L}(\omega^i, \varepsilon_t)$$

$$= \omega^i - \eta \sum_{\varepsilon_t \in \mathcal{D}^i_k \sim \mathcal{P}_{\text{real}}} \frac{1}{bL} \nabla_\omega \mathcal{L}(\omega^i, \varepsilon_t) \qquad \text{(SGD)}$$

在上述推导过程中，第一行表示在 L 个计算节点上运行批数据大小为 b 的 SSGD 算法，而第四行则是在一个集中式计算节点上运行批数据大小为 bL 的 SGD 算法的标准步骤。上述等价关系证明 SSGD 算法与 SGD 算法是理论等价的。

我们还注意到，第四行的 SGD 算法优化步骤中，所使用的数据集 $\mathcal{D}^i_k$ 是 L 个计算节点的本地数据集的并集，即 $\mathcal{D}^i_k = \bigcup_{m=1}^{L} \mathcal{D}^i_{k,m}$，并根据**假设 7-1** 服从真实分布 $\mathcal{P}_{\text{real}}$。可以看出，对于 SSGD 算法的训练过程而言，异构分布的数据集和集中式分布的数据集具有同等效用，这使其具备了对异构分布数据的健壮性。

受**命题 7-1** 启发，为解决问题（1），FedGS 选择在超节点内部使用单步同步协议 SSGD 算法，牺牲一定的通信效率，消除超节点内部异构数据的影响。依托数据中心内充裕的通信资源，虽然 SSGD 算法需要高频同步通信，但其额外延迟仍可接受。然而，若在超节点之间也应用 SSGD 算法，则将因广域网的紧缺资源而面临严峻的通信瓶颈。因此，为解决问题（2），FedGS 算法在超节点之间沿用多步同步协议 FedAvg 算法。

引理 7-1：FedAvg 算法的精度损伤正比于数据分布的差异[1]。

文献[1]探究了异构数据分布对 FedAvg 算法精度的影响。借助组节点选择步骤，FedGS 算法使超节点之间的类别分布得以对齐，超节点之间的数据分布差异得以最小化。根据**引理 7-1**，在这些同构超节点之间沿用 FedAvg 算法，模型精度可以得到保证。通过分组与选择，FedGS 算法将整个集群的强数据异构度分解为多个小规模超节点内更易解决的弱数据异构度，使得我们可以在通信资源充足的数据中心内利用单步同步协议消除超节点内部异构分布数据的影响，并能够以精度无损的方式在同构超节点之间沿用通信高效的多步同步协议，实现异构数据健壮性与系统训练高效性的良好折中。

7.3.2 算法设计与实现

在本节中，我们将对 FedGS 算法的设计做详细阐述。考虑 K 个异地数据中心在 GPS 的协调下协同训练一个 C 分类的机器学习模型，该机器学习模型由 ω 参数化。任意数据中心 k 拥有一个 IPS 节点和 M^k 个计算节点，其中第 m 个计算节点拥有本地数据集 $\mathcal{D}_{k,m}$，其类别分布服从概率分布 $\mathcal{P}_{k,m}$。我们的目标是找到最优模型参数 ω^*，最小化全局损失 $\mathcal{L}$：

$$\omega^* \triangleq \underset{\omega}{\arg\min} \sum_{k=1}^{K} \sum_{m=1}^{M^k} \mathcal{L}(\omega, \mathcal{D}_{k,m}) \tag{7-1}$$

在描述 FedGS 算法的工作流程之前，我们先在 GPS 初始化全局模型参数 ω^0，并同步参数 ω^0 到 IPS 的模型参数 ω_k^0 和计算节点 $\omega_{k,m}^0$：$\omega_{k,m}^0 \leftarrow \omega_k^0 \leftarrow \omega^0$。如图 7-1 所示，FedGS 算法的工作流程可分为四步：组节点选择、本地计算、内同步及外同步，其伪码实现如算法 7-1 所示。

算法 7-1 联邦组同步（FedGS）算法

输入：最大训练轮数 R，多步同步间隔 I，数据中心数 K，超节点大小 L。

输出：训练好的全局模型参数 ω^{IR}。

1.　　初始化模型参数 $\omega^0, \omega_k^0 \leftarrow \omega^0$，根据式（7-3）估计真实数据分布 $\mathcal{P}_{\text{real}}$；

2.　　**for** i **in** $1, 2, \cdots, IR$ **do**

3.　　　　**for** IPS k **in** $1, 2, \cdots, K$ **in parallel do**

---

4.   **组节点选择**：从数据中心 k 的计算节点集合 $\mathcal{C}_k$ 中选择 L 个节点的子集，构造同构超节点 $\mathcal{C}_k^i$：$\mathcal{C}_k^i \leftarrow \text{Select-Clients-Via-GBP-CS}(L, \mathcal{C}_k, \mathcal{P}_{\text{real}})$;

5.   **for** m **in** $\mathcal{C}_k^i$ **in parallel do**

6.   **本地计算**：下载模型参数 $\omega_{k,m}^{i-1} \leftarrow \omega_k^{i-1}$，取一个小批量数据 $\mathcal{D}_{k,m}^i$，根据式（7-4）计算得到 $\omega_{k,m}^i$；

7.   **内同步**：IPS k 根据式（7-5）聚合 $\mathcal{C}_k^i$ 内计算节点提交的模型参数 $\{\omega_{k,m}^i | \forall m \in \mathcal{C}_k^i\}$，得到局部同步模型参数 ω_k^i；

8.   **if** $(i \bmod I) = 0$ **do**

9.   **外同步**：GPS 根据式（7-6）聚合 K 个超节点的模型参数 $\{\omega_k^i | \forall k \in [1, K]\}$，得到全局同步模型参数 ω^i 并同步到 IPS k：$\omega_k^i \leftarrow \omega^i$；

10.   **return** ω^{IR}

（1）组节点选择：由于数据异构分布，$\mathcal{P}_{k,m} \neq \mathcal{P}_{\text{real}}$，传统的如 FedAvg 算法只能找到劣质的模型参数 ω。于是，FedGS 算法通过在任意数据中心 k 内构造同构超节点 $\mathcal{C}_k^i$，以期克服异构数据分布，找到更为理想的模型参数 ω^*。具体地讲，令 $\mathcal{C}_k$ 为任意数据中心 k 的计算节点的集合，$\mathcal{C}_k^i$ 则是第 i 个内同步迭代中从 $\mathcal{C}_k$ 选中参与训练的 L 个计算节点的集合，大小为 $|\mathcal{C}_k^i| = L$，其数据的类别分布 $\mathcal{P}_k$ 满足 $\mathcal{P}_k = \mathbb{E}_{m \in \mathcal{C}_k^i}[\mathcal{P}_{k,m}] \approx \mathcal{P}_{\text{real}}$。总而言之，计算 $\mathcal{C}_k^i$ 就要解决以下问题：

$$\mathcal{C}_k^i \triangleq \underset{\mathcal{C} \| |\mathcal{C}| = L, \mathcal{C} \in \mathcal{C}_k}{\text{argmin}} \ \mathbb{E}_{m \in \mathcal{C}}[\mathcal{P}_{k,m}] - \mathcal{P}_{\text{real}} \tag{7-2}$$

为解决以上问题，我们需要估计真实分布 $\mathcal{P}_{\text{real}}$。然而，在现实生活中，能够观测到的数据样本仅仅冰山一角，$\mathcal{P}_{\text{real}}$ 无法被准确估计。因此，在**假设 7-1** 中，我们给出一个合理假设：已观测到的全局数据可以用来近似估计真实数据的分布。于是，我们定义真实数据分布 $\mathcal{P}_{\text{real}}$ 如下：

$$\mathcal{P}_{\text{real}} \triangleq \frac{1}{n} \sum_{k=1}^{K} \sum_{m=1}^{M^k} n_{k,m} \mathcal{P}_{k,m} \tag{7-3}$$

式中，$\mathcal{P}_{k,m}$ 和 $\mathcal{P}_{\text{real}}$ 是概率分布；$n_{k,m} \mathcal{P}_{k,m}$ 是各类别样本数量的向量，$n = \sum_{k=1}^{K} \sum_{m=1}^{M^k} n_{k,m}$ 是全局样本总数。于是，如**假设 7-1** 所述，我们希望在任意数据中心 k 内，找到一个大小为 L 的子集 $\mathcal{C}_k^i$，使得 $\mathcal{C}_k^i$ 内所有数据的类概率分布满

足 $\displaystyle\sum_{m=1}^{L} n_{k,m} \boldsymbol{\mathcal{P}}_{k,m}/n_k = \boldsymbol{\mathcal{P}}_{\text{real}}$，即求解式（7-2）。

显然，若所有超节点 $\mathcal{C}_k^i (k=1,\cdots,K)$ 数据的类概率分布都逼近 $\boldsymbol{\mathcal{P}}_{\text{real}}$，那么这些超节点的数据是同构的，这些超节点也就成为了同构超节点。需要注意的是，为保证训练过程不因选择策略而对部分常被选中的节点的本地数据产生偏斜，$\mathcal{C}_k^i$ 在每一个内同步迭代 i 中都会被重新计算，并且确保每个计算节点以相同的概率被选中。在第 7.4 节中，我们将描述一种高效方法来求解 $\mathcal{C}_k^i$，而在本节中，FedGS 算法简单地通过 Select-Clients-Via-GBP-CS($L, \mathcal{C}_k, \boldsymbol{\mathcal{P}}_{\text{real}}$) 接口调用。

（2）本地计算：在第 i 个内同步迭代中，任意同构超节点 $\mathcal{C}_k^i$ 中的计算节点 m 从本地数据集 $\mathcal{D}_{k,m}$ 采样一个大小为 $b_{k,m}$ 的小批量数据 $\mathcal{D}_{k,m}^i$。随后，计算节点 m 从 IPS k 下载模型参数 $\boldsymbol{\omega}_{k,m}^{i-1} \leftarrow \boldsymbol{\omega}_k^{i-1}$，并用 $\mathcal{D}_{k,m}^i$ 训练 $\boldsymbol{\omega}_{k,m}^{i-1}$ 一个 SGD，学习率为 η。

$$\boldsymbol{\omega}_{k,m}^i \leftarrow \boldsymbol{\omega}_{k,m}^{i-1} - \frac{\eta}{b_{k,m}} \nabla_\omega \mathcal{L}(\boldsymbol{\omega}_{k,m}^{i-1}, \mathcal{D}_{k,m}^i) \tag{7-4}$$

（3）内同步：上传训练后的本地模型 $\boldsymbol{\omega}_{k,m}^i$ 到 IPS k。IPS k 聚合 $\mathcal{C}_k^i$ 中所有计算节点提交的本地模型参数，获得局部同步模型参数 $\boldsymbol{\omega}_k^i$：

$$\boldsymbol{\omega}_k^i \leftarrow \sum_{m \in \mathcal{C}_k^i} \frac{b_{k,m}}{b_k} \boldsymbol{\omega}_{k,m}^i \tag{7-5}$$

式中，$b_k = \displaystyle\sum_{m \in \mathcal{C}_k^i} b_{k,m}$ 是 $\mathcal{C}_k^i$ 使用的所有小批量数据的样本总数。随后，返回组节点选择步骤。IPS k 重新构造超节点 $\mathcal{C}_k^{i+1}$，并下发局部同步模型参数 $\boldsymbol{\omega}_k^i$ 到 $\mathcal{C}_k^{i+1}$，进入新一轮的内同步迭代 $i \leftarrow i+1$。由于超节点 $\mathcal{C}_k^i$ 中的计算节点每隔一次本地计算就紧跟一次内同步，我们称一轮组节点选择、本地计算及内同步为一次单步同步迭代。在进入外同步步骤之前，单步同步迭代会循环 I 次。

（4）外同步：在 I 次单步同步迭代后，IPS k 上传局部同步模型参数 $\boldsymbol{\omega}_k^i$ 到 GPS，此时 $i=rI$，r 为当前的外同步轮次。GPS 聚合 K 个超节点提交的局部同步模型参数，获得全局同步模型参数 $\boldsymbol{\omega}^i$：

$$\omega^i \leftarrow \frac{1}{K} \sum_{k=1}^{K} \omega_k^i \qquad (7\text{-}6)$$

全局同步模型参数 ω^i 将被用于更新 GPS 的全局模型，并下发回 IPS 以同步模型参数 $\omega_k^i \leftarrow \omega^i$。随后，返回组节点选择步骤，进入新一轮的内同步迭代 $i \leftarrow i+1$ 和外同步迭代 $r \leftarrow r+1$。注意，在本节的算法描述中，内同步迭代次数 i 是累计的，不会被重置，且外同步迭代轮次 r 可由 i 确定 $r = \lceil i/I \rceil$。由于 IPS 每隔 I 次单步同步迭代才与 GPS 执行一次外同步，所以我们称 GPS 与 IPS 之间的一次同步为一个多步同步轮次。在循环执行 R 轮多步同步后（即 IR 次内同步迭代），FedGS 算法训练中止，获得收敛参数 $\tilde{\omega}^* \leftarrow \omega^{IR}$。

实际上，FedGS 算法的核心在于组节点选择，即如何构造同构超节点。在 7.4 节中，我们将对式（7-2）进行具体的数学建模，并给出一种高效的求解方法。

7.4 组节点选择算法设计与实现

在本节中，我们将组节点选择问题建模为带向量重量约束的 0-1 整数规划问题。由于该问题是 NP 完备的，本节将阐述一种基于梯度的二元置换节点选择（GBP-CS）算法来近似求解该问题模型。实验表明，GBP-CS 算法只需要极短的时间就能求得逼近最优的理想解。

7.4.1 问题建模与分析

给定任意数据中心 k，其计算节点集 $\mathcal{C}_k$ 的大小为 M^k。令 $\mathcal{D}_{k,m}^i$ 为计算节点 m 即将用于训练的小批量数据，其类概率分布为 $\mathcal{P}_{k,m}^i \in \mathbb{R}^{C \times 1}$，类样本数向量为 $\boldsymbol{a}_{k,m}^i \in \mathbb{Z}^{C \times 1}$，且满足 $\boldsymbol{a}_{k,m}^i = b_{k,m} \mathcal{P}_{k,m}^i$，$C$ 是分类任务的目标类别数量，$b_{k,m}$ 是批数据大小。组节点选择的目标是，在每个内同步迭代 i 中，从 $\mathcal{C}_k$ 选择 L 个计算节点子集，构成同构超节点 $\mathcal{C}_k^i$，$\mathcal{C}_k^i$ 的类概率分布 $\mathcal{P}_k^i \triangleq \sum_{m \in \mathcal{C}_k^i} b_{k,m} \mathcal{P}_{k,m}^i / b_k \in \mathbb{R}^{C \times 1}$

满足：

$$\min_{\mathcal{C}_k^i} \ \| \mathcal{P}_k^i - \mathcal{P}_{\text{real}} \|_{L_2} \tag{7-7}$$

注意，如果 $\mathcal{P}_{k,m}^i$ 固定，则式（7-7）总会找到固定的子集 $\mathcal{C}_k^i$，而其他子集 $\mathcal{C}_k \backslash \mathcal{C}_k^i$ 的计算节点将没有机会被选中。为了保持选择策略的随机性，使得计算节点能以相同的概率被选中，我们首先随机预采样 L^{rnd} 个计算节点构成 $\mathcal{C}_k^{\text{rnd}}$，再根据组节点选择策略从余下的 $\mathcal{C}_k \backslash \mathcal{C}_k^{\text{rnd}}$（大小为 $M^k - L^{\text{rnd}}$）集合中选择 $L^{\text{sel}} = L - L^{\text{rnd}}$ 个节点构成 $\mathcal{C}_k^{\text{sel}}$，最终构造出大小为 L 的同构超节点 $\mathcal{C}_k^i = \mathcal{C}_k^{\text{rnd}} \cup \mathcal{C}_k^{\text{sel}}$。其中，定义 $\mathcal{C}_k^{\text{rnd}}$ 的总类样本数向量为 $\boldsymbol{b}_k^i \in \mathbb{Z}^{C \times 1}$，$\mathcal{C}_k \backslash \mathcal{C}_k^{\text{rnd}}$ 中各节点的类样本数向量构成的矩阵为 $\boldsymbol{A}_k^i = [\boldsymbol{a}_{k,1}^i, \boldsymbol{a}_{k,2}^i, \cdots, \boldsymbol{a}_{k,M^k - L^{\text{rnd}}}^i] \in \mathbb{Z}^{C \times (M^k - L^{\text{rnd}})}$。

我们使用以下数学模型来描述上述问题。令单位向量 $\boldsymbol{e}_{M^k - L^{\text{rnd}}}^{\text{T}} \in 1^{1 \times (M^k - L^{\text{rnd}})}$，$\boldsymbol{e}_C^{\text{T}} \in 1^{1 \times C}$，我们的目标是找到最优解 $\boldsymbol{x}_k^i \in \mathbb{Z}^{(M^k - L^{\text{rnd}}) \times 1}$，其中 $\boldsymbol{x}_k^i(m) \in \{0, 1\}$，且 $\boldsymbol{e}_{M^k - L^{\text{rnd}}}^{\text{T}} \boldsymbol{x}_k^i = L_{\text{sel}}$，满足：

$$\min_{\boldsymbol{x}} \ \left\| \frac{\boldsymbol{A}_k^i \boldsymbol{x}_k^i + \boldsymbol{b}_k^i}{\boldsymbol{e}_C^{\text{T}}(\boldsymbol{A}_k^i \boldsymbol{x}_k^i + \boldsymbol{b}_k^i)} - \mathcal{P}_{\text{real}} \right\|_{L_2} \tag{7-8}$$

$$\text{s.t.} \quad \boldsymbol{x}_k^i(m) \in \{0, 1\}$$

$$\boldsymbol{e}_{M^k - L^{\text{rnd}}}^{\text{T}} \boldsymbol{x}_k^i = L_{\text{sel}}$$

我们合理假设所有计算节点使用相同的批数据大小 $b = b_{k,m} (\forall k, m)$。于是有 $\boldsymbol{e}_C^{\text{T}}(\boldsymbol{A}_k^i \boldsymbol{x}_k^i + \boldsymbol{b}_k^i) = bL$，上述数学模型可简化为：

$$\min_{\boldsymbol{x}} \quad \| \boldsymbol{A}_k^i \boldsymbol{x}_k^i - \boldsymbol{y}_k^i \|_{L_2} \tag{7-9}$$

$$\text{s.t.} \quad \boldsymbol{y}_k^i = bL\mathcal{P}_{\text{real}} - \boldsymbol{b}_k^i \tag{7-10}$$

$$\boldsymbol{x}_k^i(m) \in \{0, 1\} \tag{7-11}$$

$$\boldsymbol{e}_{M^k - L^{\text{rnd}}}^{\text{T}} \boldsymbol{x}_k^i = L_{\text{sel}} \tag{7-12}$$

引理 7-2：（问题 A）给定一个整数矩阵 $\boldsymbol{A}$ 和一个整数向量 $\boldsymbol{y}$，目标是判断是否存在一个 0-1 空间的解向量 $\boldsymbol{x}$，使得 $\boldsymbol{Ax} = \boldsymbol{y}$。该 0-1 整数规划问题被证明是 NP 完备的[27]。

命题 7-2：（问题 B）在**引理 7-2** 中问题 A 的基础上，新增式（7-12），即

约束解向量 x 中 1 的数量为 L^{sel} 个，该变种问题至少也是 NP 完备的。

证明：根据规约，为解决问题 A，我们可以求解 $\tilde{M} = M^k - L^{md}$ 次问题 B，求解时分别设置 $L^{sel} = 1, 2, \cdots, \tilde{M}$。从问题 A 到问题 B 的输入转换只需要 $O(\tilde{M})$ 的线性复杂度。如果问题 B 找到一个解 x 使目标式（7-9）等于零，则返回结果 YES 给问题 A，否则返回结果 NO。从问题 B 到问题 A 的输出转换也只需要 $O(\tilde{M})$ 的线性复杂度。问题 A 可以在多项式时间复杂度内通过调用问题 B 得以解决，所以问题 A 可规约到问题 B。由于问题 A 是 NP 完备的，所以问题 B 也是 NP 完备的。

从命题 **7-2** 中可以看出，组节点选择问题是一个 NP 完备问题，几乎不可能在多项式时间内找到最优解。同时，FedGS 算法在每个内同步迭代中都要执行组节点选择，使得该问题对求解速度有更高的要求。因此，FedGS 算法更倾向于在可接受的时间内找到一个较好的次优解，以保障 FedGS 算法的运行效率。

7.4.2 算法设计与实现

在本节中，我们给出一种基于梯度的二元置换节点选择（GBP-CS）算法来求解上述组节点选择问题。该算法的核心思想是交换 0-1 解向量 x 中关键梯度相反的 $(0, 1)$ 二元选择变量对。具体地讲，在值为 0 的选择变量子集中，选择梯度值最小的变量 $x(m_i)$；在值为 1 的选择变量子集中，选择梯度值最大的变量 $x(m_j)$，随后，交换 $x(m_i)$ 与 $x(m_j)$ 的变量值。通过这种方式，GBP-CS 算法直接在 0-1 空间执行变量交换，变量值 0 和 1 的数量各自保持不变，同时满足解向量 x 的值域约束式（7-11）和重量约束式（7-12）。GBP-CS 算法迭代执行上述二元置换操作以最小化目标式（7-9）。

为帮助读者理解，我们可视化了 GBP-CS 算法的工作流程，如图 7-2 所示。以 6 个待选择的计算节点（分别对应 6 个 0-1 选择变量）为例，在第 s 次搜索迭代时，解向量 x_s 的初始值为 $(0, 0, 0, 1, 1, 1)$。GBP-CS 算法需要选择其中 3 个节点，将 x_s 中对应的选择变量置为 1，其余节点的选择变量置为 0，以使目标 $d_s = \|A_k^i x_s - y_k^i\|_{L_2}$ 最小化。为此，我们需要一种策略来交换 x_s 中的 $(0, 1)$ 对。GBP-CS 算法采用梯度 $g_s = \nabla_x d_s$ 作为交换依据，梯度 $g_s(m)$ 指明了变

量 $x_s(m)$ 应该更新的方向和大小。依据文献[28]、[29]，梯度 $g_s(m)$ 的绝对值越大，通过更新 $x_s(m)$ 所获得的目标值 d_s 越小，所以 $g_s(m)$ 被视为关键梯度。在 GBP-CS 算法中，我们定义两个关键梯度：正关键梯度是所有值为 1 的选择变量中值最大的梯度，如变量 6 对应的梯度值；负关键梯度是所有值为 0 的选择变量中值最小的梯度，如变量 1 对应的梯度值。直观地，具有正关键梯度的变量 $x_s(m_j)=1$（图中 $m_j=6$，标注以黑色变量块）最为"急切"地想要减小到 0，而具有负关键梯度的变量 $x_s(m_i)=0$（图中 $m_i=1$，标注以灰色变量块）最为"急切"地想要增大到 1。于是，GBP-CS 算法交换解向量 x_s 中的第 $m_i=1$ 位和 $m_j=6$ 位，获得能使目标值更小的解向量 $x_{s+1}=(1,0,0,1,1,0)$。重复上述步骤直至目标值不再下降。

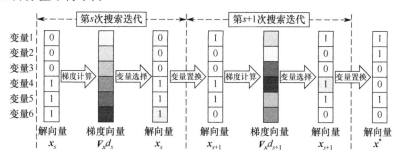

图 7-2　GBP-CS 算法的工作流程

算法 7-2 基于梯度的二元置换节点选择（GBP-CS）算法

输入：超节点大小 L；待选节点集合 $\mathcal{C}_k$；全局类概率分布 $\mathcal{P}_{\text{real}}$。

输出：同构超节点子集 $\mathcal{C}_k^i$。

1.　从 $\mathcal{C}_k$ 中随机预采样 L^{rnd} 个节点构成预采样子集 $\mathcal{C}_k^{\text{rnd}}$，从 $\mathcal{C}_k^{\text{rnd}}$ 构建 b_k^i，从 $\mathcal{C}_k\backslash\mathcal{C}_k^{\text{rnd}}$ 构建 A_k^i，初始化 $y_k^i \leftarrow bL\mathcal{P}_{\text{real}}-b_k^i$，根据式（7-13）初始化 x_1；

2.　初始化迭代计数器 $s\leftarrow 1$，计算目标值 $d_s \leftarrow \|A_k^i x_s - y_k^i\|_{L_2}$；

3.　**repeat**

4.　　　计算梯度向量 $g_s \leftarrow \nabla_x d_s$；

5.　　　根据式（7-14）和式（7-15）选择一对变量索引 $(m_{0\to 1}, m_{1\to 0})$；

6.　　　令 $x_{s+1} \leftarrow x_s$，根据式（7-16）交换变量 $(x_{s+1}(m_{0\to 1}), x_{s+1}(m_{1\to 0}))$ 的值；

7.　　　更新目标值 $d_{s+1} \leftarrow \|A_k^i x_{s+1} - y_k^i\|_{L_2}$ 和迭代计数器 $s\leftarrow s+1$；

8.　**until** $d_s > d_{s-1}$；

9.　令 $x^* \leftarrow x_{s-1}$，根据式（7-17）构建策略采样子集 $\mathcal{C}_k^{\text{sel}}$；

10.　**return** $\mathcal{C}_k^i \leftarrow \mathcal{C}_k^{\text{rnd}} \cup \mathcal{C}_k^{\text{sel}}$

GBP-CS 算法的伪码实现如算法 7-2 所示。具体实现如下，给定类样本数矩阵 A_k^i 和 $y_k^i = bL\mathcal{P}_{\text{real}} - b_k^i$，GBP-CS 算法首先利用 MP 伪逆初始化解向量 x_1：

$$x_1 \leftarrow \{\mathcal{T}(\tilde{x}_1)|\tilde{x}_1 = (A_k^i)^{-1}y_k^i\} \tag{7-13}$$

式中，$\mathcal{T}(\tilde{x}_1)$ 表示将 $\tilde{x}_1$ 中最大的 L^{sel} 个值设为 1，其余重置为 0。初始化搜索迭代计数器 $s = 1$，计算目标值 $d_s = \|A_k^i x_s - y_k^i\|_{L_2}$ 及其梯度向量 $g_s = \nabla_x d_s$。

随后，GBP-CS 算法选择一对选择变量 $(x_s(m_{0\to1}), x_s(m_{1\to0}))$ 进行置换。其中，选择变量 $x_s(m_{0\to1})$ 具有 0 值和负关键梯度；与之类似，选择变量 $x_s(m_{1\to0})$ 具有 1 值和正关键梯度：

$$m_{0\to1} \leftarrow \underset{m}{\arg\min}\{g_s(m)|x_s(m) = 0, \forall m \in [1, M^k - L^{\text{rnd}}]\} \tag{7-14}$$

$$m_{1\to0} \leftarrow \underset{m}{\arg\max}\{g_s(m)|x_s(m) = 1, \forall m \in [1, M^k - L^{\text{rnd}}]\} \tag{7-15}$$

交换选择变量 $x_s(m_{0\to1})$ 和 $x_s(m_{1\to0})$ 的值以获得更优的新解 x_{s+1}：

$$x_{s+1}(m_{0\to1}) \leftarrow 1, \ x_{s+1}(m_{1\to0}) \leftarrow 0 \tag{7-16}$$

重复计算式（7-14）～式（7-16），直至目标值 d_{s+1} 不再下降，获得收敛解 x^*。根据解向量 x^* 中 1 值对应的计算节点，我们可以重构出子集 $\mathcal{C}_k^{\text{sel}}$：

$$\mathcal{C}_k^{\text{sel}} \leftarrow \{\text{node } m|x^*(m) = 1, \forall m \in [1, M^k - L^{\text{rnd}}]\} \tag{7-17}$$

最后，合并预采样子集 $\mathcal{C}_k^{\text{rnd}}$ 和策略采样子集 $\mathcal{C}_k^{\text{sel}}$ 得到同构超节点子集 $\mathcal{C}_k^i = \mathcal{C}_k^{\text{rnd}} \cup \mathcal{C}_k^{\text{sel}}$，反馈给算法 7-1 参与 FedGS 算法的后续流程。

令 $\alpha = M^k - L^{\text{rnd}}$ 为待采样节点数，τ 为搜索迭代次数，C 为分类类别数，L 为超节点大小，GBP-CS 算法的时间复杂度为 $O(C^3 + \alpha C^2 + \alpha^2 C\tau + L)$。GBP-CS 算法最长转移路径示意图如图 7-3 所示，以 $\alpha = 4$、$L = 2$ 为例，总计 6 个可行解，可行解与原点 $(0,0,0,0)$ 之间海明距离为 2。图 7-3 中绘制了算法在四维超方体上最长的转移路径。假设初始点为 $(0,1,1,0)$，在第一步迭代中，v 轴变量具有正关键梯度，z 轴变量具有负关键梯度，v 轴和 z 轴变量值交换，使得初始点转移到对角点 $(0,1,0,1)$；在第二步迭代中，x 轴变量具有正关键梯度，y 轴变量具有负关键梯度，x 轴和 y 轴变量值交换，解转移到对角点

$(1,0,0,1)$；此后，目标值不再下降，循环退出。本例中，最大转移路径长度 $\tau_{\max}=2$。从图 7-3 易知 GBP-CS 算法的 $\binom{\alpha}{L}=\dfrac{\alpha!}{L!\,(\alpha-L)!}$ 个可行解全部位于 α 维超方体的顶点上，且这些可行解与原点之间的海明距离为 L，我们称海明距离等于 2 的两两可行解之间的对角线为一条转移边，并称 τ 次迭代经过的 τ 条转移边为一条长度为 τ 的转移路径。由于 GBP-CS 算法的循环中止条件是 $d_s>d_{s-1}$，转移路径不经过重复的顶点，也不存在环。假设目标函数在连续解空间上是凸函数，由于解总是向目标值减小最快的边转移的，最大转移路径长度应为 $\tau_{\max}=\min\{L,\alpha-L\}$。因此，GBP-CS 算法能够在有限的迭代次数内运行完成。后续实验中我们将看到，GBP-CS 算法能够得到接近暴力最优的理想组节点选择策略，但仅需要耗费约等于随机采样的时间。

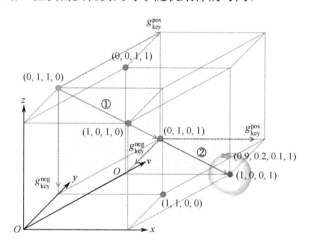

图 7-3　GBP-CS 算法最长转移路径示意图

7.5　算法的收敛性与效率分析

在本节中，我们分析 FedGS 算法在非独立同分布数据上的最优性差异和收敛速度，并与典型的 FedAvg 算法进行定性比较。随后，我们给出超参设置条件，保证 FedGS 算法以快于 FedAvg 算法的单轮执行时间高效运行。于是，FedGS 算法在保障快速收敛的同时，减少单轮执行时间，可进一步提高系统训练的时间效率。

7.5.1 算法收敛性分析

假设 7-2：损失函数 $\mathcal{L}$ 是 μ 强凸，β 平滑，且 ρ-Lipschitz 连续的。

命题 7-3：令 $\boldsymbol{g}_k^i$ 为同构超节点 $\mathcal{C}_k^i$ 的梯度更新，$\boldsymbol{g}_c^i$ 为单机集中式训练的梯度更新，我们有梯度差异 $\|(\mathcal{P}_k^i)^{\mathrm{T}}\boldsymbol{g}_k^i-(\mathcal{P}_{\mathrm{real}})^{\mathrm{T}}\boldsymbol{g}_c^i\|$ 的上界 δ_k 正比于类概率分布的差异 $\|\mathcal{P}_k^i-\mathcal{P}_{\mathrm{real}}\|$。

证明：

$$
\begin{aligned}
&\|(\mathcal{P}_k^i)^{\mathrm{T}}\boldsymbol{g}_k^i-(\mathcal{P}_{\mathrm{real}})^{\mathrm{T}}\boldsymbol{g}_c^i\| \\
&=\|(\mathcal{P}_k^i)^{\mathrm{T}}\boldsymbol{g}_k^i-(\mathcal{P}_k^i)^{\mathrm{T}}\boldsymbol{g}_c^i+(\mathcal{P}_k^i)^{\mathrm{T}}\boldsymbol{g}_c^i-(\mathcal{P}_{\mathrm{real}})^{\mathrm{T}}\boldsymbol{g}_c^i\| \\
&\leq\|(\mathcal{P}_k^i)^{\mathrm{T}}(\boldsymbol{g}_k^i-\boldsymbol{g}_c^i)\|+\|(\mathcal{P}_k^i-\mathcal{P}_{\mathrm{real}})^{\mathrm{T}}\boldsymbol{g}_c^i\| \\
&=\delta_k
\end{aligned}
$$

根据**命题 7-3** 容易知道，δ_k 捕获了类概率分布差异 $\|\mathcal{P}_k^i-\mathcal{P}_{\mathrm{real}}\|$ 的影响。通常，类概率分布的差异越小，梯度差异的上界 δ_k 也就越小。

命题 7-4：令 $\delta \triangleq \mathbb{E}[\delta_k]$，FedGS 算法的收敛上界为 $O\left(\dfrac{1}{R(I-\delta h(I))}\right)$，最优性差异的上界为 $O\left(\dfrac{1}{IR}+\delta h(I)+o(\sqrt{\dfrac{\delta h(I)}{I}})\right)$。

证明：根据**命题 7-1**，运行单步同步协议 SSGD 算法的超节点 $\mathcal{C}_k^i$ 等价于一个运行集中式 SGD 算法的单计算节点，于是，拥有 K 个超节点的 FedGS 算法可以等价地看作拥有 K 个计算节点的 FedAvg 算法，所以这两个算法理论上应具有相同的收敛性表现。不同之处在于，FedGS 算法中超节点等价得到的计算节点拥有 L 倍于原始 FedAvg 算法的批数据大小。

根据文献[13]中的引理 2，我们可以推断 FedGS 算法在 IR 次内同步迭代后的收敛上界：

$$
\mathcal{L}(\boldsymbol{\omega}^{IR})-\mathcal{L}(\boldsymbol{\omega}^*)\leq\frac{1}{IR\left(\eta\varphi-\dfrac{\rho\delta h(I)}{I\varepsilon^2}\right)}
$$

式中，$h(I)\triangleq\dfrac{1}{\beta}((\eta\beta+1)^I-1)-\eta I$。当设置学习率 $\eta\leq\dfrac{1}{\beta}$ 时，最优性差异

$G = \mathcal{L}(\boldsymbol{\omega}_{\mathrm{f}}) - \mathcal{L}(\boldsymbol{\omega}^{*})$ 的上界为：

$$G \leqslant \frac{1}{2\eta\varphi IR} + \rho\delta h(I) + \sqrt{\frac{1}{4\eta^2\varphi^2 I^2 R^2} + \frac{\rho\delta h(I)}{\eta\varphi I}}$$

$$\leqslant \frac{1}{\eta\varphi IR} + \rho\delta h(I) + \sqrt{\frac{\rho\delta h(I)}{\eta\varphi I}}$$

根据**命题 7-3** 和**命题 7-4**，FedGS 算法的收敛上界和最优性差异都正比于梯度差异上界 δ，且 δ 正比于类概率分布差异 $\|\mathcal{P}_k^i - \mathcal{P}_{\mathrm{real}}\|$。于是有 $\|\mathcal{P}_k^i - \mathcal{P}_{\mathrm{real}}\|$ 越小，FedGS 算法的收敛表现越好。借助 GBP-CS 算法，FedGS 算法的同构超节点之间的 $\|\mathcal{P}_k^i - \mathcal{P}_{\mathrm{real}}\|$ 得以最小化，因而比 FedAvg 算法有更优的收敛表现。

7.5.2　算法效率分析

FedGS 算法应用于超节点内部的单步同步协议牺牲通信效率换取对异构数据分布的健壮性，容易产生通信瓶颈，拖累训练时间效率。为确保 FedGS 算法的训练时间效率至少不低于典型的 FedAvg 算法，在本节中，我们数值分析 FedGS 算法和 FedAvg 算法的单轮时间成本，并给出 FedGS 算法中超参数设置的条件。

FedGS 算法的单轮运行时间分析。FedGS 算法的运行时间 T_{FedGS} 主要由同步通信延迟、模型计算延迟和组节点选择延迟构成。其中，同步通信延迟包括内同步延迟 $T_{\mathrm{comm}}^{\mathrm{int}}$ 和外同步延迟 $T_{\mathrm{comm}}^{\mathrm{ext}}$。令机器学习模型的大小为 S 个字节，计算节点与 IPS 之间的上行、下行带宽为 $B_{\mathrm{up}}^{\mathrm{int}}$、$B_{\mathrm{down}}^{\mathrm{int}}$，IPS 与 GPS 之间的上行、下行带宽为 $B_{\mathrm{up}}^{\mathrm{ext}}$、$B_{\mathrm{down}}^{\mathrm{ext}}$，$\gamma_{\mathrm{GPS}}$、$\gamma_{\mathrm{IPS}}$、$\gamma_{\mathrm{device}}$ 分别是 GPS、IPS、计算节点的接收信噪比。于是，对于内同步过程，将 L 个计算节点的本地模型参数上传到 IPS 的通信延迟是 $\dfrac{SL}{B_{\mathrm{up}}^{\mathrm{int}}\log_2(1+\gamma_{\mathrm{IPS}})}$；与之相反，将局部同步模型参数分发到 L 个计算节点的通信延迟是 $\dfrac{SL}{B_{\mathrm{down}}^{\mathrm{int}}\log_2(1+\gamma_{\mathrm{device}})}$。与之类似，对于外同步过程，将 K 个 IPS 的局部同步模型参数上传到 GPS 的通信延迟是 $\dfrac{SK}{B_{\mathrm{up}}^{\mathrm{ext}}\log_2(1+\gamma_{\mathrm{GPS}})}$，将全局同步模型参数分发到 K 个 IPS 的通信延迟是 $\dfrac{SK}{B_{\mathrm{down}}^{\mathrm{ext}}\log_2(1+\gamma_{\mathrm{IPS}})}$。综上所述，内同步和外同步的通信延迟为：

$$T_{\text{comm}}^{\text{int}} = \frac{SL}{B_{\text{up}}^{\text{int}} \log_2(1 + \gamma_{\text{IPS}})} + \frac{SL}{B_{\text{down}}^{\text{int}} \log_2(1 + \gamma_{\text{device}})} \tag{7-18}$$

$$T_{\text{comm}}^{\text{ext}} = \frac{SK}{B_{\text{up}}^{\text{ext}} \log_2(1 + \gamma_{\text{GPS}})} + \frac{SK}{B_{\text{down}}^{\text{ext}} \log_2(1 + \gamma_{\text{IPS}})} \tag{7-19}$$

令单次本地模型计算的延迟为T_{comp}，单次组节点选择的延迟为T_{select}。在每个外同步轮次中，内同步执行了I次。于是，FedGS算法总的单轮运行时间为：

$$T_{\text{FedGS}} = T_{\text{comm}}^{\text{ext}} + I \cdot (T_{\text{select}} + T_{\text{comm}}^{\text{int}} + T_{\text{comp}}) \tag{7-20}$$

FedAvg算法的单轮运行时间分析。FedAvg算法简单随机采样节点，节点采样延迟可以忽略不计，所以其主要时间成本源于同步通信和模型计算。在同步通信延迟中，将KL个计算节点的本地模型参数上传到GPS的上行传输通信延迟是$\frac{SKL}{B_{\text{up}}^{\text{ext}} \log_2(1 + \gamma_{\text{GPS}})}$；与之相反，将GPS的全局同步模型参数分发到$KL$个计算节点的下行传输通信延迟是$\frac{SKL}{B_{\text{down}}^{\text{ext}} \log_2(1 + \gamma_{\text{device}})}$。于是，FedAvg算法每轮的同步通信延迟为：

$$\tilde{T}_{\text{comm}}^{\text{ext}} = \frac{SKL}{B_{\text{up}}^{\text{ext}} \log_2(1 + \gamma_{\text{GPS}})} + \frac{SKL}{B_{\text{down}}^{\text{ext}} \log_2(1 + \gamma_{\text{device}})} \tag{7-21}$$

当本地计算次数为I时，总的单轮运行时间为：

$$T_{\text{FedAvg}} = \tilde{T}_{\text{comm}}^{\text{ext}} + I \cdot T_{\text{comp}} \tag{7-22}$$

假设 7-3：（1）数据中心内和数据中心间上行、下行带宽相等，即$B_{\text{up}}^{\text{ext}} = B_{\text{down}}^{\text{ext}} = B^{\text{ext}}$，$B_{\text{up}}^{\text{int}} = B_{\text{down}}^{\text{int}} = B^{\text{int}}$；（2）GPS、IPS和计算节点的接收信噪比相等，即$\gamma_{\text{GPS}} = \gamma_{\text{IPS}} = \gamma_{\text{device}} = \gamma$。

为简化分析，我们做出**假设 7-3**，并给出以下超参数设置条件。在该条件下，FedGS算法可以取得比FedAvg算法更高的训练时间效率。

命题 7-5：令假设 7-3 成立，$\beta = \log_2(1 + \gamma)$，若内同步次数$I$、数据中心数$K$和超节点大小$L$满足$\frac{IL}{K(L-1)} < \frac{B^{\text{int}}}{B^{\text{ext}}}$，则算法运行时间$T_{\text{FedGS}} < T_{\text{FedAvg}}$，

其中：

$$T_{\text{FedGS}} = \frac{2SK}{\beta B^{\text{ext}}} + I\left(T_{\text{select}} + \frac{2SL}{\beta B^{\text{int}}} + T_{\text{comp}}\right) \tag{7-23}$$

$$T_{\text{FedAvg}} = \frac{2SKL}{\beta B^{\text{ext}}} + IT_{\text{comp}} \tag{7-24}$$

证明：式（7-23）可以通过合并式（7-18）～式（7-20）得到，式（7-24）可以通过合并式（7-21）、式（7-22）得到。令 $T_{\text{FedGS}} - T_{\text{FedAvg}} < 0$，可以得到：

$$\frac{2SK(1-L)}{\beta B^{\text{ext}}} + \frac{2ISL}{\beta B^{\text{int}}} + IT_{\text{select}} < 0$$

$$\Rightarrow \quad \frac{B^{\text{ext}}}{B^{\text{int}}}SL + T_{\text{select}} \cdot \frac{\beta B^{\text{ext}}}{2} < \frac{SK(L-1)}{I}$$

实际上，基于 GBP-CS 算法的组节点选择有着极高的执行效率，在实验环境中只需要 15ms，逼近随机采样的延迟，且远低于计算和通信的延迟。因此，组节点选择延迟可以忽略不计，可令 $T_{\text{select}} \approx 0$ 来简化上式，得到结果：

$$\frac{B^{\text{ext}}}{B^{\text{int}}}SL < \frac{SK(L-1)}{I} \Rightarrow \frac{IL}{K(L-1)} < \frac{B^{\text{int}}}{B^{\text{ext}}}$$

现代化数据中心网络已经实现了超大规模、超高带宽、超低延迟的领先优势，并将成为未来数据中心网络的基本门槛。以阿里巴巴为例，其数据中心网络在 2018 年就已经快速迭代到 100Gbps 的网络架构并批量部署，以支持高性能的人工智能计算和云存储等业务。然而，数据中心之间的广域网基础设施更新成本高，带宽增长缓慢，这使得 $B^{\text{int}}/B^{\text{ext}}$ 可达到成百上千倍。因此，我们可以很容易找到满足**命题 7-5** 超参数设置条件的 I、K、L，在 FedGS 算法拥有更优收敛效率的同时，具有更低的单轮运行时间成本，进而拥有更高的训练时间效率。

7.6　实验与性能评估

1. 实验环境设置

实验环境与超参设置。本实验平台基于开源分布式机器学习平台 MXNET[30] 搭建，模拟了总计 $K=10$ 个数据中心和 $M=350$ 个计算节点，其中任意数据中心 k 有 $M^k = 35$ 个计算节点。在每次内同步迭代中，我们从每个数

据中心选择 $L=10$ 个计算节点构建同构超节点参与训练。训练任务是识别 FEMNIST 手写字符[9]。FEMNIST 手写字符数据集是非独立同分布数据环境最常用的基准数据集，通过将 805263 个数字和字符样本非均匀、偏斜地划分到 3550 个计算节点而构建，每个节点平均拥有 226 个样本。我们使用四层卷积神经网络[Conv2D(32), MaxPool, Conv2D(64), MaxPool, Dense(2048), Dense(62)]作为训练模型，并在计算节点使用标准的小批量 SGD 算法来训练本地模型。设置学习率 $\eta=0.01$，批数据大小 $b=32$，单个轮次中的内同步迭代次数 $I=50$，以及最大外同步迭代轮次 $R=500$。

GBP-CS 算法的初始化策略。GBP-CS 算法中初始点 x_1 的选择对求解速度和求解质量至关重要，一个好的初始化策略可以有效减少算法的搜索迭代次数，并提高解的质量。在本实验中，我们首先随机预采样 $L^{rnd}=2$ 个计算节点，其余 $L^{sel}=8$ 个计算节点则由 GBP-CS 算法选择得到。初始点 x_1 的设置必须满足：维度为 (33,1)，变量值只能为 0 或 1，重量（即变量值 1 的个数）为 8。我们以以下三种初始化策略为例，探究不同初始化策略对求解速度和求解质量的影响。

（1）随机初始化，即将 x_1 中随机的 8 个位设为 1，其余位设为 0。

（2）零初始化，即先将 x_1 中所有位设为 0，然后经过 8 次预热迭代，在每次预热迭代中，将负关键梯度对应的变量位设为 1，直至 x_1 的重量等于 8。显然，零初始化策略需要 L^{sel} 次额外的迭代来保证 x_1 是可行解。

（3）MP 逆初始化，即先利用 MP 伪逆求解无约束目标函数 $\min\limits_{x}\|A_k^i x - y_k^i\|_{L_2}$ 的最小二乘解 $\tilde{x}_1 = (A_k^i)^{-1} y_k^i$，然后将 $\tilde{x}_1$ 中变量值最大的 8 个位设为 1，其余位设为 0，得到初始点 x_1。

GBP-CS 算法的对比算法选择。为了突出所提 GBP-CS 算法的有效性和高效性，我们选择以下五种组节点选择方法进行比较。

（1）随机采样，即均匀随机采样一组（8 个）节点构成同构超节点。

（2）蒙特卡罗采样，即重复随机采样 1000 组，并从中选出使目标值最小的一组节点构成同构超节点。

（3）暴力采样，即遍历所有的可行解，暴力搜索出使目标值全局最小的一组节点构成同构超节点。

（4）贝叶斯采样，即利用贝叶斯优化算法[31]搜索一组次优的节点构成同构超节点。在贝叶斯优化算法中，我们默认设置初始点数为 5，探索迭代次数为 25。

（5）遗传采样，即利用遗传算法[32]搜索一组次优的节点构成同构超节点。在遗传算法中，带重量约束的 0-1 解向量被视为基因型，并将经历选择、交叉、变异和淘汰。我们默认设置种群规模为 100，变异概率为 0.001，遗传代数为 100。

FedGS 算法的对比算法选择。为了评估所提 FedGS 算法在非独立同分布数据上的整体性能表现，除了典型基准算法 FedAvg[7]外，我们也复现了九种先进方法作为对比实验，包括 FedProx[16]、FedMMD[17]、FedFusion[18]、CGAU[19]、IDA[20]、FedAvgM[22]，以及文献[23]中的 FedAdagrad、FedAdam 和 FedYogi。

2. 实验结果与讨论

（1）GBP-CS 算法中三种初始化策略的比较。零初始化、随机初始化和 MP 逆初始化的类概率分布散度（L_2 距离）随 GBP-CS 搜索迭代次数的优化曲线对比如图 7-4 所示。通过暴力搜索，我们得到分布散度的下界，即最优解对应的目标值为 0.028。随机初始化从一个随机的初始点出发，陷入了一个糟糕的局部最优 0.044。零初始化成功找到接近最优目标值的高质量解 0.03，但由于预热过程需要额外的迭代，执行效率相对较慢。MP 逆初始化无须预热过程，在较少的搜索迭代次数内找到了更优的解 0.029，兼具求解快、质量高的优势。因此，GBP-CS 算法默认使用 MP 逆初始化。

（2）GBP-CS 算法与五种组节点选择算法的比较。六种组节点选择算法的最优分布散度、算法运行时间和分布散度优化曲线对比如图 7-5 所示，Brute 代表暴力采样，Bayesian 代表贝叶斯采样，GA 代表遗传采样，MC 代表蒙特卡罗采样，Random 代表随机采样。由于组节点选择在每个内同步迭代都会执行，求解质量和求解速度两个指标都至关重要。首先，对于求解质量，我们比较 GBP-CS 算法和其他五种组节点选择算法的最小类概率分布散度。在图 7-5（a）中，我们统计了算法构建的 10 个超节点的类概率分布散度，并将中值绘制成柱状图，下边界为最小值，上边界为最大值。通常，超节点数据越趋向同构（即 $\mathcal{P}_k^i$ 越接近 $\mathcal{P}_{\text{real}}$），分布散度越小，组节点选择算法的性能表现越好。一方面，若简单使用随机采样构造超节点，分布散度将高达 0.072～0.105，超节点之间数据分布高度发散，因而不可用。另一方面，暴力采样可以遍历所有的可行解，总是能找到最优的选择策略使分布散度最小，最小值为 0.026～0.038，但同时也面临着阶乘级的计算复杂度。随机采样和暴力采样给出了分布散度的上下界，其他算法都介于该区间内。其中，遗传采样和 GBP-CS 算法的性能表现最佳，遗传采样的分布散度为 0.028～0.041，GBP-CS 算法的分布散度相近，为 0.029～0.042。

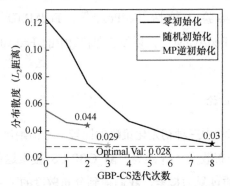

图 7-4　三种初始化策略下类概率分布散度随 GBP-CS 搜索迭代次数的优化曲线对比

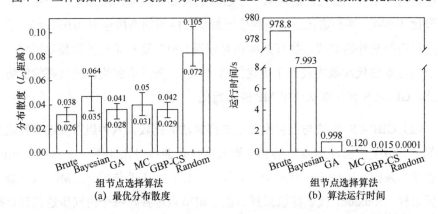

图 7-5　六种组节点选择算法的最优分布散度、算法运行时间和分布散度优化曲线对比

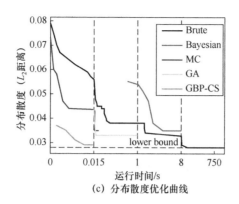

（c）分布散度优化曲线

图 7-5　六种组节点选择算法的最优分布散度、算法运行时间和分布散度优化曲线对比（续）

　　对于求解速度，FedGS 算法青睐只需要极短执行时间的选择算法，否则高频率的组节点选择将引入不可忽略的显著延迟，拖慢整体的训练时间。在图 7-5（b）中，我们比较了六种算法的运行时间。作为求解质量的下界，随机采样只需要 0.0001s 的极短执行时间，但其解的质量过差使其不可用；作为求解质量的上界，暴力采样需要 979s 才能搜索得到解，延迟过长，也无法接受。因此，组节点选择算法倾向于在求解质量和执行时间之间找到最优折中，在可接受的短时间内获得最好的次优解。于是，我们关注余下的四种算法，GBP-CS 算法以 0.015s 的执行时间表现最佳，执行时间仅次于随机采样；其后是蒙特卡罗采样，执行时间为 0.12s；遗传采样则以 0.998s 位居第三。与遗传采样相比，GBP-CS 算法的分布散度仅损失 0.001，而执行速度提高 66 倍；同时，算法执行时间仅次于随机采样，求解质量接近暴力采样。综合上述数据，GBP-CS 算法是组节点选择的最佳策略。

　　为更直观、全面地彰显 GBP-CS 算法在求解质量和求解速度两方面的领先优势，图 7-5（c）比较了一个超节点上五种算法（除随机采样外）的分布散度随运行时间优化曲线。暴力采样曲线经历了最长的时间逐步下降到最优目标值。以暴力采样曲线为分隔界，该曲线右侧的算法执行效率更为低下，所以我们只关注该曲线左侧的算法。通常，曲线越靠左，执行效率越高；同时，曲线越靠下，求解质量越高。从图 7-5（c）中容易看出，GBP-CS 算法对应的优化曲线位于左下侧，这表明 GBP-CS 算法在最短的时间内求解得到了最接近理论最优的解，展现出该算法的优越性。

（3）FedGS 算法中超参数的影响。通常超参数的设置对分布式机器学习算法的运行效果有较大影响。为了探索内同步迭代次数 I、批数据大小 b、数据中心（组）数量 K 以及超节点大小 L 对 FedGS 算法精度的影响，我们对这些超参数进行网格搜索，并绘制了精度曲面，如图 7-6 所示。其中，$I \in \{10, 30, 50\}$，$b \in \{8, 16, 32, 64\}$，$K \in \{5, 10, 20\}$，$L \in \{5, 10, 20, 40\}$。图 7-6（a）显示，适当大的内同步迭代次数 I 有利于提高 FedGS 算法精度，而批数据大小 b 的影响不大。另一方面，不失一般性的，更多的数据中心（组）数量 K 和更多的超节点大小 L 意味着更多节点的数据被纳入训练，使得算法精度得以提升，该猜想与图 7-6（b）显示的变化趋势相符。为满足**命题 7-5** 的超参设置条件，同时保持较好的算法表现，在后续实验中，FedGS 算法默认使用超参数设置 $b = 32$，$I = 50$，$L = 10$。注意，$K = 10$ 是由现实环境中数据中心数量决定的，不是可调超参。

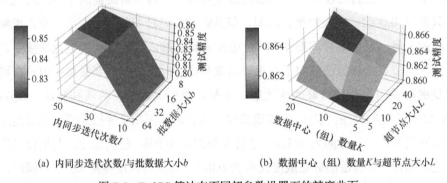

(a) 内同步迭代次数I与批数据大小b　　　　(b) 数据中心（组）数量K与超节点大小L

图 7-6　FedGS 算法在不同超参数设置下的精度曲面

（4）FedGS 算法与十种异构分布优化算法的比较。我们选取 FedAvg、FedProx、IDA、CGAU、FedMMD、FedFusion、FedAvgM、FedAdagrad、FedAdam 和 FedYogi 十种算法与 FedGS 算法进行性能比较，测试精度和测试损失曲线对比如图 7-7 所示。除非另有说明，所有对比算法使用与 FedGS 算法相同的超参数设置，以及默认使用本地数据集遍历次数 $E = 5$。下面，我们将分别简要描述这些算法，并对比分析它们的结果。

FedGS 与 FedProx 的性能比较。FedProx 算法在计算节点的本地损失函数上添加一个近端项约束，以惩罚过度发散的本地模型参数。为获得最优的对比曲线，我们对惩罚系数 μ 进行调优，取 $\mu \in \{0.05, 0.1, 0.5, 1.0\}$，对应曲线如

图 7-7（a）和图 7-7（d）所示。然而，FedProx 算法在本案例中表现不佳，最优曲线的精度仅为 82.0%，没有达到 FedAvg 算法的基线精度 82.1%，其原因可能是近端项约束会迫使本地模型参数向初始点靠拢，干扰了收敛表现[16]。与之相反，FedGS 算法取得了 86.0%精度的突出表现，在 FedAvg 算法的基线精度上提高了 3.9%。

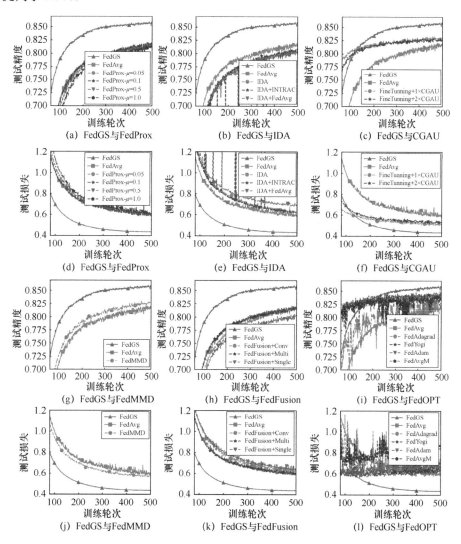

图 7-7　FedGS 算法与十种算法的测试精度和测试损失曲线对比

FedGS 与 IDA 的性能比较。IDA 算法根据本地模型参数与全局平均模型参

数的 L_1 距离的逆设置模型聚合时的加权系数。通常，模型参数的距离越大，其偏离正常范围的程度越高，就会被分配较小的权重。除 L_1 距离外，我们也实验了逆训练准确度系数（IDA+INTRAC）和数据量系数（IDA+FedAvg）。然而，图 7-7（b）和图 7-7（e）的结果显示 IDA 系列算法没有取得理想效果，测试精度下降到了 80.5%～81.0%。出现这种结果的原因是 IDA 算法带有主观偏见地对待数据客观异构分布的计算节点，参数偏离程度较大的本地模型被赋予很小的权重，从而被当作"异常"模型被过度抑制，其效果等效于丢弃这些计算节点的本地数据，从而会损伤算法的精度表现。但是，数据偏斜是客观存在且合理的，具有不同偏斜程度的计算节点应被公平对待，以相同的贡献参与训练。此外，IDA 算法需要在 GPS 侧缓存所有计算节点上传的本地模型参数，直至计算出加权系数，这将给 GPS 的内存空间带来巨大的存储开销。

FedGS 与 CGAU 的性能比较。CGAU 把预训练模型的尾部神经网络层替换为门控激活单元，来支持不同计算节点对其异构分布数据的特定表达。基于 FedAvg 算法的预训练模型，我们训练了具有一层和二层 CGAU 的分类网络，分别以 FineTunning+1×CGAU 和 FineTunning+2×CGAU 标识，其中每个 CGAU 包含 256 个神经元。需要注意的是，在图 7-7（c）和图 7-7（f）中，我们没有如 CGAU 作者那样加入 Dropout 层，这是因为我们在初步实验中加入 Dropout 层后观察到了 3.3%的精度下降。图 7-7（c）和图 7-7（f）显示，使用单层 CGAU 的 FineTunning+1×CGAU 曲线略微优于使用二层 CGAU 的 FineTunning+2×CGAU 曲线，最高达到了 83.3%的收敛精度，比 FedAvg 算法的基线精度提高了 1.2%。这得益于预训练模型，CGAU 的初始精度起点高，在训练前期的精度曲线整体高于 FedGS 算法，但其后力不足，在约 150 个训练轮次后，曲线提早收敛，并被 FedGS 算法反超。最终，FedGS 算法以 2.7%的更高精度优于 CGAU。

FedGS 与 FedMMD 的性能比较。FedMMD 算法利用迁移学习[33]来更好地将全局模型的知识融入本地模型中。根据该文献作者所建议的，我们使用 MMD 距离作为本地损失函数的惩罚项，并使用惩罚系数 $\gamma = 0.1$。图 7-7（g）和图 7-7（j）显示，FedMMD 算法将 FedAvg 算法的基线精度提高了 0.9%，达到了 83.0%。尽管如此，FedGS 算法精度仍比 FedMMD 算法精度高出 3%。

FedGS 与 FedFusion 的性能比较。FedFusion 算法使用 1×1 卷积（FedFusion+ Conv）、向量加权平均（FedFusion+Multi）、标量加权平均（FedFusion+

Single）三种融合算子来融合全局模型特征和本地模型特征。然而，图 7-7（h）和图 7-7（k）的结果显示 FedFusion 系列算法的效果不尽如人意，FedFusion+Conv 和 FedFusion+Multi 仅达到了与 FedAvg 算法的基线 82.1%相近的精度，分别为 82.0%和 81.7%，而 FedFusion+Single 甚至将基线精度降低了 1.4%。相比之下，FedGS 算法显然更快更好，应付非独立同分布数据的效果更为卓越。

FedGS 与 FedOPT 的性能比较。FedOPT 算法是一系列自适应联邦优化算法的统称。自适应优化，即对不同的模型梯度应用自适应调优的学习率，有提高算法收敛性能的效果。在本实验中，我们选择 FedAvgM、FedAdagrad、FedAdam、FedYogi 四种自适应联邦优化算法作为对比实验。初步实验表明，这些算法的收敛性能确实有较为明显的提升，但它们对初始学习率的设置尤为敏感。我们对四种算法在 GPS 和计算节点侧的初始学习率做了网格搜索，并将最佳的搜索结果对应的训练曲线绘制在图 7-7（i）和图 7-7（l）中。FedAvgM、FedAdagrad、FedAdam 和 FedYogi 算法在不同学习率组合下的精度热图如图 7-8 所示。在 FedAvgM 中，$\beta = 0.9$；在 FedAdagrad 中，$\beta_1 = \beta_2 = 0$；在 FedAdam 和 FedYogi 中，$\beta_1 = 0.9$ 且 $\beta_2 = 0.99$；自适应度 $\tau = 0.001$。结果表明，这些自适应优化算法将 FedAvg 算法的基线精度提高了 1.7%～2.9%，且有效加速了算法收敛。然而，这四种算法同时加剧了收敛振荡，并伴有一定程度的过拟合。相比之下，FedGS 算法的精度曲线增长更平滑，最终收敛精度比效果最佳的 FedAdam 算法仍高出 1%，且未发生过拟合现象。

为更直观地展示 FedGS 算法的突出效果，我们在表 7-1 中总结了所有算法的测试精度、测试损失和达到 82%测试精度所需轮次的对比，其中符号×表示在 500 个训练轮次中未能达到指定精度。容易看出，FedOPT 系列算法的测试精度和收敛速度普遍优于其他对比算法，其中，FedAdam 算法的精度表现最好，最高可达到 85.0%；FedAvgM 算法的收敛速度最快（达到指定精度需要的轮次越少，收敛速度越快），仅需 68 个训练轮次。但是，FedOPT 系列算法的平均测试损失为 0.66，偏高，出现了高精度、高损失的过拟合现象。相比之下，FedGS 算法取得了 86.0%的最佳精度，比 FedAvg 算法的基线精度高出 3.9%，比次优精度高出 1%，比平均精度高出 3.5%。同时，测试损失 0.435 达到最低，未出现过拟合现象。虽然 FedGS 算法比 FedOPT 系列算法需要更多的训练轮次达到指定精度，但其 147 个轮次仍约 3.3 倍快于基准的 FedAvg 算法，平均可减少约 59% 的训练轮次。综上所述，大量且全面的实验数据显示出 FedGS 算法具有高精度、低损失、快收敛的三大优势，证明了所提方法的有效性和高效性。

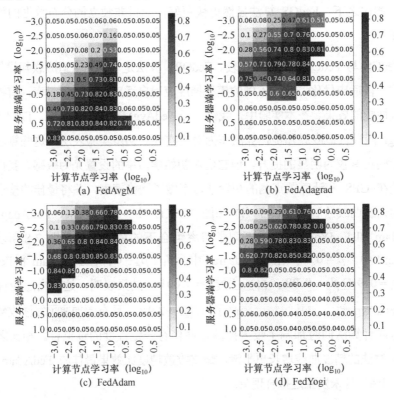

图 7-8 FedAvgM、FedAdagrad、FedAdam 和 FedYogi 算法在不同学习率组合下的精度热图

表 7-1 所有算法的测试精度、测试损失和达到 82% 测试精度所需轮次的对比

算　　法	测试精度	测试损失	达到 82% 的轮次
FedAvg	82.1%	0.587	478
FedProx	82.0%	0.586	497
IDA	81.0%	0.628	×
IDA+INTRAC	81.0%	0.618	×
IDA+FedAvg	80.5%	0.687	×
CGAU	83.3%	0.509	202
FedMMD	83.0%	0.564	378
FedFusion+Conv	81.7%	0.624	×

（续表）

算　　法	测试精度	测试损失	达到82%的轮次
FedFusion+Multi	82.0%	0.591	486
FedFusion+Single	80.7%	0.627	×
FedAvgM	84.4%	0.820	68
FedAdagrad	83.8%	0.583	264
FedAdam	85.0%	0.662	71
FedYogi	84.6%	0.590	76
FedGS	**86.0%**	**0.435**	**147**

7.7　本章小结

　　针对跨数据中心的异构分布数据引发的非独立同分布数据难题，本章给出一种基于组节点选择的联邦组同步（FedGS）算法解决方案，适用于数据中心此类计算节点具有地理群簇特征的场景。为构造同构超节点，提出基于梯度的二元置换节点选择（GBP-CS）算法，用于求解 NP 完备的组节点选择问题，该算法能够在极短的时间内找到逼近最优的理想解。为实现异质数据健壮的联邦训练，提出 FedGS 算法，在 GBP-CS 算法构造的同构超节点基础上，集成单步同步协议和多步同步协议，消除超节点内部偏斜数据的影响，同时保持超节点之间的低代价通信。借助数据中心网络的富余网络资源，FedGS 算法牺牲少量通信效率换取对异构分布数据的健壮性，从而在非独立同分布数据上能取得更优的性能表现。理论分析和大量实验表明，FedGS 算法有比 FedAvg 算法更优的收敛性质和通信效率，能有效提高精度表现和收敛速度，在与十种先进算法的对比中取得了最优的表现。最后本章强调，实现训练过程对异构数据健壮、保障训练结果的高精度至关重要，通过合作获取更高质量的业务模型，是激励多机构互惠互利、合作共赢的重要途径。

本章参考文献

[1] ZHAO Y, LI M, LAI L, et al. Federated learning with non-iid data[J]. arXiv preprint

arXiv:1806.00582, 2018: 1-13.

[2] YAO X, HUANG T, ZHANG R X, et al. Federated learning with unbiased gradient aggregation and controllable meta updating[C]. In Workshop on Federated Learning for Data Privacy and Confidentiality (FL-NeurIPS 2019, in Conjunction with NeurIPS 2019), 2019: 1-16.

[3] DUAN M, LIU D, CHEN X, et al. Astraea: Self-balancing federated learning for improving classification accuracy of mobile deep learning applications[C]. In 2019 IEEE 37th International Conference on Computer Design (ICCD), 2019: 246-254.

[4] JEONG E, OH S, KIM H, et al. Communication-efficient on-device machine learning: Federated distillation and augmentation under non-iid private data[C]. In Proceedings of 32nd Conference on Neural Information Processing Systems (NeurIPS), 2nd Workshop on Machine Learning on the Phone and other Consumer Devices (MLPCD), 2018: 1-6.

[5] LI Z, HE Y, YU H, et al. Data heterogeneity-robust federated learning via group client selection in industrial iot[J]. IEEE Internet of Things Journal (IOTJ), 2022: 1-14.

[6] ZINKEVICH M, WEIMER M, LI L, et al. Parallelized stochastic gradient descent[C]. In Proceedings of 23rd Conference on Neural Information Processing Systems (NeurIPS), 2010: 1-9.

[7] MCMAHAN B, MOORE E, RAMAGE D, et al. Communication-efficient learning of deep networks from decentralized data[C]. In International Conference on Artificial Intelligence and Statistics (AISTATS), 2017: 1273-1282.

[8] RUBNER Y, TOMASI C, GUIBAS L J. The earth mover's distance as a metric for image retrieval[J]. International Journal of Computer Vision (IJCV), 2000, 40(2): 99-121.

[9] CALDAS S, DUDDU S M, WU P, et al. Leaf: A benchmark for federated settings[C]. In Proceedings of 33rd Conference on Neural Information Processing Systems (NeurIPS), 2020: 1-9.

[10] YOSHIDA N, NISHIO T, MORIKURA M, et al. Hybrid-fl for wireless networks: Cooperative learning mechanism using non-iid data[C]. In 2020 IEEE International Conference on Communications (ICC), 2020: 1-7.

[11] NISHIO T, YONETANI R. Client selection for federated learning with heterogeneous resources in mobile edge[C]. In 2019 IEEE International Conference on Communications (ICC), 2019: 1-7.

[12] MIRZA M, OSINDERO S. Conditional generative adversarial nets[J]. arXiv preprint arXiv:1411.1784, 2014: 1-7.

[13] WANG S, TUOR T, SALONIDIS T, et al. Adaptive federated learning in resource constrained edge computing systems[J]. IEEE Journal on Selected Areas in Communications (JSAC), 2019, 37(6): 1205-1221.

[14] LI X, HUANG K, YANG W, et al. On the convergence of fedavg on non-iid data[C]. In International Conference on Learning Representations (ICLR), 2020: 1-26.

[15] YU H, YANG S, ZHU S. Parallel restarted sgd with faster convergence and less

communication: Demystifying why model averaging works for deep learning[C]. In Proceedings of the AAAI Conference on Artificial Intelligence (AAAI), 2019: 5693-5700.

[16] LI T, SAHU A K, ZAHEER M, et al. Federated optimization in heterogeneous networks[C]. In Proceedings of Machine Learning and Systems (MLSys), 2020, 2: 429-450.

[17] YAO X, HUANG C, SUN L. Two-stream federated learning: Reduce the communication costs[C]. In 2018 IEEE International Conference on Visual Communications and Image Processing (VCIP), 2018: 1-4.

[18] YAO X, HUANG T, WU C, et al. Towards faster and better federated learning: A feature fusion approach[C]. In 2019 IEEE International Conference on Image Processing (ICIP), 2019: 175-179.

[19] RIEGER L, HOEGH RM, HANSEN L K. Client adaptation improves federated learning with simulated non-iid clients[C]. In 2020 International Workshop on Federated Learning for User Privacy and Data Confidentiality in Conjunction with ICML (FL-ICML), 2020: 1-11.

[20] YEGANEH Y, FARSHAD A, NAVAB N, et al. Inverse distance aggregation for federated learning with non-iid data[J]. Domain Adaptation and Representation Transfer, and Distributed and Collaborative Learning, Springer, 2020: 150-159.

[21] NESTEROV Y. Gradient methods for minimizing composite functions[J]. Mathematical Programming, 2013, 140(1): 125-161.

[22] HSU T M H, QI H, BROWN M. Measuring the effects of non-identical data distribution for federated visual classification[J]. arXiv preprint arXiv:1909.06335, 2019: 1-5.

[23] REDDI S, CHARLES Z, ZAHEER M, et al. Adaptive federated optimization[C]. In International Conference on Learning Representations (ICLR), 2021: 1-38.

[24] WARD R, WU X, BOTTOU L. Adagrad stepsizes: Sharp convergence over nonconvex landscapes[C]. In International Conference on Machine Learning (ICML), 2019: 6677-6686.

[25] KINGMA D P, BA J. Adam: A method for stochastic optimization[C]. In International Conference on Learning Representations (ICLR), 2015, 5: 1-15.

[26] ZAHEER M, REDDI S, SACHAN D, et al. Adaptive methods for nonconvex optimization[C]. In Proceedings of 31st Conference on Neural Information Processing Systems (NeurIPS), 2018: 1-11.

[27] RICE B. The 0-1 integer programming problem in a finite ring with identity[J]. Computers & Mathematics with Applications, 1981, 7(6): 497-502.

[28] LIN Y, HAN S, MAO H, et al. Deep gradient compression: Reducing the communication bandwidth for distributed training[C]. In International Conference on Learning Representations (ICLR), 2018: 1-14.

[29] ZHOU H, LI Z, CAI Q, et al. DGT: A contribution-aware differential gradient transmission mechanism for distributed machine learning[J]. Future Generation Computer Systems (FGCS),

2021, 121: 35-47.

[30] CHEN T, LI M, LI Y, et al. Mxnet: A flexible and efficient machine learning library for heterogeneous distributed systems[C]. In Proceedings of 29th Conference on Neural Information Processing Systems (NeurIPS), Workshop on Machine Learning Systems, 2016: 1-6.

[31] NOGUEIRA F. Bayesian optimization: Open source constrained global optimization tool for python[CP/OL]. (2014). https://github com/fmfn/BayesianOptimization.

[32] WHITLEY D. A genetic algorithm tutorial[J]. Statistics and Computing, 1994, 4(2): 65-85.

[33] PAN S J, YANG Q. A survey on transfer learning[J]. IEEE Transactions on Knowledge and Data Engineering (TKDE), 2009, 22(10): 1345-1359.

第 8 章
总结与展望

本书详细介绍了跨数据中心分布式机器学习的训练系统及其优化技术。面向多数据中心间的分布式机器学习系统，针对多数据中心间有限的传输带宽、动态异构资源，以及异构数据分布三重挑战，自底向上讨论梯度传输协议、流量传送调度、高效通信架构、压缩传输机制、同步优化算法、异构数据优化算法六个层次的优化技术，有效提高了分布式机器学习系统的训练效率和模型性能，在同等规模、复杂跨域网络条件下取得逼近甚至超越高速局域网互联下的分布式系统的突出表现，从而突破跨数据中心的通信瓶颈和数据壁垒，实现多数据中心算力和数字资源的高效整合。

本书所描述的跨数据中心分布式机器学习是一个普适性问题，具有广泛的应用前景。人工智能决策依赖海量跨域多源数据分析，不同领域的数据相互关联，但由于数据量庞大、经济、隐私、安全及国家主权等因素，现实数据分布在不同地理域，融合分析和挖掘这些分散的数据就必将面临跨数据中心分布式数据挖掘的问题。本书内容为这一普适性问题提供了解决方案，涉及众多重要领域，包括如跨地域或跨国的医学数据分析和挖掘、大型企业分布式数据分析和融合以及各部委数据共享分析与服务（如安全态势感知）等。另外，该系统也可以强化企业云合作，催生新型云服务产业，推动构建互惠互利的企业云协同服务生态。除跨云和跨机构的协同外，该系统也可用于国家枢纽节点、地区数据中心以及边缘数据中心的智能算力资源整合，以支持云边协同的应用建设，促进云、数、网的协同发展。由此可见，本书内容对跨域数据的联合分析与挖掘、异地数算网资源的高效整合与一体化调度具有重要的理论和现实意义。

附录 A
缩略语对照表

缩 略 语	英文全称	中 文
AGC	Approximate Gradient Classification	近似梯度分类
AL-CSP	Auto-Learning Communication Scheduling Protocol	自动学习通信调度协议
AL-SA	Auto-Learning Scheduling Algorithm	自动学习调度算法
ASIC	Application Specific Integrated Circuit	专用集成电路
ATP	Approximate Transmission Protocol	近似传输协议
BiSparse	Bidirectional Gradient Sparsification	双向梯度稀疏化
BSP	Bulk Synchronous Parallel	整体同步并行
CPU	Central Processing Unit	中央处理器
CTDD	Classification Threshold Dynamic Decay	分类阈值动态衰减
DC-HSA	Delay-Compensated Hybrid Synchronization Algorithm	延迟补偿的混合同步算法
DDR4	Double Data Rate 4	第四代双倍数据速率
Delayed SWRT	Delayed Shortest Weighted Remaining Time	延迟最短加权剩余时间
DGT	Differentiated Gradient Transfer	差异化梯度传输
ECMP	Equal-Cost Multi-Path Routing	等价多路径路由
EMD	Earth Mover's Distance	推土距离
FCFS	First Come First Serve	先来先服务
FedAvg	Federated Averaging	联邦平均
FedGS	Federated Group Synchronization	联邦组同步
FPGA	Field Programmable Gate Array	现场可编程门阵列
FSA	Full Synchronization Algorithm	全同步通信算法
GBP-CS	Gradient-based Binary Permutation Client Selection	基于梯度的二元置换节点选择
GDPR	General Data Protection Regulation	通用数据保护条例
GPS	Global Parameter Server	全局参数服务器
GPU	Graphics Processing Unit	图形处理器

缩　略　语	英文全称	中　文
GPUDirect RDMA	GPUDirect Remote Direct Memory Access	GPU 直接远程内存访问技术
HiPS	Hierarchical Parameter Server	分层参数服务器
ILP	Integer Linear Programming	整数线性规划
IPS	Internal Parameter Server	域内参数服务器
JCT	Job Completion Time	任务完成时间
KL	Kullback-Leibler Divergence	KL 距离
LFSA	Low-Frequency Synchronization Algorithm	低频同步通信算法
MMD	Maximum Mean Discrepancy	最大均值差异
MPI	Message Passing Interface	消息传输接口
MRTF	Minimum Remaining Time First	最小剩余时间优先
MWD-CSP	Minimal-Waiting-Delay Communication Scheduling Protocol	最小等待延迟通信调度协议
MWD-SA	Minimal-Waiting-Delay Scheduling Algorithm	最小等待延迟调度算法
MWRTF	Minimum Weighted Remaining Time First	最小加权剩余完成时间优先
NPU	Neural Network Processing Unit	神经网络处理单元
PCIe	Peripheral Component Interconnect express	高速串行计算机扩展总线
PS	Parameter Server	参数服务器
QoS	Quality of Service	服务质量
QSGD	Quantized Stochastic Gradient Descent	量化随机梯度下降
RDMA	Remote Direct Memory Access	远程直接内存访问
ROADM	Reconfigurable Optical Add-Drop Multiplexer	可重构光分插复用器
RoWAN	Routing and rate allocation in optical WAN	光广域网中的路由和速率分配
SD	Sender-based random Dropping	发送端随机丢弃
SDN	Software Defined Network	软件定义网络
SICT	Single Iteration Communication Time	单次迭代通信时间
SQPS	State Querying-based Parameter Server	基于状态查询的参数服务器
SSGD	Synchronized Stochastic Gradient Descent	同步随机梯度下降
SSP	Stale Synchronous Parallel	延迟同步并行
TAP	Total Asynchronous Parallel	完全异步并行
TCP	Transmission Control Protocol	传输控制协议
TPU	Tensor Processing Unit	张量处理单元
WJCT	Weighted Job Completion Time	加权任务完成时间
WRR	Weighted Round Robin	加权轮询调度
2-bit GC	2-bit Gradient Compression	2 比特量化

反侵权盗版声明

电子工业出版社依法对本作品享有专有出版权。任何未经权利人书面许可，复制、销售或通过信息网络传播本作品的行为；歪曲、篡改、剽窃本作品的行为，均违反《中华人民共和国著作权法》，其行为人应承担相应的民事责任和行政责任，构成犯罪的，将被依法追究刑事责任。

为了维护市场秩序，保护权利人的合法权益，我社将依法查处和打击侵权盗版的单位和个人。欢迎社会各界人士积极举报侵权盗版行为，本社将奖励举报有功人员，并保证举报人的信息不被泄露。

举报电话：（010）88254396；（010）88258888

传　　真：（010）88254397

E-mail：　dbqq@phei.com.cn

通信地址：北京市万寿路 173 信箱

　　　　　电子工业出版社总编办公室

邮　　编：100036